服务社会
壮大林业

徐有芳 一九九五年十二月题

加强林业建设
优化生态环境

二〇〇二年夏 林若

团结务实的现任党政领导班子

（左一．赖广梅；左二．陈富强；左三．陈汉坤；中左．肖智慧；中右．邓鉴锋；

右一．蔡晓燕；右二．薛春泉；右三．林寿明）

全体职工合影

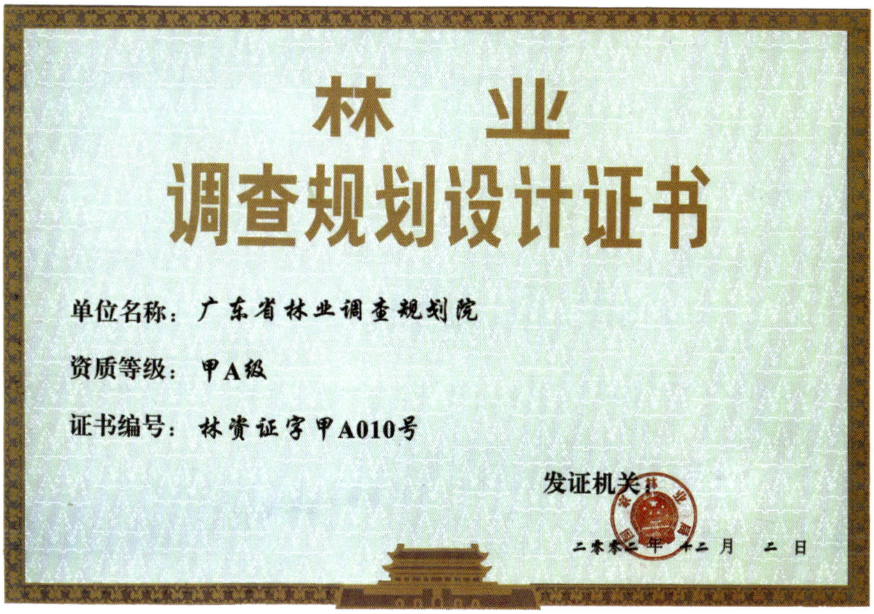

林业调查规划设计证书

单位名称：广东省林业调查规划院

资质等级：甲A级

证书编号：林资证字甲A010号

发证机关

二零零二年十二月二日

国家林业局印制

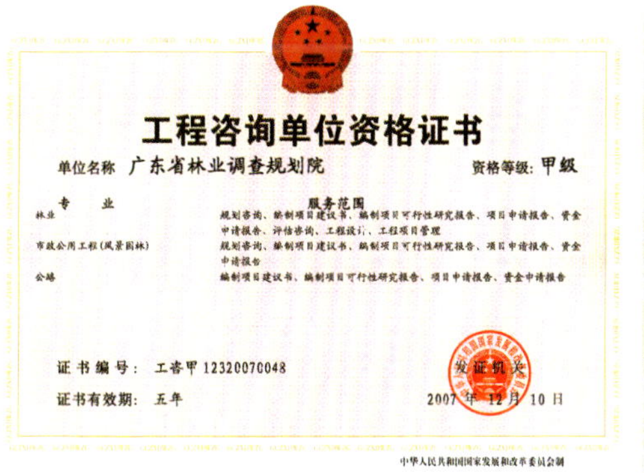

工程咨询单位资格证书

单位名称 广东省林业调查规划院　　资格等级：甲级

专业	服务范围
林业	规划咨询、编制项目建议书、编制项目可行性研究报告、项目申请报告、资金申请报告、评估咨询、工程设计、工程项目管理
市政公用工程（风景园林）	规划咨询、编制项目建议书、编制项目可行性研究报告、项目申请报告、资金申请报告
公路	编制项目建议书、编制项目可行性研究报告、项目申请报告、资金申请报告

证书编号：工咨甲 12320070048

证书有效期：五年

发证机关

2007年12月10日

中华人民共和国国家发展和改革委员会制

造林工程规划设计资质证书

单位名称：广东省林业调查规划院

资质等级：甲　级

证书编号：粤林营设资证字08009号

发证机关：

发证日期：二00八年一月二十五日

年审时间：每年十二月至翌年一月

有效期：　　至　见副本　　止

广东省林业局制

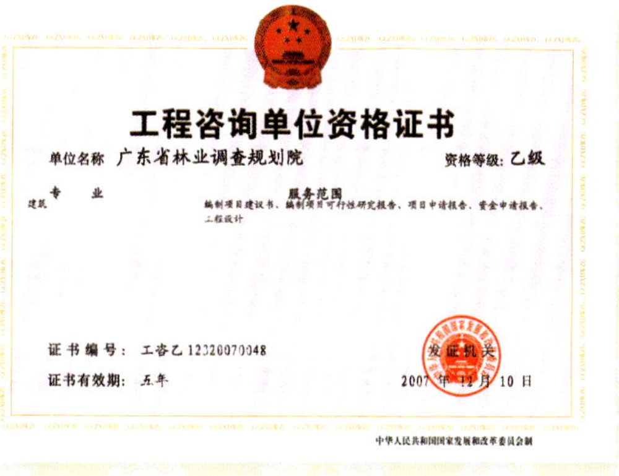

工程咨询单位资格证书

单位名称 广东省林业调查规划院　　资格等级：乙级

专业	服务范围
建筑	编制项目建议书、编制项目可行性研究报告、项目申请报告、资金申请报告、工程设计

证书编号：工咨乙 12320070048

证书有效期：五年

发证机关

2007年12月10日

中华人民共和国国家发展和改革委员会制

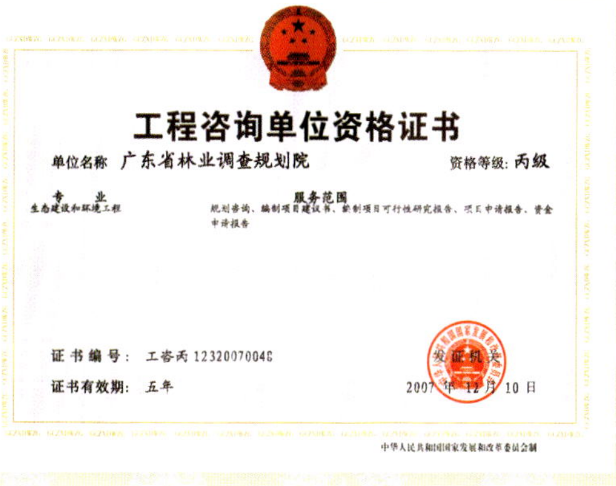

工程咨询单位资格证书

单位名称 广东省林业调查规划院　　资格等级：丙级

专业	服务范围
生态建设和环境工程	规划咨询、编制项目建议书、编制项目可行性研究报告、项目申请报告、资金申请报告

证书编号：工咨丙 12320070048

证书有效期：五年

发证机关

2007年12月10日

中华人民共和国国家发展和改革委员会制

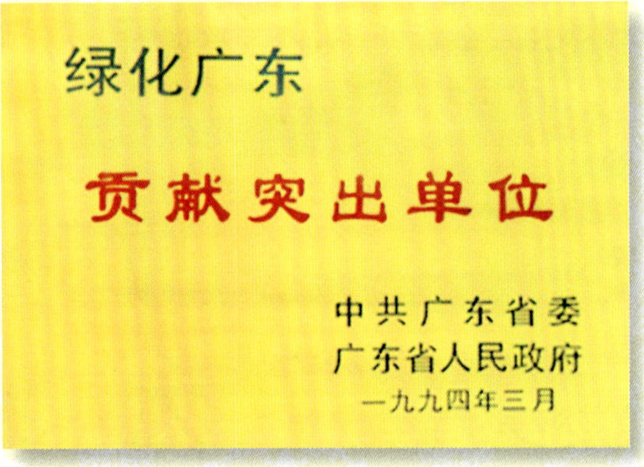
绿化广东
贡献突出单位
中共广东省委
广东省人民政府
一九九四年三月

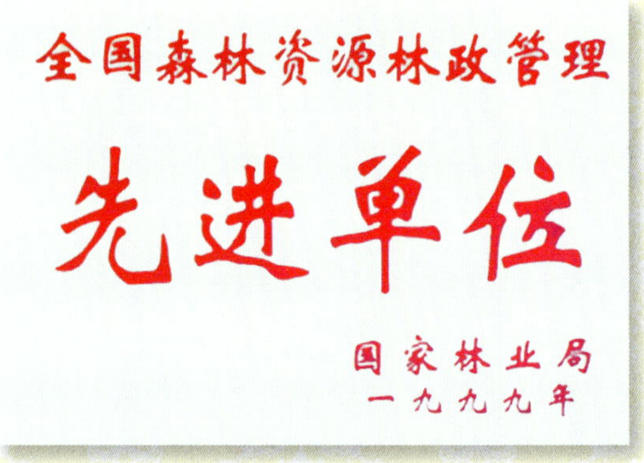
全国森林资源林政管理
先进单位
国家林业局
一九九九年

广东省先进集体
中共广东省委
广东省人民政府
二〇〇三年五月

广东省林业调查规划院
全国林业系统
先进集体
人事部 国家林业局
二〇〇三年九月

优秀勘察设计院
广东省岭南综合勘察设计院
CEDA
中国勘察设计协会
China Exploration & Design Association
二〇〇六年十一月

广东省
文明单位
中共广东省委
广东省人民政府
二〇〇七年十二月

授予
模范职工之家
中华全国总工会
二〇〇八年四月

广东省直机关创先争优活动
先进基层党组织
中共广东省直属机关工作委员会
二〇一二年七月

东莞市大岭山森林公园工程综合集成设计获
全国优秀工程勘察设计奖
银奖
中华人民共和国住房和城乡建设部
二〇〇九年

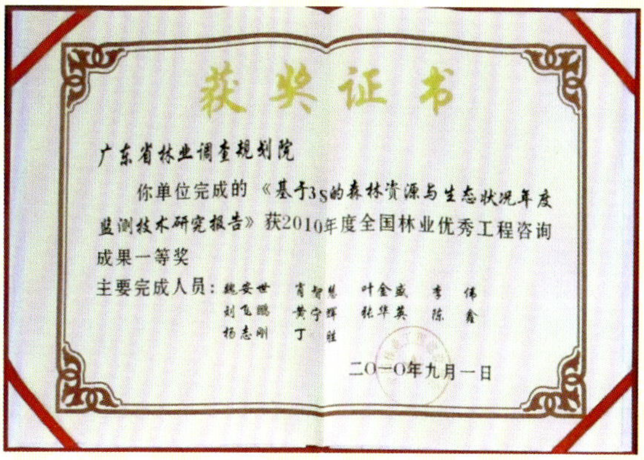
获奖证书
广东省林业调查规划院
你单位完成的《基于3S的森林资源与生态状况年度监测技术研究报告》获2010年度全国林业优秀工程咨询成果一等奖
主要完成人员：魏安世 肖智慧 叶金盛 李伟 刘飞鹏 黄宁辉 张华英 陈鑫 杨志刚 丁胜
二〇一〇年九月一日

优秀勘察设计
广东佛山年产8万m^3木质废料中密度纤维板工程获
优秀工程设计
一等奖
国家林业局
二〇〇九年三月

NAEC
国家森林资源与生态状况综合监测广东试点报告获
全国优秀工程咨询成果
一等奖
中国工程咨询协会
2009

优秀勘察设计
广东省森林资源与生态环境监测中心实验楼工程获
优秀工程设计
一等奖
国家林业局
二〇一〇年七月

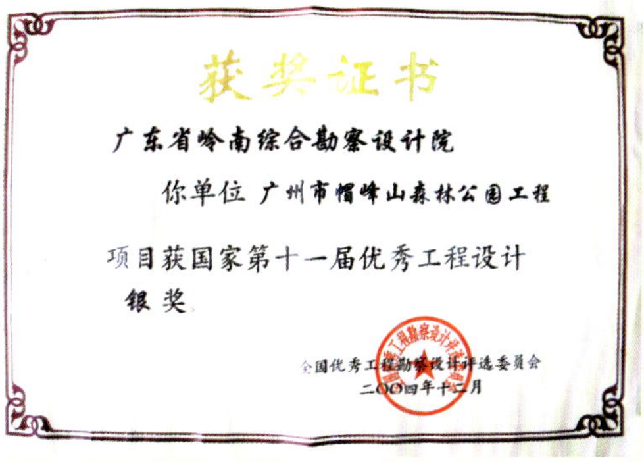
获奖证书
广东省岭南综合勘察设计院
你单位 广州市帽峰山森林公园工程
项目获国家第十一届优秀工程设计
银奖
全国优秀工程勘察设计评选委员会
二〇〇四年十二月

广州岭南花园
生态绿地规划
广东现代林业
发展区划
森林生态
宏观监测系统研究

珠江三
森林公园建
广东省森林旅
(2011-20
广东城市森林公园工
综合集成设计
RESEARCH ON INTEGRATED DESIG
URBAN FOREST PARK IN GUANGD
中国 · 广东
国家森林资源和生态状况综合监测
NATIONAL INTEGRATED MONITORING ON FOREST RESOURCES AND ECOLOGICAL STATUS
广东试点报告
广东省林业调查规划院
2008.06

GUANGDONG FORESTRY
SURVEY AND PLANNING INSTITUTE

广东省林业调查规划院

院志

1952.10–2012.10

●《广东省林业调查规划院院志》编委会 编

中国林业出版社

图书在版编目(CIP)数据

广东省林业调查规划院院志/《广东省林业调查规划院院志》编委会　编. —北京：中国林业出版社，2012. 10

ISBN 978-7-5038-6701-9

Ⅰ. ①广…　Ⅱ. ①文…　Ⅲ. ①林业－科学研究组织机构－概况－广东省　Ⅳ. ①S7－242

中国版本图书馆 CIP 数据核字(2012)第 183766 号

责任编辑：于界芬

电话：(010)83229512　　　**传真**：(010)83227584

出　版：中国林业出版社(100009 北京西城区德内大街刘海胡同 7 号)

电　话：(010)83224477

网　址：http：//lycb. forestry. gov. cn

发　行：新华书店

印　刷：北京卡乐富印刷有限公司

版　次：2012 年 10 月第 1 版

印　次：2012 年 10 月第 1 次

开　本：787mm × 1092 mm　1/16

印　张：16

字　数：296 千字

定　价：186. 00 元

《广东省林业调查规划院院志》编委会

顾　问

李茂深　江振铎　林俊钦　余文嵩　叶渭贤

主　编

肖智慧　邓鉴锋

副主编

李爱英　严玉莲　黄俊泽　叶金盛　杨　城

编　委（按姓氏笔画排序）

马延军　王喜平　许文安　刘飞鹏　刘建明
李志洪　陈汉坤　陈富强　陈雄伟　张海文
苏树权　林寿明　杨庆局　郑镜明　郑洁玮
战国强　曾细勇　赖广梅　蔡晓燕　廖树东
潘淑清　薛春泉　魏安世

提供资料人员名单（按姓氏笔画排序）

文　伟　冯少卿　丘娟珍　任创立　何红梅
陈大华　林金福　周长炽　罗俊璇　徐增燕
韩培新

序

广东省林业调查规划院成立60周年，这是新一轮绿化广东行动和林业改革发展中的一件大喜事。

六十年风雨峥嵘路，六十载悠悠岁月情。在一个甲子里，规划院发展实现了质的飞跃，留下了几代林勘人的辉煌足迹，将激励我们为创建全国一流林业调查规划院继续奋斗。

规划院的60年，走过了不平凡的求索创业历程，取得了令人瞩目的可喜成就。从建院初期的30多位创建者发展到今天拥有400多员工的人才梯队，从简单皮尺、木质直尺角规等原始设备发展到今天拥有红外线测距仪、航空立体转绘仪等先进仪器设备，从单一资源调查发展到今天集森林资源监测、生态环境监测、林业调查、规划与设计于一体的综合性甲级调查规划设计院，一路走来颇多曲折、颇多艰辛，但又平稳扎实、硕果累累。更加难能可贵的是，规划院的发展始终与广东省林业建设相依相融，浓缩了广东林业改革发展的菁华。20世纪80年代以来，规划院全力投入到十年绿化广东、林业分类经营、林业二次创业、建设林业生态省、科学发展五个林业、建设现代林业强省等战略行动中，为广东林业的每一次跨越提供了强有力的技术支撑，立下了汗马功劳。一批又一批的林勘人在广东林业改革发展中勇于担当，对事业忠诚坚定，面对困难披荆斩棘，勤奋工作锐意创新，成为各个时期广东林业发展的中流砥柱。

当前，按照“加快转型升级、建设幸福广东”的核心要求，广东林业发展迎来了新的战略良机。省第十一次党代会明确提出了大力实施绿色发展战略，坚持走生态立省之路；省委、省政府从经济社会发展的战略高度，部署启动新一轮绿化广东大行动，提出努力建设全国一流、世界先进的现代大林业的奋斗目标；全省以森林碳汇、生态景观林带、森林进城围城三大工程为重点，规划实施珠江清洁水系、重点水源保护地、沿海沿江重要绿化带、北部连绵山地等重点生态工程，构建区域生态安全体系。希望规划院谨记时代使命、紧跟时代潮流，以艰苦创业为动力、以林业技术支撑为己任，永不懈怠、永不言弃，团结奋进、开拓创新，在新时期广东林业改革发展中取得无愧于时代的新成绩。

怀念过去是为了更好地面向未来。《广东省林业调查规划院院志》定稿付梓，全方位记载了规划院的发展历程，资料翔实，结构严谨，是一部沧海桑田的变迁史，一部筚路蓝缕的创业史，一部与时俱进的创新史，既是我省林业建设的历史缩影，又是面向未来的崭新宣言。

借该书作序之机，衷心感谢一直以来为广东林业建设付出辛勤劳动的林勘人，祝愿广东林业调查规划院百尺竿头更进一步，在新一轮绿化广东行动和我省林业事业发展中开创更为绚丽、更加辉煌的明天。

广东省林业厅厅长 张育文

前言

广东省林业调查规划院成立于1952年10月，经过60年的建设发展，从无到有，从小到大，从单一专业到多专业，队伍不断扩大，技术水平不断提高，技术装备不断完善，各项事业蒸蒸日上，目前正稳步朝着全国一流的林业调查规划院目标迈进。

为庆祝建院60周年，记载我院历史，弘扬传统，激励全院职工，2011年6月院党委研究决定编写《广东省林业调查规划院院志》（下称《院志》），并成立《院志》编写工作小组。编撰工作自2011年6月开始，至2012年10月止，历时一年多，五易其稿。其间多次组织各种会议商讨、研究、审稿。

《院志》中的资料来源主要是通过查阅本院历年来的各类档案、工作总结、年度报表、职代会材料和《广东省林业志》、《测绘志》等资料，有的是通过老同志回忆、访问、座谈等方式获取。《院志》编撰工作得到全院职工及离退休老同志的大力支持，借此机会表示衷心的感谢。但由于过往的资料不全、散失，加上编者水平有限，编写中难免有错漏，恳请读者指正。

以志存史，以志资治，以期真实反映历史面貌及院的发展脉络的《院志》，将激励全院职工奋发向上，开拓进取，为广东林业事业的建设和发展做出新的贡献。

《广东省林业调查规划院院志》编委会

2012年10月

凡 例

1. 本志坚持实事求是的原则，全面系统地记述广东省林业调查规划院的发展历史与现状。

2. 本志上起 1952 年 10 月，下限至 2012 年 10 月。

3. 本志本着“详今略古”的原则，重点记述院的发展史实。

4. 本志设大事记、概述、各章及附录，均一级平行排列。采用横排竖写的写法，横排门类，竖记史实。

5. 本志采用现代语体文、记叙体，力求严谨、准确、平实。

6. 本志纪年，一律采用公元纪年。

7. 本志记述机构、职务、人名等均依当时称谓。

8. 本志数字书写按国家语言文字工作委员会出版的规定执行，计量单位按国务院颁布的法定计量单位执行，记述历史上的计量时，仍按当时使用的计量单位记载。

9. 本志资料来源：广东省林业调查规划院综合档案室、人事档案室、广东省林业厅档案室、广东省档案馆和广泛征集的资料。

《广东省林业调查规划院院志》编委会

2012 年 10 月

目　录

概述

广东省林业调查规划院，成立于1952年，是广东省林业厅直属的生态公益型事业单位。经过60年的建设发展，我院已由一支30多人的林野调查队，发展成为今天拥有400多名员工，集森林资源监测、生态环境监测、林业调查、规划与设计为一体的综合性甲级调查规划设计院。拥有国家林业局核发的甲A级林业调查规划设计证书；国家发改委核发的甲级工程咨询证书；住房与城乡建设部核发的甲级工程设计证书等。业务涵盖林业、风景园林、建筑、交通等行业。

院前身是广东省农林厅林业局林野调查队，随着社会的变革名称历经变更，从广东省农林厅林业局林野调查队→广东省林业厅林业勘测设计队（森工调查队）→广东省林业厅林业勘测设计处→广东省林业厅林业建设处→广东省林业厅林业勘测设计大队→广东省农林场管理站林业勘测设计队→广东省林业局林业勘测设计大队→广东省林业勘测设计院→广东省林业调查规划院。

院办公场所也几易其址，从广州市中山五路176号（中山七路20号）→中山七路省林业厅大院→广州市郊龙眼洞→广州市广园东路2001号→广州市广汕一路338号。

院的管理体制也随着广东林业事业的发展不断变迁。由建院初期的科级事业单位（1952—1956年）→处级事业单位（1957—1960年）→科级事业单位（1961—1974年）→处级事业单位（1975年至今）。

院内部管理机制也随之变化，事业单位管理（1952年开始）→事业单位企业化管理（1985年开始）→单位目标责任制管理（1988年开始）→事业单位分院制管理（1995年开始）→事业单位项目管理（2002年开始）→事业单位绩效工资管理（2012年开始）。

院人才队伍逐渐壮大。由建院时30人，发展到20世纪80年代的297人，再到现在的404人（其中在职职工161人、离退休人员131人、聘用相对固定的专业技术人员112人）。目前，全院拥有教授级高工16名、高级工程师63名。其中：有享受国务院政府特殊津贴的专家4位、有博士学位的员工2位、有硕士学位的员工38位。

院内机构设置也几经变迁，由建院初期的森林经理队及营林调查队，发展到上世纪80年代的森林资源调查室、营造林总体规划室、公路室、工民建室、情报室、生产技术科及政工科等，再到现在的8个生产部门、8个职能管理部门，生产部门包括资源监测分院、生态监测分院、规划设计分院、信息技术分院、园林设计分院、产业设计分院、总体设计分院及科技服务公司（印刷厂）；院职能管理部门有：院办公室、党委办公室、总工程师办公室、人事科、财务科、信息中心、离退休管理办公室及后勤服务中心。

院业务范围也在不断适应形势发展的需要，由建院初期单一森林资源调查、营林规划设计，至20世纪50年代后期逐步形成以林业调查、营林规划为基础，同时开展地形测量、林区公路、森林铁路、水道河便、水电站、伐区工艺、飞机播种以及工业与民用建筑等工程项目设计的综合性业务，发展到现在涵盖了林业、风景园林、建筑、交通等行业。根据广东省机构编制委员会办公室文件《印发广东省林业厅所属事业单位分类改革方案的通知》（粤机编办〔2012〕1号文）的规定，院被核定为公益一类的正处级事业单位。主要任务是：承担森林资源调查、森林生态环境监测工作；协助林业行政主管部门编制重点林业工程项目发展规划；承担林业建设的技术指导及造林绿化成效核查工作。近几年来，院把"3S"新技术的推广应用、森林生态监测技术作为院核心技术，把生态规划技术作为院业务品牌，业务发展迅速，每年完成的各类生产项目约600多项。一是在林业调查监测评估方面：创新监测理念，依靠科技进步，完善林业监测评估技术体系。其中森林资源与生态状况综合监测水平处于国内领先地位，为及时掌握和定期发布全省林业生态状况公报提供了基础数据。二是在林业规划设计方面：负责全省林业发展战略规划与研究、大中型林业生态工程规划、林业专题规划、林业产业规划和林业工程项目设计的编制任务。如广东生态景观林带建设规划、广东森林碳汇重点生态工程建设规划、珠江三角洲森林进城森林围城建设规划、广东省林业发展区划及广东省油茶发展规划等，规划设计成果丰硕，为全省各级政府在制定林业建设方针、政策和制度等方面提供科学依据。三是在数字林业建设方面：自主开发了广东省林业三维应用平台、森林资源与生态状况年度监测信息系统、森林资源信息管理系统、林地林权地理信息系统、森林资源连续清查及遥感判读信息系统等多种专题、多种模式的林业信息管理平台，研发了以"3S"技术为主要手段的森林资源与生态状况动态监测方法，改变了传统的森林资源监测模式，为全省森林资源管理的科学化、规范化、数字化奠定了基础，成为广东数字林业的领航者。四是在林业工程服务方面：充分发挥院技术优势，不断开拓市场，大量承接各类林业工程项目的咨询、设计、监理等社会服务业务，积极为基层林业部门提供技术咨询。如全省森林公园及自然保护区工程项目、城乡园林绿化景观工程、营造林工程项目、森林保护工程项目、林区配套工程项目及林业产业工程项目等。

院技术装备先进。拥有现代化的技术服务平台，配备了先进的图形工作站、大幅面绘图仪、全站仪、GPS 等硬件设备，以及先进的地理信息系统、遥感图像处理系统、数据库等软件，还有光谱仪、量热仪、分析仪等大量科学实验设备。

院推行科学管理，规范管理，建立一系列规章制度。包括《生产经营管理办法》、《财务管理办法》、《财务开支审批制度》、《院财政预算项目管理办法》、《院创收项目差旅费管理办法》及《广东省林业调查规划院会议经费管理办法》、《院物品采购、领用管理办法》、《人事、用工、分配制度改革方案（试行）》、《院绩效奖励工资试行办法》、《招聘临时工管理规定》、《岭南院聘用人员管理办法》、《继续教育管理办法》、《创新奖评定奖励办法（试行）》、《科研项目管理办法》、《院级优秀成果评选奖励办法》和《计算机信息保密管理暂行规定》等。

院重视技术创新，积极开展技术创新及推广应用，成果丰硕。建院以来获得省部级以上科技成果奖有 75 个项目、102 个奖项。其中：20 世纪近 50 年，获奖成果 36 个项目、48 个奖项；2002 年以来，获奖成果达到 39 个项目、54 个奖项。如“广州市帽峰山森林公园工程设计”、“东莞大岭山森林公园综合集成设计”等获全国优秀工程设计奖；“森林生态宏观监测系统研究”、“广东佛山沃德森中密度纤维板厂项目设计”、“广东省森林生态状况监测报告”、“广东省林分改造工程建设规划”、“梅州市现代林业建设规划”等获省、部级奖。院出版（或参与出版）专著 11 部，编写林业标准（规范）8 项。

院弘扬“敬业、务实、和谐、诚信”价值理念，精神文明建设大丰收。2000 年后，先后获得了集体荣誉 55 项，如广东省文明单位、全国优秀勘察设计院、全省第三次森林资源二类调查先进集体等；部门荣誉 16 项，如资源监测分院获得中华全国总工会颁发的“工人先锋号”称号、生态监测分院获第三次全国荒漠化和沙化监测先进单位等；个人荣誉 98 项，如林俊钦获得全国五一劳动奖章、肖智慧获得全省五一劳动奖章、叶金盛及魏安世分别获第十届、第十一届中国林业青年科技奖等。

展望未来，院坚持以邓小平理论和“三个代表”重要思想为指导，深入落实科学发展观，紧紧围绕广东建设全国一流、世界先进现代大林业的总目标，以服务“五个林业”建设为己任，按照“科学发展，和谐立院，科技兴院，人才强院”的发展思路，继续解放思想、开拓创新，进一步加大人才培养、整合资源优势，加大技术装备投入、提高技术创新能力，强化资质经营、巩固品牌业务，重视民生、固本强基，全面提升院的技术水平和综合实力，努力把院建设成为全国一流林业调查规划院。

年度大事记

1952 年

10 月 8 日，广东省农林厅林业局成立林野调查队(广东省林业调查规划院的前身)。全队配备人员 30 人，队长张凤楼(省木材公司经理兼)，副队长朱志淞(局副总工程师兼)。队址：广州市中山五路 176 号。

是年，完成森林资源踏查 37.43 万亩[①]，森林资源调查 3.9 万亩，营林初步调查 101 万亩，营林规划设计 5.33 万亩。

1953 年

是年，林野调查队人员增至 57 人，组织机构上得到了加强，成立了林野调查委员会，下设两个分队。队长任健民、郑光壁(工程师)兼调查委员会主任。同时还开办林业调查培训班，学员 30 多人，这批学员至 8 月份学习结业后，基本上都安排到林野调查队工作。

是年，开展海南岛尖峰岭林区、英德县滑水山林区、连南县军寮林区森林资源调查和韩江上游的五华、兴宁等县水土流失地区造林调查设计等，共完成森林资源踏查 1049 万亩，森林资源调查 25.5 万亩，营林规划设计 83.2 万亩。

1954 年

5 月 11 日，广东省政府决定农林厅林业局从农林厅分出，成立广东省人民政府林业厅(简称省林业厅)。林业厅内设有调查设计科，科长李祥云。省林业厅林野调查队(科级，隶属调查设计科管辖)，总人数发展到 98 人，队长郑光壁，副队长江道盛，下设资源、营林两个分队。

---

① 1 亩 = 1/15 公顷。

是年，年初就派出70多人，对海南岛的尖峰岭、吊罗山两大林区进行森林经理调查。这次的调查为1958年后大规模的开发新林区创造了条件。为了加强这次调查工作的领导，省林业厅还指定海南林业处邢谷已科长为党支部书记；林业部派吴威彝等三位同志进行技术指导。

是年，开展对樟木头林场造林规划调查和阳江河尾山林场次生林调查。

是年，完成森林资源调查56.8万亩，营林规划设计68.7万亩。

1955年

是年，林野调查队全队职工人数增加到175人。

8月30日，广东省山区生产规划委员会成立。我队派员参加开展17个山区县生产规划工作。

是年，进行海南岛两大林区森林经理调查的内业整理，开展沿海防护林造林调查设计和国营西江林场等林场的造林调查设计，派员参加海南、湛江、合浦地区热带、亚热带资源开发调查规划工作。共完成林业规划面积6242万亩，森林资源调查50.74万亩，营林初查192.2万亩，营林规划设计61.9万亩等。

1956年

是年，广东省林业厅决定：林野调查队改称为广东省林业厅林业勘测设计队(科级，隶属厅调查设计科管辖)，厅调查设计科科长李祥云。林勘队副队长程凤桐、江道盛，共有职工人数246人，下设森林经理、营林调查两个中队和业务、行政、人事三个股。

3月，广东省森林工业局从林业勘测设计队中抽调30人，另在省森工局干校培训30人，组建森工调查队，队长蔺心荣，下设两个分队，并在中山七路20号建立队部；而林业勘测设计队的队址仍是在原址不变，即中山五路176号。

5月18日，广东省编制委员会批准了省林业厅机构编制方案，其中含确定林业勘测设计队为事业单位编制，配备人员300名。

是年，开展怀集、广宁等26个重点林区县的森林资源清查和五华、曲江等5个国营林场的调查设计，共完成森林资源踏查13343万亩，营林初查211.83万亩，营林规划设计283.2万亩。

1957年

是年，广东省林业厅撤销调查设计科，将林业勘测设计队升为处级建制，成立广东省林业厅林业勘测设计处。全处共 216 人，处长李义亭。

是年，完成森林资源踏查 11668.3 万亩，森林经理调查 70.79 万亩，营林规划设计 176.6 万亩，主要河道踏查规划 618 公里。尤其是本年度在完成乐昌、乳源等 42 个重点林区县的森林资源清查后，全省从 1956－1957 年已共清查了 68 个重点林区县的森林资源，加上其余县上报资料的整理汇总，以此为基础，编制出全省森林资源清查成果：包括全省森林分布图，森林面积、蓄积统计表，以及森林资源清查说明书等。这是我省开展比较广泛的首次森林资源清查。

是年，森工调查队共 50 多人，队长侯任城。共完成了 7 个伐木场的森林资源调查。

是年，开展“整风反右”运动，期间，林业勘测设计处和森工调查队共有 15 名职工被错划为右派，经受错误批判和下放监督劳动。对涉及的人员，已于 1978－1980 年进行了平反，落实了政策。

1958 年

3 月 24 日，广东省人委批复：同意省林业厅和省森林工业局合并。7 月，省森工调查队并入省林业厅林业勘测设计处。全处职工人数 251 人。

8 月，开展对尖峰、吊罗、坝王、乳阳等广东四大林区的总体规划设计工作。在林业部水运设计院的支持帮助下，至年底基本完成了外业调查任务。通过本次的总体规划设计，我处的专业结构开始由单一的林业调查规划逐步向综合性勘测设计转变。同时，我省首次应用航空照片，在乳阳林区进行森林资源调查和森林铁路的勘测设计工作。

是年，完成森林资源踏查 296.1 万亩，森林资源调查 480 万亩，林区总体规划设计 490.3 万亩，营林初查 3210.41 万亩，营林规划设计 415.43 万亩，地形测量和总平面设计 16 万平方米，公路勘测设计 118.5 公里，森林铁路勘测设计 54.77 公里，河道踏勘 100 多公里，木材水运河绠设计 21 座，伐区工艺设计 10 处，水电站设计 2 座等。

1959 年

2 月，广东省林业厅林业勘测设计处改名为广东省林业厅林业建设处，统管全省林业基本建设和林业勘测设计工作。全处编制 424 人，实有职工人数 293 人。处长刘春乾，下设林业(资源)、造林、工程设计三个中队和行政、人事两个科。

是年，为了增强林业勘测设计力量，在乳阳林业局举办林业调查规划设计训练班，学员100人。这批学员在学习结业后，大部分都安排到本处工作。

是年，除全部完成四大林区总体规划设计内业工作外，同时完成森林资源踏查10841.5万亩，森林资源调查843.65万亩，机械化林管局(场)调查设计31.64万亩，全省造林类型典型设计一套和公路勘测设计169公里，森林铁路勘测设计2.5公里，森林铁路踏勘577公里，木材水运河绠设计62座，水电站设计5座，贮木场勘设7处，地形测量和总平面设计589万平方米等。

1960年

是年，全处职工人数增加至356人，其中90%是专业技术人员。

2月，广东省林业厅根据林业部1959年12月会议精神，部署了全省林业“三化”(即基地化、林场化、丰产化)规划设计和全面清查森林资源工作。此项工作从2月开始至11月结束。《广东省林业“三化”规划设计及森林资源清查工作总结》称：据清查结果，全省森林面积为1.09亿亩，森林覆盖率33.44%，森林蓄积量1.18亿立方米，木材可伐量4329万立方米，新造林和人工促进更新的幼林6078.4万亩，占森林面积的55.7%。

11月12日，广东省林业厅进行机构调整，其中含成立厅基本建设处，将原林业建设处改称为广东省林业厅林业勘测设计大队，由处级建制改为科级建制，人员也作适当的精简，并由厅基本建设处进行归口管理。

是年，完成森林资源踏查32578.9万亩，森林资源调查850.6万亩，林区总体规划设计850.6万亩，营林初查150万亩，营林规划设计829.5万亩，地形测量和总平面设计5495万平方米，森林铁路勘测设计28.5公里，公路勘测设计136.8公里，水运工程设计521.5公里，木材水运河绠设计21座，索道、平车道、滑道设计7349公里，贮木场设计4处，纤维板车间设计3处，房建设计3366平方米，水电站设计9座等。

1961年

是年，全大队编制300人，实有职工人数273人。大队长罗平安，副大队长胡汝霖。下设林业、森工两个中队和技术、行政、人事组。队址由中山五路176号迁到中山七路省林业厅大院。

是年，开展全省用材林基地规划工作。在东江、西江、北江流域等地规划用材林基地面积2000万亩，编制了规划方案。省委对该项工作极其重视，省委秘书长李子元还到肇庆等地进行专题调查研究。该规划方案经全省林业工作会议讨论通过后实施。同时，为促进用材林基地规划工作的落实，还开展了国营林场造林面积落实和建立经营档案工作。

是年，完成森林资源踏查36万亩，森林资源调查359.7万亩，营林初查66万亩，营林规划设计467.7万亩，地形测量和总平面设计181万平方米，公路勘测设计50.3公里，森林铁路勘测设计23公里，河道整治勘设252公里，山场集材道勘设81.6公里，房建设计6200平方米，水电站、简易码头设计各一座，编制全省林业、森工基本建设规划和《林业调查设计手册》等。

1962年

是年，贯彻中央、省委关于支援农业、压缩城市人口的指示，全大队职工人数缩减至202人。所压缩人员，主要是1959年在乳阳林业局开办训练班结束后安排到本队工作的新职工，同时将我队抽调参加封开、怀集、信宜等县整风整社的同志下调到县(场)工作。大队长董公瑾，副大队长胡汝霖，下设林业和森工两个中队。队址由省林业厅大院搬至市郊龙眼洞，先是分别在广州林业学校、省林业科学研究所暂借房子住宿和办公，后经省林业厅领导现场界定，在林业科学研究所标本园的西侧建设队址，其界定的范围面积为41亩左右。

是年，完成森林资源踏查6046.8万亩，森林资源调查1411万亩，营林规划设计90.9万亩，总体规划设计21万亩，公路勘测设计147.9公里，水闸、围堤设计8处，木材水运河绠设计9座，房建设计6818平方米，雷州等18个林业局(场)的经营规划，国社合作造林试点的规划设计和全省森林资源生长量、消耗量的调查整理等。

1963年

是年，全大队职工人数204人。

2月，由广东省林业厅组织，我队和厅有关处室人员共同承担的“广东省森林资源整理”工作结束(自1962年6月开始至1963年2月)。7月，省林业厅印发《广东省森林资源整理报告(初稿)》称：全省土地总面积2171.9万公顷，其中有林地517.7万多公顷，占23.8%；宜林地779.7万多公顷，占35.9%；非林地879.4万多公顷，占40.3%。立木蓄积量1.12亿立方米，可利用蓄积量6726.6万多立方米。新造人工幼林和天然更新幼林217.7万多公顷，占全省有林地面积的42%。

2月5－19日，由我队承担规划设计的阳江林场崩口岭播区进行飞机播种造林，飞播总面积5.2万亩。这是我队首次承担的飞机播种造林规划设计。这次飞播，由于播前准备工作做得不够，播后又缺乏管理，加上遇到连续90天的大旱，所以成效很低。

3月，马自玉、林庆祥同志荣获省工交、基建、农业社会主义建设先进生产(工作)者称号。江振铎同志被入评为广东省直属机关青年社会主义建设积极分子。

是年，在林业部国营林场总局和中国林业科学研究院联合工作组的指导下，我队在西江林管局的仙菊林场进行国营林场总体设计和建立经营技术档案的试点工作。本项工作对总结国营林场的经营活动、技术措施及其效益，提高国营林场的生产技术管理水平起到积极的作用。试点结束后，广东省林业厅举办了国营林场经营技术档案学习班加以推广。

是年，利用省测绘局提供的1:25000和1:50000的地形图放大为1:10000地形图作为调查规划用图，经实地与实测小班面积比较试验，基本达到规范要求用图的精度。从此，调查规划用图多采用1:25000或1:50000地形图放大为1:10000地形图，大大地节省了外业测绘工作量。

是年，完成森林资源踏查319万亩，森林资源调查88.9万亩，总体设计88.9万亩，营林规划设计309.7万亩，26个林场经营规划，全省300多个国营林场设计任务书的编写和公路勘测设计46.6公里，房建设计3539平方米，木材过坝、贮木场设计各一处等。

1964年

是年，全大队职工人数205人。大队长董公瑾，副大队长胡汝霖。

是年，抽调张炳祥、何国经等78人参加社会主义路线教育(即“四清”)运动。

是年，本队在龙眼洞(即省林业科学研究所树木标本园西侧)新建的队址按计划建设完成，全队迁入使用。结束了近两年有队无址，借房住宿和办公的局面。

2月1-7日，由我队进行规划设计的开平县镇海林场播区，进行飞机播种造林。该播区面积3.93万亩，大部分面积飞播马尾松种籽，小面积为马尾松种籽与台湾相思种籽混播。这次飞播取得良好的效果，成效面积为2.8万亩，为全省首创。由于本次飞播试验的成功，此后我省的飞机播种造林则延续了多年。

4月，广东省人委组织广东省农业科学院、广州地理所、中山大学、华南农学院等有关单位派员在东莞县进行农业区划试点工作。我队和广东省林业科学研究所分别派员承担区划中的林业区划工作。

是年，完成森林资源调查 164.3 万亩，总体设计 123.3 万亩，营林规划设计 158.3 万亩，公路勘测设计 53.5 公里，房建设计 2123 平方米和海南林业体制、珍贵阔叶林造林与加工利用的调查研究等。

1965 年

是年，全大队职工人数 196 人（含已抽调参加“四清”运动的 78 人）。大队长胡汝霖，副大队长张炳祥、何国经，队指导员邓庆明。

是年，编写广东省国营林场总体设计和建立经营技术档案工作总结。在全国国营林场设计会议上，我队和西江林管局代表介绍了在西江林管局开展总体设计、建立经营技术档案情况和应用效果，反映良好。会后，不少省份派人到广东参观学习。

是年，开展九连山林区、南雄县百顺林区森林资源调查和开展和平县黎明林场扩建调查规划等工作，共完成森林资源调查 77.41 万亩，营林规划设计 120.2 万亩，公路勘测设计 149.5 公里，房建设计 4555 平方米等。

1966 年

是年，全大队职工人数 194 人。副大队长张炳祥，队指导员邓庆明。

4 月，我队在始兴县龙斗斜伐木场和曲江县上洞伐木场进行我省首次应用以数理统计原理为基础的森林抽样调查新技术，开展森林资源调查试验，并进行局部全林实测相比较，后因“文革”干扰，试验工作停顿，未能及时进行总结。

是年，完成营林规划设计 84.2 万亩，云开山脉林业基地规划 44.12 万亩，飞机播种造林规划设计 170 万亩，木材加工厂设计 4 处、水电站设计 1 座，公路勘测设计 78 公里，房建设计 6698 平方米和森林资源生长量、消耗量专业调查等。

1967 年

是年，全大队职工人数 194 人。

“文革”期间，生产、工作秩序不正常，完成勘测设计任务比往年大大减少，计有完成森林资源踏查 49 万亩，森林经理调查 6.5 万亩，飞机播种造林规划设计 148.9 万亩，飞机播种造林成效调查 149 万亩，营林规划设计 51.6 万亩，房建设计 149.5 平方米等。

1968 年

11 月，大批干部下放“五七”干校，全队仅保留下 96 人。

12 月 16 日，广东省农林场管理站成立，本队改名为广东省农林场管理站林业勘测设计队。全队编制 110 人，实有职工 96 人。队成立革命领导小组，组长邓庆明，副组长张炳祥。下设林业和森工两个中队。

是年，完成飞机播种造林规划设计 313.1 万亩，公路勘测设计 58 公里和林业基本建设规划等。

1969 年

是年，全队职工人数 96 人。生产、工作秩序有所恢复，完成的勘测设计任务逐步增加。计有完成森林资源调查 215.5 万亩，营林规划设计 39 万亩，飞机播种造林规划设计 710 万亩，公路勘测设计 78 公里和白僵菌厂的筹建规划等。

1970 年

是年，全队职工人数 100 人。

3 月，开展了全省林业大普查工作。11 月 20 日，省农林场管理站革委会在《广东省林业大普查总结》中称：全省林业用地 1.6 亿亩，现有林 1.14 亿亩，其中新中国成立后新造林 5186 万亩，为历年统计上报面积 1.4 亿亩的 36.8%，四旁植树 1.21 亿株，公路、铁路绿化 2.52 万公里。森林蓄积量 1.26 亿立方米，其中可伐量 5947 万立方米。

是年，除完成全省林业大普查外，还完成飞机播种造林规划设计 420 万亩，公路勘测设计 110 公里等。

1971 年

是年，全队职工人数 117 人。

是年，开展海南岛沿海防护林调查规划设计、河源县新丰江红光伐木场调查设计等工作。共完成森林资源调查 85.1 万亩，沿海防护林调查规划设计 88.4 万亩，飞机播种造林规划设计 498 万亩，公路勘测设计 123 公里，小型纤维板厂设计 8 处等。

1972 年

5 月 20 日，广东省委、省革委决定广东省农林场管理站易名为广东省林业局。本队也随之改名为广东省林业局林业勘测设计大队，科级建制。

是年，全大队职工人数 122 人，大队长张炳祥。

是年，“广宁县上林拱桥”获林业部 70 年代优秀工程设计二等奖。

是年，开展粤北林区总体规划设计和西江林管局各林场采伐运输规划设计等工作，共完成森林资源踏查 3520. 2 万亩，森林资源调查 96. 89 万亩，飞机播种造林规划设计 370. 4 万亩，公路勘测设计 117 公里，房建设计 251 平方米等。

1973 年

是年，全大队定编人数 150 人，实有职工 123 人。江伟文同志调来本大队工作，任副大队长。

10 月 3 日，为加强广东省林业调查设计技术力量，国家林业部同意广东省革委会的请求，同意把林业部西南林业勘察设计总队第三大队从云南调入广东，并入广东省林业勘测设计大队，广东省革委会把此批复转批广东省农林水政治部。

是年，为推广森林资源抽样调查新技术，一是收集 1966 年在始兴县龙斗斜伐木场和曲江县上洞伐木场进行森林抽样调查试点资料，写出技术总结；二是组织办班培训，普及抽样调查技术知识；三是在怀集县选一个公社继续进行试验。10 月份在德庆、高要、封开三个县开展我省首次以县为总体的森林资源抽样调查。

是年，完成森林资源调查 2762. 7 万亩，飞机播种造林规划设计 406. 1 万亩，公路勘测设计 104 公里，房建设计 5712 平方米和林业调查研究等。

1974 年

1 月 7 日，广东省林业局致函省财政局：林业部西南林业勘察设计总队第三大队从云南调入广东省林业局林业勘测设计大队，编制人数 153 人，预算编报事业费 25 万元；开办费预算 6 万元。

4 月，林业部西南林业勘察设计总队第三大队 117 人正式并入广东省林业局林业勘测设计大队，并入后全大队共有职工人数 238 人。

是年，继续开展“四五”期间，以县为统计单位、以公社为总体的森林资源抽样调查。完成森林资源调查 3865 万亩，公路勘测设计 107 公里，房建设计7658平方米和水文地质钻探等。

1975年

是年，全大队职工人数239人。建立省林业勘测设计大队革委会，由原科级改为处级建制。王松山任革委会主任，张炳祥任副主任。下设林业室、线路室、工民建室、政工科和行政科。同时建立大队党总支委员会和大队共青团总支委员会。党总支书记：王松山，副书记：张炳祥，委员：吴子岭、王家芬、江伟文、陈必成（从1956－1974年，本队均建立党支部，支部负责人一般是由队长同时担任）。

是年，开展海南岛、湛江等地区"四五"期间的森林资源抽样调查。完成森林资源调查4659万亩，公路勘测设计244公里，房建设计1300平方米，地质钻探3处，木材过坝、贮木场设计各一处等。

1976年

是年，全大队职工人数260人。大队革委会主任：王松山，副主任：张炳祥、吴子岭。

6月，全省森林资源清查（即"四五"期间清查）工作结束（从1972年至1976年6月）。这次清查，以县组织调查队伍（经过技术培训）为主，与专业调查人员相结合，利用1:25000或1:50000的地形图，以公社、国营林场为总体进行机械布点，采用抽样调查为主、并结合小班调查的方法进行。清查结果：全省林业用地（未包括国营农场）面积1.82亿亩，占全省总面积的57.4%；宜林荒山荒地4527万亩，占林业用地的24.9%；在林业用地中，有林地1.12亿多亩，占林业用地的61.8%；其中用材林1.02亿亩，经济林920万亩，防护林147万亩，分别占有林地面积的90.5%、8.2%、1.3%。全省有林地的森林蓄积量为1.66亿立方米，其中用材林蓄积1.64亿立方米，占有林地蓄积量的98.7%。

是年，林业部在广东省的怀集县和连南县，开展集体林区县总体设计试点工作。

是年，完成森林资源调查5123.1万亩，公路勘测设计140公里，木材过坝设计和贮木场初步设计各一处，设计年产2000吨纤维板厂和年产1000吨松香厂各一座，房建设计19218平方米，编制桥涵标准图和举办桥涵设计培训班等。

1977 年

是年，全大队职工人数 271 人。

是年，我院抽调冯有文、叶渭贤、罗玉洪、范钦才、周广玲、蓝启明、李迪荣、彭德中、徐新为、黎瑞添、曾运茂、魏武奎、欧植洪等人到博罗县，参加广东省委组织的“社会主义基本路线教育运动”工作队，历时 8 个月。

是年，完成森林资源踏查 1680 万亩，森林资源调查 725. 3 万亩，公路勘测设计 214 公里，设计贮木场和年产 2000 吨纤维板厂各一处，地形测量 27800平方米，地质钻探 531 米，编制石拱桥标准图、材积表和编写林区总体设计提纲等。

1978 年

8 月 17 日，经广东省编委批准：广东省林业局林业勘测设计大队改名为广东省林业勘测设计院，处级建制。

是年，院定编人数 303 人，实有职工人数 269 人。院长王松山，副院长张炳祥、吴子岭。下设林业室、总体设计室、线路室、工民建室、情报室、生产技术科、政工科、办公室。

是年，为了掌握全省森林资源动态，预测资源发展趋势，根据国家林业部的部署，我省建立了森林资源连续清查体系，并进行了初查。这次清查采用简单双重抽样的调查方法，以广东大陆为抽样调查总体，海南岛为副总体，布设样地，每隔 5 年复查一次。其中大陆总体固定样地有 3685 个，海南副总体有 1349 个。同年还开展封开、河源、德庆等县集体林区总体设计。

是年，完成省大陆部分森林资源连续清查初查，森林资源调查 1357. 8 万亩，总体设计 1357. 8 万亩，公路勘测设计 240 公里，房建设计 13000 平方米，地质钻探 644 米，贮木场装卸桥和木材过坝设计各 1 座等。

1979 年

是年，院职工人数 274 人。内设资源调查室、总体设计室、公路勘测设计室、林化设计室、情报室和办公室、政工科、生产技术科。

5 月 15 日，广东省林业局党组通知：吴子岭同志任院党委副书记，兼任副院长；张炳祥同志继任副院长。

7 月 5 日，院党委成立。第一届院党委会由吴子岭、张炳祥、王家芬、陈必成等五位同志(暂缺一名)组成，吴子岭同志任院党委副书记。

是年，完成海南岛副总体森林资源连续清查的初查，同时还完成森林资源调查646万亩，林业基地调查规划412万亩，公路勘测设计66.7公里，水电站设计1座，地质钻探678米，地形测量172.1万平方米，房建设计13408平方米和森林资源生长量、消耗量调查，林区道路密度调查，举办公路勘测设计培训班等。

1980年

是年，院职工人数285人。

1月29日，广东省林业局党组通知：余文嵩同志任副院长、院党委委员。

5月1日，广东省人民政府决定：广东省林业局更名为广东省林业厅，恢复厅级建制。

8月28日，经广东省林业厅评定通过：杨文盛、江振铎、任松欢、吴科、曹连起、冯国华、陈善根、梁东瀛、张友礼、戴春晓、李志、李德勇、张道途十三位同志晋升为工程师。这是“文革”后恢复技术职称评定制度以来我院首批林业工程师，此后，凡具备相应技术资格的技术人员都相继晋升为工程师。

9月，为贯彻国务院〔1980〕202号文《批转海南岛问题座谈会纪要》，落实“建设海南岛的林业必须采取保护、恢复与发展并重的方针”，林业部规划局派出工作组与广东省林业勘测设计院、海南省林业局等10个单位，共60余人，开展了海南林业调查规划工作。整个规划分为两大部分：一是沿海防护林和热带天然林的保护与建设为地方项目；二是营造200万亩速生丰产用材林为中央与地方合作项目。林业部对本次规划所提交的成果在海口市召开了有26个有关单位领导、专业技术人员参加的审查会议。审查会议一致认为：“这一规划可行”。

是年，按照广东省政府关于开展全省农业区划工作的部署，省林业厅成立林业区划办公室，挂靠在本院办公，余文嵩同志任办公室主任，江振铎任副主任。林业区划办公室，除了组织人员完成省级林业区划外，为了指导县级林业区划工作的开展，还编写了《怎样开展县级林业区划》一书，举办县级林业区划技术学习班，并派员参加省综合农业区划在博罗县举办的全省农业区划学习班的讲课和指导。

11月18日，汪维兴、夏天林同志晋升为工程师。

是年，完成林业调查规划1004万亩，房建设计24666平方米，公路勘测设计11公里，地形测量295万平方米，地质钻探489米，水电站和木材过坝设计各1座以及林区道路密度调查、林业区划等。

1981 年

是年，院职工人数 283 人。

1 月 30 日，经广东省出版事业管理局批准，并发给粤出字〔1981〕第 152 号许可证，同意我院创办院刊《广东林勘设计》。该刊刊期为半年，为内部刊物，目的是增进本院学术的活跃，促进与兄弟勘测设计单位的技术交流，不断提高勘测设计质量和技术水平。刊载的内容包括林业调查规划，林区总体设计，森林经理，遥感技术，森林经营，木材采伐运输，木材综合利用，林区公路、桥涵、水电站的勘测设计，工业与民用建筑设计，工程地质和水文地质勘探，工程测量，林产化工设计，电算在森调和各项设计工作中的应用，以及航测在森调和公路勘测上的应用等专业的新理论、新技术、新经验和国外林业勘测设计科技动态等。

是年，完成林业调查规划 544 万亩，飞机播种造林规划设计 21 万亩，佛冈森林遥感调查 2.6 万亩，公路勘测设计 43.1 公里，房建设计 15451 平方米，地形测量 130 万平方米，地质钻探 1023 米，水电站设计 1 座，瞭望台设计 2 座和森林资源生长量、消耗量调查等。

1982 年

是年，院职工人数 283 人。

1 月 14 日，李茂深、叶渭贤、冯文炳、吕锡元、卜庆珠、尹志平、张永林、张振武、陈大华、王文斌、曾子其、黄首光、魏才、彭德中、任创立、凌其明、李希武 17 位同志晋升为工程师。

4 月 3 日，广东省林业厅党组决定：吴子岭同志任院党委书记；余文嵩同志任院长。

6 月 1 日，杨佐祥、张宗伯两位同志晋升为工程师。

12 月 14 日，黎启泓、区庄葵、段旭、曹其忠、吕志明、王炳山、王以仁、李万权、郑达泉、张汉、王淑杰、曾汉模、邓渝卿十三位同志晋升为工程师。

12 月 20 日，经上级评定：余文嵩同志晋升为高级工程师，这是我院首位高级工程师。此后，凡具备高级专业技术资格的技术人员，都相继晋升为高级工程师。

是年，“利用遥感技术进行全国土地资源调查制图的研究”项目，获国家科技攻关奖。

是年，完成森林资源二类调查 299 万亩，61 个国营林场资源调查 261.1 万亩，义务植树调查规划 5 万亩，公路勘测设计 21 公里，地形测量 42 万平方米，房建设计 3.2 万平方米，地质钻探 144 米，水电站设计 1 座等。

1983 年

是年，院职工人数 284 人。

9 月 13 日，罗锦丰、钟汉城、林乔南、杨伟志、米长青、王勋篪、周长炽、谷云荪、肖子哲 9 位同志晋升为工程师。

11 月 26 日，广东省林业厅党组《转发吴子岭等同志任职的通知》，院的领导班子组成如下：吴子岭同志任院党委书记；余文嵩同志任院长；张炳祥同志任副院长；李茂深同志任副院长。

是年，完成广东大陆抽样调查总体森林资源连续清查的第一次复查。同时完成二类调查 660 万亩，义务植树规划 12.35 万亩，公路勘测设计 19 公里，房建设计 12444 平方米，土建总平面设计 41 万平方米，地质钻探 1169 米，地形测量 12 万平方米，水电站设计 2 座和 9 场 1 局的林业基地规划等。

1984 年

是年，院职工人数 287 人(其中干部 221 人，工人 66 人)。专业技术人员 201 人，其中高级工程师 1 人，工程师 53 人，助工 114 人，未定职称的实习生 33 人。另离退休人员 6 人。

是年，院内设机构调整为：资源调查室、规划设计室、公路设计室、工业民用建筑设计室、情报电算室、劳动服务公司和人事保卫科、行政科、生产计划管理科。

3 月，完成广东省林业区划。根据林业部、省农业区划办公室的部署，广东省从 1980 年 6 月开展该项工作，至 1984 年 3 月完成。

6 月 29 日，广东省人民政府批复省林业厅，同意省林业厅与林业部签订联合营造海南岛 200 万亩速生丰产用材林协议书。我院派出 20 多人，开展了该建设项目的造林总体设计工作。

是年，参与和指导 50 个县森林资源二类调查 17006 万亩，完成速生丰产林造林总体设计 200 万亩，自然保护区规划设计 345 万亩，公路勘测设计 444 公里，地质钻探 1342 米，地形测量 446 万平方米，水电站设计 1 座，房建设计 30718 平方米和省林业区划、飞机播种造林宜林地调查及成效调查成果汇总等。

1985 年

是年，院职工人数281人，(其中干部218人，工人63人)。专业技术人员200人，其中高级工程师1人，工程师50人，助工110人，未定职称的实习生39人。另离退休人员13人。

是年，院内设机构调整为：资源调查室、规划设计室、工业与民用建筑设计室、公路勘测设计室、情报电算室、林业工程咨询公司、劳动服务公司和党委办公室、人事保卫科、行政科、生产计划管理科。

3月2日，广东省林业厅党组发出任职通知，院领导班子调整如下：余文嵩同志任院长；李茂深同志任副院长；王文斌同志任副院长；符茂同志任院党委副书记；吴子岭同志任院巡视员，保留正处级待遇。张炳祥同志任院巡视员，保留副处级待遇。任职通知书中指出：根据国务院国发〔1984〕157号文规定精神，院班子调整后，实行院长负责制。

4月15日，广东省林业厅直属机关党委批复，同意院第二届党委会由符茂、余文嵩、李茂深、邓桂明、冯有文五位同志组成。符茂同志任院党委副书记；纪检会由冯有文、陈伟坤、孙淑友三位同志组成，冯有文同志任院纪检会副书记。

是年，我院按照“勘察设计单位要向企业化、社会化方向发展，全面推行技术经济责任制，实行企业管理”的要求，开始进行改革。主要内容是：

(一)在领导体制上，由原来的院党委集体领导下的院长负责制，改为实行院长负责制。院党委则起政治核心，保证监督的作用。

(二)在经济体制上实行事业单位企业化管理，全面推行技术经济责任制。主要实施的办法有：一是改变按人头拨事业费的办法，分别实行两种收费办法：即工程设计部分(包括公路、工业民用建筑、钻探、水电等)一律按承接任务的数量、质量和国家规定的收费标准，向委托单位收取勘察设计费；林业资源调查、规划设计部分，采取按任务拨经费的办法。即由省林业厅各业务处(公司)提出调查规划任务和安排所需的人员、经费(按省财政厅核定人员机构经费包干的标准)与我院签订合同，按完成各项任务的数量、质量和进度，由厅计财处拨给经费。人员经费比例，核定属林业调查规划部分的直接生产人员为100人，负担管理服务人员为47人，即安排一个生产人员，按1.47人拨给经费；二是院内部实行多种形式的承包责任制，按职工劳动的数量、质量和技术价值进行考核分配，打破职工长期吃单位“大锅饭”的局面；三是以生产科室为单位，自主经营，独立核算，自负盈亏。

(三)简政放权。院中层干部，经院党政领导班子集体讨论决定后，由院长进行聘任。

6 月 11 日，我院向广东省林业厅提交《关于请求批准我院迁往市区的报告》。

7 月 12 日，广东省林业厅批准成立广东省林业系统微电脑应用联合开发中心，负责全省林业软件开发与推广，中心挂靠我院开展工作。

9 月 30 日，广东省林业厅对《我院迁往市区的请求报告》作了批复，其中就“龙洞院址有偿转让”问题，同意我院与合适单位进行谈判，开展有偿转让的有关工作。

10 月 5－8 日，院第一届职代会第一次会议召开，出席这次会议的正式代表 28 名(占正式代表 33 名的 85%)，特邀代表 6 名，列席代表 2 名。与会代表审议了余文嵩院长等三位院领导所作的三个报告，着重围绕全面推行技术经济承包责任制、简政放权扩大各科室自主权，加强两个文明建设、解除职工后顾之忧、职工福利、院址搬迁等问题展开了热烈的讨论。会议一致认为，我院进行全面改革半年来已取得了初步成效，有了新的进展，成绩是明显的。为了深化改革，会议号召全院职工要以“精心、实干、创新、文明”的精神，实行四个转变，即从一切依赖上级的指令逐步向自主经营的转变，从单纯的执行者向决策、指挥者的转变，从封闭型向开放型的转变，从单纯的经验管理向现代化科学管理的转变。代表们还要求院领导抓紧院址搬迁的筹备工作，并制订出住房分配方案提交职代会讨论。会议还审议通过了《院职代会暂行工作条例》和《院长暂行工作条例》。

11 月 19 日，广东省委、省政府作出《关于加快造林步伐尽快绿化全省的决定》，从而拉开了“五年消灭荒山，十年绿化广东”的“绿色革命”的序幕，同时也给林业调查规划工作提出新的任务和课题。

是年，“广东省林业区划”获广东省农业区划优秀成果二等奖；“广东省综合农业区划”(我院承担林业区划部分)获广东省农业区划优秀成果一等奖，并获全国农业区划优秀成果二等奖。

是年，完成 50 个县森林资源二类调查内业资料整理，国营林场总体设计 248.4 万亩，八个县速生丰产林规划设计 180 万亩，房建设计 29287 平方米，初步设计 3834 平方米，公路外业勘测 40 公里、内业设计 232 公里，地质钻探 4693 米，地形测量 1294 万平方米和澳门造林施工指导等。

1986 年

是年，院职工人数 267 人(其中干部 214 人，工人 53 人)。专业技术人员 203 人，其中高级工程师 1 人，工程师 47 人，助工 106 人，未定职称的实习生 49 人。另离退休人员 17 人。

1 月，院内部机构设置为：院办公室、党委办公室、人保科（人事劳动科、保卫科合设）、规划设计室、资源调查室、公路室、工民用建筑室、情报电算室、地质室、林业工程咨询公司、劳动服务公司并相应配备了各科室中层领导干部。

1 月 25 日，广东省林业厅批复，同意余文嵩同志兼任院总工程师。

3 月，院第一届职代会第二次会议召开。余文嵩院长作《总结经验　继续前进》的报告。这次会议的主要内容是总结 1985 年工作，部署 1986 年任务。报告中指出："1985 年是我院全面改革的第一年，改革的步子迈得比原来预料的大，效果比原来预料的好，生产任务的完成比前年翻了两番，年总产值 144 万元，实现了增产增收，是财务结算余额最好的一年"。余院长还就 1986 年的设计改革提出六个要点：一是坚持把提高质量和效益放在十分突出的位置；二是进一步健全技术经济承包责任制，三是逐步试行技术人员的聘任制度；四是在完成上级下达产值指标前提下，适量适度地组织一些业余设计；五是积极开展可行性研究、技术咨询服务等项目，开展"一业为主，多种经营"；六是加强内部的质量、技术、定额管理，严明劳动、财经纪律，健全制度，端正作风。

5 月 23 日，广东省林业厅转发《广东省林业系统微电脑应用联合开发中心 1985 年工作小结和 1986 年工作计划》称：开发中心成立一年来，应用研究成果共 10 项，有的在国内同类研究中居领先地位，其中森林资源信息管理系统、森林资源二类调查数据处理软件包，集体林区用材林基地经营管理系统获选参加于 6 月在北京举办的全国计算机应用展览会。

10 月 31 日，我院与省对外经济贸易委员会教育处签订了《合同书》，将坐落在广州天河区龙洞乡的本院院址土地及其全部建筑物和设施的产权，有偿转让。转让的土地面积为 41.2 亩，各种建筑面积为 1.47 万平方米，补偿总金额 750 万元（后又追加补偿金额 80 万元）。

12 月 8 – 9 日，院第一届职代会第三次会议召开。出席这次会议的正式代表 25 名（占本届正式代表 31 名的 80% 以上），特邀代表 5 名。余文嵩院长作《院工作报告》。报告中指出："自上次职代会以来，全院职工认真贯彻 1986 年技术经济承包责任制已取得了明显的效果，绝大部分生产科室已在正常、协调、健康地发展，生产稳步增长，质量稳定提高，职工生活继续得到改善"。同时还提交《院址搬迁房子管理办法》供职代会讨论，经过讨论作了一定的修改后，与会代表一致通过了该办法，并要求院领导按办法抓紧实施。

是年，"海南岛 200 万亩速生丰产用材林造林总体设计"获广东省科技进步三等奖；"广东省林业区划"获广东省科技进步三等奖。

是年，资源调查室荣获林业部授予全国林业调查规划设计先进单位称号；江振铎、区庄葵、王兴茂、任松欢同志荣获林业部授予全国林业调查规划设计先进个人，罗玉洪同志荣获省政府授予农林科技工作先进个人。

是年，完成5县1场速生丰产用材林造林总体设计60万亩，广州市速生丰产用材林造林总体设计35万亩，北江、西江、雷州三大片商品林基地总体设计，5个县森林资源二类调查技术指导，省级（大陆总体）森林资源连续清查体系三分之一部分复查，全省前期森林资源的分析、整理，公路勘测设计6.74公里，房建设计16708平方米，地质钻探4640米，韶关胶合板厂的扩初设计和中国林业地图集（广东部分）编制等。

1987年

是年，院职工人数266人（其中干部208人，工人58人）。专业技术人员200人，其中高级工程师1人，工程师45人，助工99人，未定职称的实习生55人。另离退休人员19人。

是年，院内部机构设置为：资源调查室、规划设计室、工程勘测设计室、工业民用建筑设计室、新技术应用研究室、林业工程咨询公司、劳动服务公司和党委办公室、人事保卫科、行政科、生产经营科、总工程师办公室。

3月17－18日，院第二届职代会第一次会议召开。出席这次会议的正式代表23人（占正式代表总数28人的80%以上）。与会代表审议了院的工作报告和财经收支情况的汇报。总的认为；经过两年多的设计改革，我院取得了明显的成绩，1986年完成总产值163万元，为改革前的两倍。余文嵩院长在报告中既总结了1986年的工作，部署了1987年的任务，同时提出把我院办成南方林业系统一流勘测设计院的目标，并就这一目标的原则要求提出五点要求：（一）设计水平、质量、效益和人年平均产值名列前茅；（二）勘设手段，技术装备在同行中比较先进；（三）电脑推广和应用上处于领先地位；（四）信誉高、信得过；（五）专业人员工种配套，思想过得硬，政治、业务素质上乘。代表们认为这是深化我院改革、振奋人心的构思，要求现届院长任期内应认真为此打好基础，为实现这一目标而努力。

9月15日，院林业工程咨询公司与珠江信托咨询公司签订投资性贷款合同，本次贷款72.7万美元；1991年12月31日为增加第二条生产线增贷16万美元，共88.7万美元，作为本院投资《南洋木材工业有限公司》股份的股本。

10月6日，广东省林业厅党组决定：李茂深同志任院长。

11月23日，李茂深院长主持召开院务会议，提出建院的目标是：为创建一个勘测设计、科研、横向联合“三位一体”的林业勘测设计院而奋斗。

12月10日，邓汝荣、黎瑞添、邹胜元、谭月坤、石少同、崔文保、钟崇杜、蔡达明、孙淑友、唐宇森、王兴，李德雄、岑永禄、卢忠、周铁荣、徐巧珍、赖锦泉、张金兰、陆颖群、武秉华、王兴茂、罗玉洪、罗在全、杨淑德、何其慧、周玉申、伍祥绮、李大刚、陈振兴、郑庆和、张金恕31位同志晋升为工程师。

12月20日，院第二届职代会第二次会议召开。这次职代会是在院领导班子进行调整后召开的。余文嵩同志因赴所罗门群岛执行新的工作任务，不再担任院长。在李茂深院长的主持下，从院到各个科室，全面推行任期目标责任制，实行目标制定，目标展开，目标推进，目标评价和考核，体现了我院推行全面质量管理的开始。代表大会经过讨论通过了：《团结起来为创建一个“三位一体”的林业勘测设计院而奋斗的报告》；《院1988－1991年目标管理规划》；《院1988－1991年人员、财政、技术设备规划》；《院1988年目标管理计划》；《院1988－1991年生产经营技术经济责任制的原则意见》；《院财务管理和资金使用暂行办法》。

是年，“中国林业区划”获林业部全国林业调查设计优秀成果一等奖；“广东省林业区划”获林业部全国林业调查设计优秀成果二等奖；“广东省海南岛200万亩速生丰产用材林造林总体设计”获林业部全国林业调查设计优秀成果二等奖；“广东省森林资源连续清查体系”获林业部全国林业调查设计优秀成果三等奖；“广东省50个县二类调查”获林业部全国林业调查设计优秀成果荣誉奖。

是年，完成海南岛副总体森林资源连续清查的第一次复查，广东省沿海防护林体系建设的总体规划，速生丰产用材林造林设计75万亩，国营林场总体规划设计16万亩，全省1985－1987年造林面积的调查落实，5个县森林资源动态监测复查，房建设计29707平方米，公路勘测设计4.3公里，地质钻探7550米。

1988年

是年，院职工人数258人(其中干部205人，工人53人)。专业技术人员198人，其中高级工程师6人，工程师75人，助工103人，未定职称的实习生14人。另离退休人员22人。

2月10日，冯国华、戴春晓、张永林、江振铎、吴科、骆文觃6位同志晋升为高级工程师。

2月6日，陈美珍同志晋升为会计师，范钦才同志晋升为主治医师，吴浓桂同志晋升为主管药师。

2月23日，我院与康华南星城市建设公司签订了《购房合同书》。所购的房子为三幢新建的住宅、办公综合楼，位于广州市沙河濂泉路41号之一。总建筑面积12000平方米，最后面积按建筑定额面积计算为准，每平方米建筑面积人民币900元。该三幢大楼从交付使用之日起房地产使用权即属乙方(买方)永久使用，甲方(卖方)应在一年内办妥属乙方的产权手续，在产权手续未办妥前，甲方承担代乙方办理有关手续的责任。1989年12月4日，受市场、通胀的影响，在《购房合同书》执行困难的情况下，甲、乙双方又签订了《补充协议》，主要补充条款为：原合同以每平方米900元售价，乙方同意增补价差款每平方米120元，并按此价格总计金额，甲方减收5万元。

5月13日，广东省林业厅直属机关党委批复，同意院第三届党委会由符茂、李茂深、冯有文、戴春晓、叶渭贤等五位同志组成。符茂同志任院党委书记；第三届院纪检会由冯有文、钟虬柱、孙淑友等三位同志组成，冯有文同志任院纪检会副书记。

7月24日，张慧芳、樊跃坤、彭正英三位同志晋升为小学高级教师。

11月1日，叶宪文、潘淑清、李孟遥三位同志晋升为工程师。

12月13日，南洋胶合板厂初步设计文件会审，我院由王文斌副院长带队，曹连起、戴春晓、夏天林、李万权、凌其明等12人参加。

12月29日，院第二届职代会第三次会议召开，这一年，经大家的共同努力，“三位一体”的建设，已初见规模，且生产形势喜人，特别是工程勘测设计室基本上扭转了前几年的滑坡现象，全院1988年产值195万元，比年目标计划增产15万元，院址搬迁工作，尽管由于诸多因素的制约，施工进度较慢，推迟了院址搬迁时间，但终究把新院址的位置、规模、功能的划分和比例确定、资金的筹集和施工等方面得到实质的落实。与会代表经过讨论，通过了1988年目标计划评价、1989年目标管理计划、1989年财务管理和资金使用暂行办法、1989年精神文明建设工作计划等事项。

是年，“全国杉木、马尾松树种区划研究”获林业部科技进步三等奖；“阳春县飞播造林成果”获省林业厅科技进步一等奖。

是年，完成省(大陆总体)森林资源连续清查的第二次复查，对江门、佛山、广州各县(市)森林资源二类调查的技术指导，全省沿海43个县防护林总体规划，廉江县沿海防护林体系规划设计362万亩，速生丰产林作业设计33.6万亩，江门外海迎宾大桥、广佛高速公路的施工测量、监理工作，水电站设计6座，房建设计13200平方米和韶关胶合板厂(年产1万立方米)、南洋胶合板厂(年产5万立方米)、连平胶合板厂(年产1万立方米)的工程设计等。

1989 年

是年，院职工人数255人(其中干部204人，工人51人)。专业技术人员195人，其中高级工程师10人，工程师73人，助工100人，未定职称的实习生7人。另离退休人员23人。

2月18日，广东省林业厅党组决定：曹连起同志任副院长。

5月5日，李茂深、叶渭贤、黎启泓、夏天林等4位同志晋升为高级工程师。

5月15日，院发出《关于成立院全面质量管理机构的决定》通知：决定成立由李茂深、符茂、王文斌、曹连起等8位同志组成的院全面质量管理领导小组，李茂深院长任组长。下设办公室，夏天林同志任主任，负责推行全面质量管理的日常工作，同时要求各科室也成立相应的机构。

12月，经院务会讨论，确定我院的建院方针是："以求实求精开拓奉献的精神，把我院建设成为具有高科技'三位一体'的企业化管理单位"。质量方针是："强化质量第一教育，树立质量第一观念，创造质量第一成果，提供质量第一服务"。

12月27－30日，院第二届职代会第四次会议召开。出席会议的职工代表21人，院及各科室(公司)领导列席了会议。与会代表一致认为，1989年目标管理计划的完成是好的，本年度共有9个目标计划项目，其中全面完成的有4项，基本完成的有4项，没有完成的有1项。会议除了对1989年目标管理计划作出评价外，还审议通过了1990年目标管理计划、院址搬迁分房小组提交的《院址搬迁住房分配实施办法》等事项。这一年，为了加强全面质量管理的推行工作，迎接省建委对我院推行全面质量管理的达标验收，院至各科室(公司)，建立和健全了推行全面质量管理的领导机构，制订实施计划和办法，举办了多次学习班，组织考试，强化全面质量管理的理论知识和意识教育，完善各种规章制度，为推行全面质量管理做好基础工作。

是年，"广东省飞机播种造林技术推广应用"获省林业厅科技进步一等奖；"广东省森林资源连续清查体系的研究"获省林业厅科技进步一等奖；"广东省造林典型设计"获省林业厅科技进步三等奖；"群体抽样在建立县级森林资源连续清查体系中的应用"获省林业厅科技进步三等奖；"澳门路环岛造林绿化工程"获省科技进步三等奖；江振铎同志获广东省首届丁颖科技奖。

是年，完成1989年造林成效情况和防火林带造林成效情况的检查验收，对汕头、湛江、茂名市森林资源二类调查进行技术指导，对信宜、封开等7

个县和省属国营林场编制森林经营方案进行技术指导或审查，雷州林业局森林资源论证，东莞市造林绿化规划设计，梧桐山国家森林公园总体规划设计，深圳市内伶仃—福田国家级自然保护区总体规划设计，公路勘测设计 20. 94 公里，水电站设计 5 座，房建设计 8145. 5 平方米，4 个建设项目的工程地质钻探和封开县新江中密度纤维板厂（年产 3 万立方米）的工程设计等。

1990 年

是年，院职工人数 239 人（其中干部 195 人，工人 44 人），专业技术人员 186 人，其中高级工程师 10 人，工程师 68 人，助工 104 人，未定职称的实习生 4 人。另离退休人员 32 人。

6 月 1 日，我院荣获林业部颁发的“林业调查规划设计证书”，证书等级为甲 A 级。

8 月 18 日，我院与康华南星城市建设公司签订了《交房协议书》。协议书中规定：“甲方（卖方）从签订协议书之日将已建成的三幢房屋和其他设施移交乙方（买方）使用管理，总建设面积 11451. 86 平方米，总造价为 11605897 元”。并就房屋移交后，有关遗留问题达成协议。由此，我院的院址从广州市郊龙眼洞搬迁到广州市沙河濂泉路 41 号之一。

11 月 18 日，广东省林业工会批复，同意我院第一届工会委员会由曹连起、尹志平、肖志慧、陈銮发、吴焕忠、周广玲等 7 位同志（尚缺委员 1 名）组成，曹连起同志任院工会主席，尹志平同志任副主席；工会经审会由陈銮发、罗玉洪、周玉申等 3 位同志组成，陈銮发同志任主任。（本院即原林勘队，曾于 1965 年 6 月 1 日建立工会，至 1967 年 3 月由于“文革”的干扰而停止活动）。

12 月 15 日，院召开院级优秀勘测设计成果第一次评审会。院级领导、各专业副总工程师、主任工程师等 15 人参加，在李茂深院长的主持下，对推荐的 26 项勘测设计成果进行评审。

12 月，由徐燕千教授主编、我院专业技术人员参加编写的《广东森林》一书出版。该书是《中国森林》的组成部分，它既是广东的森林志，又是森林学，较全面地反映广东森林状况，内容翔实丰富，对提高广东林业科学理论和森林经营水平，充分发挥森林多种效益、改善工农业生产条件和人民生活环境等都有着积极的促进作用。

是年，“广东省飞机播种造林技术推广应用”获林业部科技进步二等奖；“广东省森林资源连续清查体系的研究”获广东省科技进步三等奖；“澳门路环岛造林绿化工程”获省建委优秀工程项目三等奖；“广东省森林资源电脑信息管理系统”获省林业厅科技进步二等奖。

是年，完成22个县世行贷款造林项目可研报告及总体设计，车八岭国家级自然保护区总体设计，番禺县农田林网、芳村区造林绿化和龙川等4个县油茶低产林改造的规划设计，台山县和广州市白云区森林资源二类调查，“五年消灭荒山”成效情况调查、绿化达标验收，1988－1989年防火林带造林成效情况和防蚧林带第二期造林成效情况的检查验收，公路勘测设计10公里，广深珠高速公路监理，水电站设计3座，6个建设项目的地质钻探，南通胶合板厂（年产12万立方米）和新江中密度纤维板厂（年产3万立方米）的施工图设计等。

1991年

是年，院职工人数233人（其中干部189人，工人44人）。专业技术人员181人，其中高级工程师10人，工程师68人，助工95人，未定职称的实习生8人。另离退休人员42人。

是年，院内部机构设置调整为：资源调查室、规划设计室、工业民用建筑设计室、工程勘测设计室、新技术应用研究室、科技服务公司和党委办公室、生产计划管理科、全面质量管理办公室（总工办）、人事保卫科、行政科。

1月23日，广东省编制委员会以粤编〔1991〕第9号文，确定我院事业编制人员为293名。

1月25日，院召开院级优秀勘察设计成果第二次评审会。院级领导、各专业副总、主任工程师、室主任等13人参加。评审出院级优秀勘察设计成果13项，其中一等奖5项，二等奖4项，三等奖4项；并推荐2项优秀勘察成果报省和林业部，参加省、部级优秀勘察设计成果的评选。

1月10－19日，院第三届职代会第一次会议召开。这是我院工会委员会成立后，由工会具体筹备、组织召开的第一次职代会。出席会议的41名职工代表是按照职代会有关文件的规定、职工代表所具备的条件，并按全院在职职工人数的15%，通过民主选举产生的，他们中的管理干部、工程技术人员、工人、女工等都各占适当的比例。然后由职工代表选举产生大会主席团，成立大会秘书组，另外还邀请特邀代表7名。本次会议充分肯定了我院“三位一体”经营模式所取得的成效，肯定了在“质量第一”方针指引下，较好地完成了1990年的目标计划任务，同时对1991年目标管理计划，职工代表经过审议，认为是符合当前实际情况、是切实可行的。会议还对院级领导一年来的工作述职进行评议和考核，对院级行政后备干部进行了民意测验和推荐。

对于院今后“八五”期间的工作，与会代表根据党的十三届七中全会审议通过的“八五”计划和今后十年规划建议的精神，一致认为：我院的中心任务是“坚持两个文明一起抓，进一步治理整顿和深化改革，加强横向联合，开拓设计市场，不断开发、推广应用新技术，提高勘察设计水平，把我院各项工作纳入到全面质量管理的轨道上来”，并以“调整产业结构，理顺管理机构、调整充实各级领导班子，加强对各个薄弱环节的管理，创造一个有利于发展生产的工作和生活环境”作为本院的工作重点。

9月13日，广东省林业厅党组关于《干部任职通知》如下：李茂深任院长；符茂、曹连起、周长炽任副院长。

10月19日，广东省林业厅机关党委批复，同意院第四届党委会，由李茂深、符茂、曹连起、周长炽、钟虬柱、冯少卿、王镇全等7位同志组成，李茂深同志任党委书记，钟虬柱同志任党委副书记；院纪委会由钟虬柱、冯有文、孙淑友三位同志组成，钟虬柱同志兼任纪委会书记，冯有文同志任纪委会副书记。

10月，郑镜明、刘凯昌两位同志经省林业厅认定为工程师。

是年，“全国桉树树种区划研究”获全国农业区划优秀成果二等奖；《郁郁葱葱——森林资源》一书获全国优秀林业科普作品二等奖；“广东省飞机播种造林技术推广应用”获国家科技进步三等奖；“广州南洋合板有限公司年产5万立方米胶合板厂工程设计”获省优秀工程设计三等奖。

是年，完成国营林场森林资源二类调查和全省海岸防护林规划设计的技术指导，石灰岩地区造林和中山市农田林网的规划设计，1990年造林成效情况、综合管护情况和世行贷款项目造林的检查验收，40多个县(区)绿化达标验收，南洋胶合板厂二期工程设计，继续完成南通胶合板厂的设计，广深珠公路、广清公路、惠深公路施工监理，水电站设计3座，房建设计800多平方米等。

1992年

是年，院职工人数231人(其中干部190人，工人41人)。专业技术人员184人，其中高级工程师22人，工程师73人，助工83人，未定职称的实习生6人。另离退休人员49人。

是年，院内部机构调整为：资源调查室、规划设计室、林产工业设计室、工程勘测设计室、新技术应用研究室、科技服务公司、党委办、院办公室、生产经营科(总工办)、全质办、人事劳动科(保卫科)、行政科、科技办。

1月7-10日，院第三届职代会第二次会议召开。参加本次会议的正式职工代表30人(正式代表41人，因工作出差在外未能参加会议的11人)，特邀代表6人。本次职代会是在院党、政领导班子进行换届后召开的。所以会议的议程安排，既对前届领导班子任期内(1988－1991年)的目标管理成果作出评价，又对新领导班子任期(1992－1994年)的目标管理计划进行审议。对过去的四年，我院经济建设所取得的成绩，与会代表给予充分的肯定，特别是通过建立和逐步完善“三位一体”的经营模式和推行全面质量管理，有效地促进了我院经济的稳定发展和经营水平的提高，基本上完成了四年目标管理中提出的八大项目标和1991年的年度目标。对新任期的三年规划和1992年目标管理计划，与会代表经讨论后也原则上同意通过。但对几年来所开展的横向联合，代表们在肯定了此项工作给予我院带来了一定的社会效益的同时，要求认真总结经验教训，尤其要重视其中的存在问题，进一步加强对此项工作的管理，明确参加横向联合管理人员的责、权、利；对我院在“南洋胶合板有限公司”所持的股份，建议在适当的时候进行转让，以减轻我院的风险和所承受的压力。

3月10日，我院与广州市果树研究所签订《合作兴建住宅楼合同》，购置住房12套，共835.82平方米，投入资金86万多元，于1993年3月30日建成交付使用，并于1994年3月18日经广州市国土房管局办理了房地产证。

7月20日，曹连起、尹志平、张振武、段旭、区庄葵、罗锦丰、王以仁、李万权、钟汉城、彭德中、李大刚、凌其明12位同志晋升为高级工程师。

7月28日，本院成立“广州天河新技术产业开发区科技计算机系统工程公司”(后改名为广州科林新技术发展公司)。

9月3日，雷景仰、吴焕忠、梁炳文、林俊钦、张伟群、黎耀芳、刘培兴、蒙卫、蔡晓燕、廖树东、杨庆局、王镇全、王贵阳、陈荣休、蓝启明、李迪荣、肖小玲、陈銮发18位同志晋升为工程师。

9月27日，院为推进住房制度改革，根据省、市有关文件精神，结合我院实际和参照有关单位分步实施的方法，对广园东2001号大院职工宿舍(即3号楼、4号楼、5号楼)实行内部房改，并与各有关职工住户签订了“公有住房买卖协议书”。此协议书的签订，为广园东大院职工住户日后办理的“房地产权证”起到了重要作用。

10月1日，李茂深、江振铎两位同志荣获国务院颁发的政府特殊津贴证书，从1992年10月起享受国务院发给的政府特殊津贴。

11月12日，严俊强同志晋升为高级工程师。

11月，余松柏同志经省林业厅认定为工程师。

11月18日，经广东省国土厅审查，确认我院准予承担地形测量、工程测量的测绘生产任务，并获该厅颁发的测绘许可证。

是年，“全国毛竹生态经济区划与发展研究”获林业部科技进步二等奖。

是年，完成省森林资源连续清查体系的第三次复查，本年度林政综合管护调查，绿化达标县(区)的检查验收，世行贷款项目本年度造林和油茶低产林改造的检查验收，汕尾泰商项目可行性研究，海南胶合板厂工程设计、湖北五峰中密度纤维板厂可行性研究，福建南亚年产9万立方米胶合板厂设计，江门胶合板厂工程的设计，广州锐丰纸厂的设计，房建设计11000平方米，水电站设计2座和广深珠、广花、惠深高速公路的施工监理等。

1993年

是年，院职工人数213人(其中干部170人，工人43人)。专业技术人员166人，其中高级工程师32人，工程师54人，助工78人，未定职称的实习生2人。另离退休人员59人。

1月8-13日，院第四届职代会第一次会议召开。出席会议的代表49人(含特邀代表11人)。会议的议程主要是对1992年目标管理成果进行评价、审议1993年目标管理计划，同时对1993年生产经营改革实施方案、院调整和分配住房实施方案、院财务收支情况、院横向联合经营管理情况等进行讨论。其要点为：(一)对1992年目标管理成果评价：本年度的目标项目有63项，完成57项，目标兑现率为90.48%。其中年总产值348.96万元，为目标计划产值的130.98%，完成的利税为目标计划的130.21%，职工的实际收入为目标计划的120%；(二)对1993年目标计划，代表们认为比较稳妥，经努力能够完成；(三)对院“三位一体”的经营模式，开展一业为主、多种经营的方针，代表们认为是正确的，应当继续沿着这一路子走下去。关于开展横向联合，代表们认为应按上届职代会的精神，采取积极的调控、整顿措施，加强管理，并要求周长炽副院长提交原咨询公司撤销后，各联合企业及公司本部经营活动财务收支情况的书面报告；(四)本着因事设岗、一人多岗的原则，压缩机构，精简管理人员，倡导满负荷的办法，提高工作效率。组建生产生活服务部，使后勤服务辅助生产部门，开展对院内、外有偿服务，实行企业化管理；(五)加强对院固定资产的管理。要求院有关职能部门依据国家的有关规定，结合院的实际，尽快制订出管理办法以便实施；(六)根据院的经济条件，多方筹集资金，下大力解决职工住房困难，尤其是缓解青年职工的住房困难。

1月30日，成立生产生活服务部(即电脑培训中心)。院对该部给予必要的支持，使后勤部门开展对内对外有偿服务，自主经营，独立核算，自负盈亏。

2 月 18 日，申请成立广东省粤通工程建设监理公司和申领广东省粤通工程建设监理公司建设监理证。

3 月 9 日，广东省建设委员会对我院推行全面质量管理工作进行达标验收。经检查验收认为：我院推行全面质量管理工作，达到了省建委制订的《乙级勘察设计单位推行全面质量管理达标验收细则标准》，给我院颁发了“工程勘察设计单位全面质量管理达标合格证书”。

3 月 10 日，黄俊泽同志晋升为工程师。

3 月 17 日，我院林业规划设计 QC 小组荣获广东省工程建设(勘察设计)第五次优秀质量管理(QC)小组一等奖；同年 7 月 5 日，又荣获国家工程建设质量奖评定委员会命名为“1993 年全国工程建设优秀质量管理小组”。

4 月 30 日，周长炽、冯文炳、李德雄、曹其中、吕志明、任创立、李希武、黎瑞添、杨伟志、魏才、王勋篪 11 位同志晋升为高级工程师。

5 月 4 日，建设部批准我院由乙级勘察设计院晋升为甲级勘察设计院，给我院颁发了甲级工程设计证书。

5 月 21 日，对外贸易经济合作部，以外经贸政审函字〔1993〕第 992 文批复，同意我院对外开展国外经济技术合作业务。其对外经营范围为：(1)承担国外和国内外资工程的勘测、咨询、设计和监理项目；(2)上述项目所需的设备、材料出口；(3)对外派遣本行业的勘测、咨询、设计和监理劳务人员；(4)按国家有关规定在国(境)外举办企业。

7 月 7 日，我院岭南工程建设公司获建设部批准为具有工程总承包甲级资格，并颁发给工程总承包资格证书。

7 月 31 日，成立建筑设计室，为开展高层建筑设计业务而努力。

10 月 1 日，叶渭贤同志荣获国务院发给的政府特殊津贴证书，从 1993 年 10 月起享受国务院发给的政府特殊津贴。

10 月 21 日，广东省机构编制委员会以粤机编〔1993〕150 号文批复，同意在我院增挂“广东省岭南综合勘察设计院”牌子，实行一套机构、两块牌子，其机构性质、隶属关系和人员编制不改变。

11 月 11 日，罗顶、何莹泉两位同志晋升为工程师。

12 月 4 日，苏树权、张少根、黎植权、李志洪、黄厚壮、郑永明、杨城 7 位同志晋升为工程师。

12 月 30 日，我院粤通工程建设监理公司经省建委审查核定为乙级监理单位，并发给监理单位资质等级证书。

12 月 15－18 日，院第四届职代会第二次会议召开。出席会议的正式代表

36人，特邀代表8人。会议讨论审议“1993年目标管理评价及1994年目标管理计划”、“林业、工程1994年经营、管理办法”、“院财务管理和资金使用规定”、“院固定资产管理暂行规定”、“院公司承包经营管理办法”、“院住房管理制度改革的规定”和“院人事劳动管理制度改革实施办法”等事项。通过讨论，做出了决定，其要点为：（一）审议通过了1993年目标管理评价和1994年目标管理计划；（二）在资源调查室、规划设计室、林产工业设计室、建筑设计室及工程勘察设计室的水电队和钻探队实行“百元产值工资含量”的核算办法；（三）积极筹备，尽早实施对院各公司的会计，集中由院归口管理；（四）采取积极措施，力争落实本院的房产权，以便进入正式房改；（五）尽快转让本院在南洋胶合板有限公司的股份；（六）加强对院各公司的管理监控能力，促进经济效益的好转。

是年，国家建设部授予李茂深同志为全国优秀勘察设计院院长的荣誉称号，并颁发给荣誉证书。

是年，“广州市白云区森林经营方案”获省林业厅科技进步二等奖；“世界银行贷款广东省‘国家造林项目’造林总体设计”获省林业厅科技进步二等奖，同年获国家优秀设计银质奖；“封开新江纤维板有限公司年产3万立方米中密度纤维板厂工程设计”获省优秀工程设计三等奖。

是年，完成森林资源二类调查细则的编写和1993年所开展的县(区)森林资源二类调查技术指导工作，南岭森林公园和南澳森林公园的总体规划设计，1993年林政综合管护情况调查，油茶低产林改造和森林防火设施达标的检查验收，江西省宜丰和崇义各一个年产1.5万立方米中密度纤维板厂工程设计，河北省易县和湖北省远安各一个年产3万立方米中密度纤维板厂工程设计，房建设计1万多平方米，水电站设计3座，3个建设项目的地质钻探，广深珠高速公路广州路段的设计和施工监理，从化公路施工监理等。

是年，沙河街授予本院为“文明大院”称号，并授予“文明户”66户。

1994年

是年，院职工人数211人(其中干部167人，工人44人)。专业技术人员163人，其中高级工程师37人，工程师53人，助工68人，未定职称的实习生5人。另离退休人员62人。

2月24日，刘志武、杨佐祥、周玉申、蔡达明、王兴茂、武秉华、潘淑清、罗玉洪8位同志晋升为高级工程师。

3月，广东省委、省政府授予我院为“绿化广东贡献突出单位”称号；授予黎启泓同志为“绿化广东先进生产(工作)者”。

12月7日，陆颖群、邓汝荣、钟崇杜3位同志晋升为高级工程师；周柳青、陈德昌、莫东亮、王登峰、雷庆祥、李俊英6位同志晋升为工程师。

12月28日，广州市科学技术委员会给我院科林新技术发展公司颁发了“高新技术企业认定证书”。

12月31日，广东省林业厅党组《关于省林业勘测设计院实行分院制及院行政领导班子成员任免的通知》如下：李茂深同志续任院长，曹连起同志续任副院长兼总工程师，以上两位同志的任期为4年，符茂同志不再担任副院长职务，周长炽同志不再担任副院长职务。

通知中还指出：“你院实行分院制，各分院正副院长的任免按干部管理程序，在充分听取群众意见的基础上，经院党政领导班子集体讨论决定，由院长任免，报厅备案，任期与院领导任期一致”。

是年，《广东森林》一书获省林业厅科技进步一等奖。

是年，完成肇庆、韶关、河源、梅州等10个市森林资源二类调查的技术指导和深圳市宝安、龙岗等3个区的二类调查，番禺市公益生态林保护区规划设计，惠东县九龙峰、东莞市大岭山森林公园总体规划设计，全省森林资源消耗量调查和伐区抽查，沙漠化土地普查；云南瑞江年产3万立方米中密度纤维板厂设计，浙江遂昌中密度纤维板厂技改项目设计，房建工程设计110492平方米，施工图设计121889平方米，水电站设计2座，地质钻探380米，公路勘测设计5.6公里和高速公路施工监理等。

1995年

是年，院职工人数213人(其中干部173人，工人40人)。专业技术人员172人，其中高级工程师41人，工程师57人，助工64人，未定职称的实习生10人。另离退休人员68人。

是年，全面实行分院制管理，院内部机构设置为：(一)林业调查规划设计分院：内设资源调查资产评估室、生态环境设计监测室、营林经营规划设计室；(二)工程勘察设计分院：内设道桥室、水电设计室、地质钻探室；(三)林产工业设计分院：内设林产设计室、工民建设计室、综合设计室、工厂管理室；(四)建筑设计分院：内设结构设计室、建筑设计室；(五)岭南工程建设公司：内设办公室、总工程师室、工程部、项目经理部、施工管理部、财务部、设备材料采购部；(六)科林新技术发展公司：内设开发部、业务部、培训部；(七)经济发展公司：内设电脑培训中心、科技服务公司、生产生活服务部；(八)凌志科技实业有限公司：内设业务部、工程部、咨询部；省林业咨询公司挂靠在该公司；(九)党委办公室：在本室合署办公的有纪检会、监察室、工会、共青团；（十）院办公室：内含财务科；（十一）人事劳动科（保卫科）；（十二）生产经营办公室：在本室合署办公的有总工程师办公室、全面质量管理办公室和贯标办公室；（十三）档案资料室。

1月11－14日，院第四届职代会第三次会议召开。出席会议的代表有43人（含特邀代表）。会议期间省林业工会来电祝贺；厅人劳处干部科陈亚广科长到会讲了话，并宣读了省林业厅党组《关于我院行政领导班子进行换届、干部任职的决定》（粤林党〔1994〕45号文）；会议讨论审议了“1992－1994年目标规划管理成果评价”、“1994年目标管理成果评价”、“1995－1998年目标管理规划”、“1995年目标管理计划”和“分院制经营管理原则”等事项。通过讨论，会议所作的决议主要内容是：（一）与会代表对本次会议所安排的审议事项，经过讨论，表示基本同意通过，要求院领导对其会议的主要文件作适当的整理、修改、补充，以便完善。（二）从1995年开始，本院全面实施分院制管理。这是院管理体制改革的重大举措和尝试。虽然经过去年在林产工业设计室一年的试点，取得了一定的经验，但是可以预料，在全面实施的过程中，还会产生新的矛盾，新的问题，要求院领导要深入进行调查研究，不断总结，不断提高，不断充实，完善实施分院制经营管理的各项规章制度和办法。（三）会议对院的行政管理、后勤服务、大院环境卫生、大门门面的脏乱差、家庭装修、职工用电、住房建设与分配等各方面问题，提出了大量意见和建议，要求院领导高度重视，下力气实实在在进行整治，建立切实可行的管理制度，并投入必要资金，尽快改善环境，认真抓好基础工作，为把我院建成省林业系统精神文明先进单位而努力。

1月27日，广东省林业厅直属机关党委批复，同意院第五届党委会由李茂深、曹连起、肖志慧、冯少卿、陈銮发、王登峰、刘志武等七位同志组成，李茂深同志任院党委书记；院第五届纪委会由肖志慧、周玉申、赖广梅等三位同志组成，肖志慧同志任院纪委会副书记。

2月11日，广东省林业厅党组下发关于干部任职通知：符茂同志任省林业勘测设计院正处级调研员。

4月，李彬耀同志经广东省林业厅认定为工程师。

4月22日，广东省林业厅关于本厅机关各处（室）、直属行政单位主要职责和人员编制方案中确认：省林业勘测设计院由厅计划财务处归口管理，并由厅林政处协同管理。

5月6日，中国人民解放军7215工厂和我院签订《产权划转协议》，同意于我院补偿60万元人民币后将房屋产权和土地使用权转划给我院，产权牵涉房屋面积1.1万平方米，土地面积3659.66平方米。由于该处房屋为康华南星城市建设公司与 7215 工厂合作建房后出售给我院，房屋产权仍为部队所有，受军产转地方政策限制，此协议一直没有得到真正实施，但该协议为日后办理广园东大院产权奠定了基础。

5 月 22 日，广东省林业工会批复，同意院第二届工会委员会由陈銮发、尹志平、肖志慧、周玉申、吴焕忠、江建发、王建荣(女)等七位同志组成，陈銮发同志任院工会主席，尹志平、肖志慧两同志任院工会副主席；院第二届工会经费审查委员会由周玉申、罗玉洪、高琳(女)等三位同志组成，周玉申同志任院工会经审会主任。

6 月 7 日，冯少卿、赖广梅同志晋升为政工师。

6 月 18 日，陈富强同志获人事部授予经济师资格。

8 月 8 日，经院务会讨论，确定我院的建院方针是："求实求精，开拓奉献，建设现代设计企业"；质量方针是："用户至上，质量第一，一项成果，一份信誉"。

10 月，我院被省林业厅授予广东省林业系统"八五"期间林业教育先进单位，颁发了奖牌。

11 月 30 日，我院档案管理经过由广东省档案局、广东省农垦总局和广东省林业厅等有关人员组成的评审小组考评，达到"科技事业单位档案管理省级先进水平"。

12 月 5 日，李希武同志获建设部授予全国先进建设监理工作者称号。

12 月 22 日，我院(广东省林业工程咨询公司)荣获国家计划委员会发给的"工程咨询资格证书"。主营专业为林业(甲级)；兼营专业为建筑，公路(乙级)。服务范围为编建议书、编可研、工程设计、指标咨询、工程监理、投产后咨询等。

12 月 26 日，广东省岭南综合勘察设计院科技产业公司在筹建过程中更名为广东凌志科技实业有限公司。

是年，"广东省森林资源二类调查及经营规划技术研究"获省林业厅科技进步一等奖。

是年，完成中山市城市林业总体规划设计，肇庆、韶关、湛江各一个 50 万~60 万吨浆纸厂资源论证，花都、增城、从化等三个市生态公益林体系规划设计，广东省生物防火林带工程建设规划技术指导培训、检查，陆河县火山嶂森林公园和从化市石门森林公园总体规划设计，森林资源监测和决策信息管理系统佛冈试点工作；北海市三元年产 6 万立方米中密度纤维板厂设计，房建初步设计 389000 平方米，施工图设计 39600 平方米，水电站设计 1 座和 107 国道阳山段公路施工监理等。

1996年

是年，院职工人数204人(其中干部163人，工人41人)。专业技术人员160人，其中高级工程师37人，工程师56人，助工62人，未定职称的实习生5人。另离退休人员78人。

1月11日，岑永禄、何其慧同志晋升为高级工程师。

1月23－26日，院第五届职代会第一次会议召开。出席会议的正式代表34人，特邀代表17人。会议审议通过了“院1995年目标管理成果评价”、“院1996年目标管理计划”、“院‘九五’目标规划”、“院十年改革工作总结”等事项。会议决议的主要内容是：(一)会议认为要进一步深化改革，实现院“九五”规划目标，必须认真贯彻党的十四届五中全会提出的实行“两个转变”的要求，努力在提高广大职工的思想和业务素质上下功夫，要坚持科学进步，不断提高专业技术水平，创造出我院的名牌产品，用名牌产品打入市场，在激烈的市场竞争中占领一席之地；用名牌产品提高院的知名度，壮大院的声威和信誉；用名牌产品创造出更大的经济效益，在市场竞争中求得生存和发展。(二)合理的分配制度是进一步调动各级积极性、激励职工多做工作、多做贡献的重要手段。会议要求，要根据设计市场的实际、生产经营的现状和本院的现实基础，做到在提高经济效益的同时，既能保证院的整体利益和长远利益，又能适当增加职工收入，因此要合理地调整确定“百元产值工资含量”中的各种比例；今后要努力做到，不仅要把职工的劳动报酬、福利待遇与本人的贡献相挂钩，而且还要将个人的晋级、晋升、荣誉称号、住房分配、退休待遇等与个人贡献相挂钩。(三)针对当前管理工作中所存在的问题，会议同意李茂深院长提出的用制度来解决，用制度来加强管理的观点。制订出切实可行的制度，把各项规章制度完善、健全起来，是深化改革不可缺少的内容，各管理职能部门、各分院(公司)都应把做好此项工作作为义不容辞的职责。

2月5日，“广东省森林资源二类调查及经营规划技术研究”获林业部科学技术进步二等奖。

3月18日，我院与广州市白云区城建开发总公司同和分公司第三建房办签订《京溪山庄建房协议书》，购置住房24套，共1504平方米，投入资金203万元，于同年8月27日建成交付使用。

3月26日，张金恕同志晋升为高级工程师；陈富强、李运龙、华国栋、叶桂彬、王晖5位同志晋升为工程师。

4月23日，我院“提高造林成效QC小组”获广东省建设委员会评为一等奖；7月3日，又获中国勘察设计协会命名该小组为“1996年全国工程建设优秀质量管理小组”。

5月21日，广东省林业厅直属机关党委批复：同意肖志慧同志任院党委副书记。

10月，国家林业部、计划委员会、财政部、中国人民解放军空军授予我院为“全国飞机播种造林先进单位”称号，颁发给证书和奖牌。同时授予孙淑友同志为“全国飞机播种造林先进个人”，颁发给证书。

12月4日，院技术委员会对院级优秀设计成果和优秀技术服务成果进行评定，共有八项成果获院级优秀成果奖。其中获一等奖成果有六项：“中山市城市林业总体规划”、“广东省生物防火林带工程建设规划”、“广东省林地地籍管理信息系统”、“浙江省遂昌纤维板厂中密度纤维板生产线”、“广西苍梧县狮寨胶合板厂设备安装调试”、“昆明市恒丰大厦方案设计”；获二等奖两项：“广东省南岭国家森林公园总体规划设计”和“广东省车八岭国家级自然保护区总体规划设计”。并推荐“中山市城市林业总体规划”和“广东省林地地籍管理信息系统”申报省林业厅科技进步奖。

12月26日，广东省林业厅党组决定：林俊钦同志任副院长。

12月27日，李茂深院长委托林俊钦副院长主持院日常工作，履行院长职责，行使院长权力，在院内享受院长相应待遇。李茂深同志参与院的重大决策，并起支持、帮助、指导作用，履行传、帮、带的义务。同日，院党委书记李茂深同志委托院党委副书记肖志慧同志主持院党委日常工作，履行党委书记职责，行使党委书记权力，在院内享受党委书记相应待遇。李茂深同志以党委委员身份参与院党委的重大决策，并起支持、帮助、指导、协调作用，履行传、帮、带的义务。

12月30日，张杰同志晋升为工程师。

是年，我院获中共天河区委员会、天河区人民政府命名为“安全文明小区”，颁发给奖牌。院科技服务公司(印刷厂)获天河区公安分局授予1996年“群众治安保卫先进单位”称号；院工会获省林业工会授予“先进职工之家”称号；江振铎同志获省总工会、省职工自学成才评审委员会授予“职工自学成才者”称号；冯少卿同志获省人事厅授予1995年度“全省人事系统先进工作者”称号。

是年，林业调查规划设计分院承担完成的“中山市城市林业总体规划”，经过组织专家评审，认为该成果具有理论探索、实践探索、方法探索和推广应用等四大意义，并被评为省林业厅科技进步一等奖；建筑设计分院承担的广州业丰大厦的施工图设计顺利完成。该大厦共29层，高99.98米，是我院至现在为止承担的最高层建筑设计；科林新技术发展公司顺利完成全省县级林业地理信息系统的开发，并进入推广应用阶段；粤通工程建设监理公司，在全省建设监理单位资质复查中，经省建委资质复查组的综合考核，评分为86分，排在全省65个参加资质复查的监理单位的第10名；科技服务公司（印刷厂）的彩色印刷经过多年调试，本年度已达到高质印刷水平，为我院印刷技术填补了一项空白。

是年，本院承担的勘察设计任务有52项，在本年度内完成的有42项，较大的项目是：森林资源监测和经营决策信息管理系统博罗县试点工作，广州市帽峰山森林公园总体规划设计，南海市西樵山森林景观改造规划设计，省森林防火基础设施达标验收；广州业丰大厦、东莞后街珊瑚酒店、广州郭村小区5和6号楼共91000平方米的房建施工图设计，番禺圻润广场27000平方米的扩初设计，广西桂林松茂中密度纤维板厂（年产75000立方米），广东梅州威华中密度纤维板厂（年产30000立方米）、广东封开新江定向刨花板厂（年产16000立方米）的工程设计，广东三水金海马家具厂（年产6万件），曲江县樟源水电站设计和107国道阳山路段施工监理等。

1997年

是年，院职工人数191人（其中干部155人，工人36人），专业技术人员142人，其中高级工程师37人，工程师49人，助工52人，未定等4人。另离退休人员88人。

1月21－23日，院第五届职代会第二次会议召开。会议共有正式代表34人，特邀代表18人（本次参加会议的代表45人，占应到会人数的86.5%）。会议通过了“1996年目标管理成果评价”、“院1997年目标管理计划”、“第五届职代会第二次会议决议”、“第五届职代会会议议案”等事项。对1996年各部门工作进行审核目标兑现率和评分，并总结了一年来取得的经验和存在的问题，对1997年的工作提出了目标和计划。决议的主要内容是：（一）会议同意院1996年目标评分88分，定级为良，并对李茂深院长1996年的工作进行了考评，评88分，定级为良。（二）会议原则通过了“院1997年目标管理计划”，并提出几点意见，要求进一步修订、完善。首先是目标管理沿用以往的模式，已不适应我院目前多元化经营的管理与考核、评定，建议改进；其次是目标分值要有所侧重，依目标的权重进行修订；再就是人均产值指标不一样，不利于评定，要尽量统一起跑线，部分分院、公司的产值目标要进一步落实、调整。（三）经代表讨论和主席团综合，共有7条议案，议案内容包括：管理后勤人员奖金的发放、调整差旅费、统一上交标准、统一财务管理制度、为值班室装上电话等。(四)1996 年是我院继续推行分院制管理的一年，年末我院又顺利完成了本届任期内的领导班子新老交替平稳过渡，这些都为我院今后的发展奠定了基础，会议要求全院上下同心同德，继续深入地推进改革，理顺管理机制，补充和完善分院制管理的办法，制定全院性的实施细则，完善财务分块管理，搞好成本控制提高全院经济效益。

5 月 1 日，周书平、刘建明晋升为建筑经济师，蔡墉晋升为会计师，陈雄伟、刘凯昌、郑镜明晋升为高级工程师。

7 月 1 日，为庆祝香港回归，院党委举办了“迎回归，香港知识知多少”活动。

7 月，江振铎获全国总工会、国家教委、国家科委、国家人事部、国家劳动部、全国职工自学成才奖评审会授予“全国自学成材先进分子”光荣称号。

9 月 22 日，我院为广州林业学校图书馆的升级达标捐献各类书籍 2000 多册；为“千村书库”建设完成了 12000 元购书折款的光荣任务。

11 月，建筑设计分院和档案室改造装修。

是年，刘志武、李迪荣、陈振兴三位同志先后获得国家一级注册建筑师资格。

是年，“广东省林地地籍管理系统”获广东省科技进步二等奖，“中山城市林业总体规划”获林业部科技进步二等奖。

是年，完成广东省森林资源连续清查的第四次复查，广东省东江、西江、北江、韩江流域生态公益林工程建设总体规划(1997 – 2010 年)，仁化县县道公路改建工程设计，仁化县乡道公路改建工程设计，河源华江人造板厂工程设计，梅州威华家具厂工程设计等多项设计任务。

1998 年

是年，院职工人数 178 人(其中干部 143 人，工人 35 人)，专业技术人员 139 人，其中高级工程师 29 人，工程师 61 人，助工 43 人，未定等 6 人。另离退休人员为 100 人。

1 月 1 日，广东粤森资产评估事务所成立并投入运作。

2 月 25 日，院第五届职代会三次会议召开。广东省林业勘测设计院第五届职代会第三次会议于 1998 年 2 月 25 日至 27 日召开。出席本次会议的职工代表和特邀代表共 45 人，占应到会代表数 55 人的 90%。省林业工会林世荣副主席和省林业厅计财处王惠恒处长等四人出席了会议并在会上作了发言，对我院工会的工作和院的民主管理、职工参政议政给予了高度的评价，并对我院的改革表示大力支持。

大会通过了林俊钦代院长《院1997年度目标评价》等九个报告。形成决议如下：(一)会议通过《院1997年目标评价》同意评为91.45分，定级为“优”。大会认为，这是全院职工共同努力的结果，大会号召全院职工再接再厉，作出新的贡献。(二)会议原则通过《院1998年目标计划》和《院二次创业发展纲要》，并提出了一些修改意见，上述两个文件的一些目标要相一致、要求院领导要加大改革力度和加强措施的落实，使生产增长率能与收入增长率相适应；院里应实行资源共享，要协调好各方面关系；搞好人、财、物的优势重组，以提高院的竞争力。(三)会议原则通过《院1998年部分改革方案》，要求对一楼物业一定要做好成本核算，减少不必要的浪费，对印刷厂的搬迁要认真选址，妥善安排，尽量减少对生产的影响。(四)会议原则通过了《生产管理办法》、《财务管理办法》和《人才资源开发与管理》等三个办法。认为《人才资源开发与管理》比较繁琐，要求简化，以便好操作；《生产管理办法》应增加生产发展基金不能互相挤占的条文，有关管理办法应备奖惩条款，做到有功者赏，有过者罚，奖惩要分明。(五)大会对李茂深院长和林俊钦代院长等院级领导进行了考评。(六)大会对代表们提出的议案原则上作出如下的处理意见：对其中的七条涉及具体问题的提案，由林俊钦代院长进行答复，并责成有关部门进行处理实施。对另三条关于经营管理方面的议案，则由有关部门提出修改意见并由院务会讨论实施。大会一致认为，重组优势，掀起二次创业高潮是我院生存和发展的必然要求，大会号召全院职工，同心同德，团结拼搏，为开创我院二次创业新局面而努力奋斗。

3月9日，林寿明、何开伦、薛春泉、邓鉴锋、韩培新、郭盛才、陈汉坤、詹洲延、容友鹏晋升为工程师，吴焕忠、余松柏晋升为高级工程师。

3月20日，经广东省新闻出版局核批，院刊《广东林勘设计》增刊为每年4期。该刊成为我院技术交流、宣传的一个重要平台。

7月17日，省林业厅厅长梁星权在计财处处长王惠恒陪同下来院指导工作。

7月，院人事档案管理通过“省二级”标准的达标验收。

是年，院组建离退休活动中心。

是年，“广东省林地地籍管理系统”获国家林业局优秀设计三等奖。

是年，完成澳门路环岛、凼仔绿化规划设计图，韶关市十七万吨浆纸厂森林资源条件可行性研究报告，封开县山区综合开发规划(1998－2000年)，广东省黄龙湖森林公园总体规划(1998－2007年)，广东省沿海红树林建设规划(1999－2005年)，广东省野生动植物保护建设工程规划(1998－2030年)，广东嘉耀刨花板厂建设工程设计，内蒙古石膏刨花板厂建设工程设计，广东联邦家具厂搬迁改造设计等项目。

1999 年

是年，院职工人数 177 人(其中干部 140 人，工人 37 人)，专业技术人员 136 人，其中高级工程师 26 人，工程师 65 人，助工 40 人，未定等 5 人。另聘用职工人数 10 人，离退休人员为 102 人。

2 月，我院在云景花园购置住房 22 套，缓解职工住房困难。

2 月 1 日，广东省林业厅党组决定：任肖志慧为广东省林业勘测设计院党委书记。

2 月 2 日，广东省林业厅党组决定：任林俊钦为广东省林业勘测设计院院长。

3 月 8 日，黄长宽、姜丹玲、王喜平、罗发民、张育明、杨韶良、彭福坦、陈舜卿晋升为工程师，高琳、梁炳文晋升为高级工程师。

3 月 18 日，院内设机构调整为：林业调查规划设计分院、工程勘察设计分院(粤通工程建设监理公司)、林产工业设计分院、建筑设计分院、岭南工程建设公司、凌志科技实业有限公司、科技服务公司和党委办(纪检、监察室、工会、共青团合署)、总工办(档案室、全质办、贯标办)、院办公室(生产办)、人事劳动科、行政保卫科、财务科。

5 月 4 日，经院第六次党员大会选举，并经省林业厅直属机关党组批准，我院第六届党委由肖志慧、林俊钦、陈汉坤、刘志武、冯少卿、陈开源、王登峰组成，肖志慧同志任书记。第六届纪委由陈开源、叶宪文、刘凯昌、周玉申、张海文组成，陈开源任纪委副书记。

5 月 10－11 日，院第五届职代会四次会议召开，出席本次会议的职工代表及特邀代表共有 62 人，占应到代表数 85 人的 73%。省林业工会和厅计财处有关领导出席了这次会议并作了发言。这是换届后的第一次职代会，大会听取了林俊钦院长作的《林勘院 1998 年工作回顾暨 1999 年工作计划》等报告，形成的决议如下：(一)会议原则通过了《1995－1998 年目标管理评价暨 1999－2002 年目标管理规划》和《1998 年工作回顾暨 1999 年工作计划》。(二)原则通过了《院职能管理部门职责和人员编制方案》、《院工作人员及专业技术人员考核暂行办法》和《大院内车辆管理规定》。(三)会议通过了院第二届工会工作报告，1998 年度工会总结和经费收支报告。并责成各有关部门对各议案作了答复和落实。大会一致认为，挖掘潜力，崇尚知识，崇尚人才的价值，掀起二次创业高潮，是我院今后生存和发展的迫切要求。大会号召全院职工：务实创新，知难而进，努力创建面向21世纪新业绩。

9月27日，举办“庆祝祖国五十华诞，喜迎澳门回归”登山活动。广东卫视台记者前来采访并作了新闻报道。

是年，完成广东伶仃岛—福田自然保护区（福田红树林区域）总体规划，广东南岭国家级自然保护区总体规划（1999－2010年），广州市八区城市林业总体规划，广东省第二次沙化土地监测（第一次复查），广东王子山森林公园总体规划（1999－2006年），海丰公平大湖省级自然保护区总体规划，省林机厂职工宿舍工程设计，广西南宁高峰人造板厂中密度纤维板工程设计，以及完成广东省森林分类区划界定工作操作细则，广东省重点生态工程区森林资源现状调查操作细则，建立博罗县林业地理信息系统工作报告，广东省森林分类区划界定工作操作细则编写等。

2000年

是年，院职工人数163人（其中干部126人，工人37人），专业技术人员120人，其中高级工程师20人，工程师58人，助工36人，未定等6人。另聘用职工人数18人，离退休人员为116人。

1月12－14日，我院第六届职代会第一次会议召开。出席本次会议的职工代表及特邀代表共50人，占应到会代表数51人的98%。省林业工会和林业厅计财处有关领导出席了本次会议并作了发言。会议听取和审议了林俊钦院长的《林勘院1999年工作总结暨2000年工作计划》等八个报告或说明，并做出如下决议：（一）原则上通过《院1999年工作总结暨2000年工作计划》、《关于深化我院改革的原则意见》、《2000年我院部分改革方案》和《院工会1999年工作总结暨2000年工作计划》。（二）原则通过《院生产经营管理办法》、《院技术管理办法》、《院人事、用工、分配制度改革方案》和《院1999年财务收支情况报告及财务管理办法》。（三）对上述文件个别条款的修改，会后由工会将职工代表提出的意见转交有关部门，由院长责成有关部门修改、完善。（四）对十条议案，已由林俊钦院长进行详尽的答复，并责成有关部门进行处理、落实。（五）要加大院的物业开发力度，加大院后勤管理力度，加大总院对印刷厂的扶持力度。（六）强调要加强技术管理，严把质量关，各分院公司应在院技术管理办法的原则基础上，根据本分院公司的实际情况制定相适应的操作细则。大会一致认为：崇尚创新，积极挖潜，开源节流，是我院今后生存和发展的迫切要求，在改革方面，表示认同和积极支持院的改革措施，认为没有改革就没有出路，但是要抓住重点，稳步推进，并制订相关的配套措施，狠抓落实。

2月28日，许文安、丁丹、梅盛晋升为工程师，江运仁、蒙卫晋升为高级工程师。

3月10日，彭达晋升为政工师，冯少卿晋升为高级政工师。

是年，院完成比较大型的项目有广东省土地沙化调查监测，南海市城市林业规划，白云区森林资源二类调查，东莞市黄牛埔等多个森林公园总体规划，广东河源新港省级自然保护区总体规划，广东省林木采种基地建设工程项目总体设计，广州市天河区凤凰山、龙眼洞、火炉山、广州市白水寨、龙头山森林公园总体规划，广州市黄埔区生态公益林林分改造总体规划设计，广东长湖国家级森林公园可行性研究报告，广西南宁高峰人造板厂、湖北宜昌远林防火复合板厂设计等。

2001年

是年，院职工人数164人(其中干部129人，工人35人)，专业技术人员125人，其中高级工程师22人，工程师57人，助工35人，未定等11人。另聘用职工人数30人，离退休人员为122人。

1月，院内设机构调整为：林业调查规划设计分院、工程勘察设计分院、林产工业设计分院、凌志科技实业有限公司、科技服务公司和党委办(监察室、离退休管理办公室挂靠党办)、总工程师办公室、院办公室(财务科合署)、保卫科与人事劳动科。

2月23－25日，院第六届职代会第二次会议召开。出席本次会议的职工代表及特邀代表共45人，占应到会代表数50人的90%。省林业工会和省林业局计财处有关领导出席了本次会议并作讲话。会议听取和审议了林俊钦院长的《院2000年工作总结暨2001年工作计划》等六项报告和说明，并通过了如下的决议：(一)原则通过《院2000年工作总结暨2001年工作计划》、《院关于贯彻十五届五中全会和省委八届六次会议精神的意见》、《院2001－2002年技术创新发展计划》、《院工会2000年工作总结暨2001年工作设想》、《院创“文明集体”评“十佳职工”的若干规定》。(二)对上述文件提出了几点修改意见。(三)对加快院的发展提出了几条建议：继续落实住房政策，改善职工住房条件；指定专人跟踪落实债务问题；加大专业技术人员的培训力度；加大技术装备投入力度；做好印刷厂的定位问题；制定措施鼓励专业技术人员报考执业资格；加大精神文明建设、廉政建设和企业文化建设力度；增加投入，做好规划，改善大院环境；积极推进干部人事、劳动用工和分配三项制度的改革；科技创新要与我院实际相结合，注重实用技术的研究、开发和引进。大会一致认为：解决我院存在的问题，要靠发展，提高我们的生活水平要靠发展，提高我院的社会地位和综合实力也要靠发展，发展是硬道理，加快发展是十五届五中全会的主题，也是我院今后的主要任务。

3月12日，赖广梅晋升为高级政工师。

4月9日，李志友、蔡灵琳、罗广军、陆威晋升为工程师，王登峰、雷景仰、李志洪、孙晓鹤晋升为高级工程师。

4月30日，全院参加了“助申奥，迎九运”广东百万职工长跑签名活动。

5月21日，国家林业局资源管理司寇文正司长在广东省林业局副局长邓梦柏陪同下，莅临我院指导工作。

7月，我院各类甲级、乙级资质证书经过了重新申报和认定，为我院开展各项业务提供了政策上的支持。

9月14日，郑全胜晋升为经济师，郑小红晋升为会计师。

11月9日，我院与东方资产管理公司签订了还款协定，“南洋厂”的债务问题得到解决。

12月8日，院举行了“迎五十华诞，铸林勘辉煌”迎新年文化系列活动。

是年，完成林业国债项目病虫害防治疫区林分改造工程建设方案，广东省林业国债中心苗圃工程初步设计(全省计有十余个单位，工程于2000至2001年开展)，林木种苗示范基地规划，广东省森林分类区划界定工作技术培训、指导、检查，广东连南板洞省级自然保护区申报材料及总体规划，佛山市云勇生态公益林建设示范区总体规划，县级生物防火林带造林成效检查验收，山东菏泽中密度纤维板厂、云南建水石膏刨花板厂、增城威华中密度纤维板厂、广东嘉耀刨花板厂的工程设计，东莞富盈大酒店、中山三院医技大楼、机场西A－4住宅楼的施工图设计等。

2002年

是年，院定编170人，实有职工人数156人(其中干部124人，工人32人)，专业技术人员122人，其中教授级高级工程师2人，高级工程师17人，工程师54人，助工41人，未定等8人。另聘用职工人数46人，离退休人员为125人。

1月，院内设机构调整为：生态规划分院、资源监测分院、工程勘察设计分院、林产工业设计分院、科技服务公司和党委办(监察室、离退休管理办公室挂靠党办)、总工程师办公室、院办公室(财务科合署)、保卫科与人事劳动科。

2月4日，周玉申、罗玉洪晋升为教授级高级工程师，这是我院首批晋升教授级高级工程师。雷庆祥、何莹泉晋升为高级工程师，黄少辉、储昭东晋升为工程师。

3月8－11日，院第六届职代会第三次会议在番禺召开。出席本次会议的职工代表及特邀代表共41人，占应到会代表数44人的93.2%，会议符合有关规定。省林业工会，省林业局直属机关党委和计财处有关领导出席了本次会议并作了讲话，对我院的经济建设和精神文明建设、民主管理、职工参政议政给予了高度的评价，并要求我院在深化改革过程中继续加强班子建设和中层干部的培养，提高职工的综合素质，统一思想，抓住机遇，加快发展，为林业现代化建设作贡献。

会议听取和审议了林俊钦院长的《院2001年工作总结暨2002年工作计划》等六个报告或说明。会上，表彰了2001年度院级优秀设计成果，院2000至2001年度"文明集体"和"十佳职工"，院"文明楼"与"文明户"和院"安全生产"先进集体。听取了院级领导、分院（公司）和院管理部门第一管理者的述职报告并进行了考评。院第六届职代会第三次会议作出如下决议：（一）通过《院2001年工作总结暨2002年工作计划》、《院工会2001年工作总结暨2002年工作计划》。（二）原则通过《院产值管理与分配办法》、《院创新管理办法》和《院务公开制度的实施办法》。（三）对加快院的发展提出如下几条建议：（1）加快内部改革步伐，提高我院核心竞争力；（2）狠抓质量和品牌，加大科技进步奖励力度；（3）继续努力，切实解决职工住房问题。

5月10日，院人事档案室晋升省一级先进单位。

7月26日，粤机编办〔2002〕125号文同意我院更名为"广东省林业调查规划院"。为全额拨款的正处级事业单位，定编170人。主要任务是：负责森林资源调查、协助林业主管部门编制林业发展规划、开展森林生态环境监测等工作。

8月26日，广州市中级人民法院送来民事裁定书，解除查封广东省林业勘测设计院所有的位于本市沙河濂泉路41号之一（即广州市广园东路2001号）办公楼一栋的使用权。至此，我院因南洋胶合板厂借款担保所欠东方资产管理公司的历史债务问题全部得以解决。

10月8日，我院举行50周年大庆暨"广东省林业调查规划院"揭牌系列活动，同时，增挂广东省森林资源与生态环境监测中心牌子，广东省林业局局长邓惠珍等领导参加了揭牌活动，院领导鼓励全院职工继续努力，再创辉煌。

10月10日，我院向省林业局党组呈报了《关于解决我院发展用地及立项报建森林生态环境监测中心实验楼的请示》，并于10月25日得到省林业局和省计委立项批文，同意我院（广东省森林资源与生态环境监测中心）列入广东林业高科技园区，同时征用龙眼洞林场场部东侧15亩地作为中心实验楼（即龙洞院区新办公楼）的建设用地。10月25日，省龙眼洞林场与天河区国土局签订《龙眼洞项目协议书》，天河区国土局将土地交回龙眼洞林场使用及管理。10月28日，我院与龙眼洞林场签订《土地征用补偿合同》，征用面积10177平方米，用作我院龙洞新院区的建设用地，随后开展土地分割、确权、测量、规划、报建等工作。

12年31日，林俊钦晋升为高级工程师。

是年，“降低人造板生产原料消耗比技术推广”获广东省农业技术推广三等奖；“广州岭南住宅区生态规划的研究”获中国工程咨询协会2002年度全国优秀工程咨询成果三等奖。

是年，完成广东省森林资源连续清查体系的第五次复查，本次复查增加了森林资源动态监测的内容。完成了2002年度县级中央预算内专项资金（国债）项目珠江防护林体系工程建设方案，建立了仁化、郁南等县林业地理信息系统工作，中山市主要公路绿化景观改造规划设计，广东省南岭国家级森林公园总体规划（2003－2012年），广东淇澳岛红树林湿地省级自然保护区申报材料及总体规划，广东潮安万峰山自然保护区总体规划，广东省古树名木普查建档工作，雷州林业局中密度纤维板厂、海南农垦三亚木材厂、内蒙古漫赖中密度纤维板厂、海南华盛中密度纤维板厂的施工设计；台山猕猴保护区等4个工民建项目的设计等。

2003年

是年，院职工人数160人（其中干部128人，工人32人），专业技术人员112人，其中教授级高工4人，高级工程师17人，工程师49人，助工36人，未定等6人。另聘用职工人数65人，离退休人员为125人。

1月21日，院综合档案室顺利通过省档案局的复查。

3月21日，经广东省林业局党组批准，我院行政领导班子由林俊钦、王登峰、陈汉坤、刘志武组成，林俊钦同志任院长。

3月21日，经广东省林业局党组决定，肖志慧同志任我院党委书记。

3月27日，院人事科正式发文实施《院职能管理部门正副职竞争上岗实施办法》，通过竞争上岗演讲、群众评议、领导考核的方式选拔和补充了一批中层领导。

4月2日，省森林资源与生态环境监测中心综合实验楼的规划报建获得批准，我院重新增加报建省森林资源信息管理实验楼一幢。

4月15日，院内设机构和名称调整为：规划设计分院、生态监测分院、资源监测分院、科技服务公司和院办公室(财务科合署)、总工程师办公室、人事保卫科、行政(基建)科、党委办(监察室、离退休管理办公室合署),工程勘察设计分院更名为总体设计分院,林产工业设计分院更名为林产设计分院。相关中层干部聘任也作了调整。

5月30日,党委和纪委换届工作完成,新一届党委委员由肖志慧、林俊钦、陈汉坤、王登峰、刘志武、蔡晓燕、彭福坦七位同志组成,肖志慧同志任书记,纪委由王登峰、叶宪文、张海文3位同志组成,王登峰同志任书记。

7月18日,刘志武、刘凯昌晋升为教授级高级工程师,邓鉴锋、林寿明、薛春泉晋升为高级工程师,陈富强晋升为高级经济师,严玉莲晋升为馆员。

12月,李茂深、叶渭贤两位同志获得教授级高级工程师资格。

是年,我院《贯彻〈广东省人口与计划生育条例〉实施细则》、《物品采购、领用管理办法(试行)》、《离退休管理工作细则》、《技术管理办法》、《后勤服务改革试点方案》等管理办法陆续修改和出台,进一步规范了各方面的管理,使管理工作有据可依。

是年,有多项设计成果获奖,为我院的资质建设和对外形象树立了榜样。其中:“广州岭南花园住宅区生态绿地规划的研究”获全国林业工程咨询优秀成果一等奖,广东省科学技术奖三等奖;“广州市帽峰山森林公园工程设计”获全国优秀工程设计银质奖,国家林业局局级优秀工程设计一等奖;“中山市主要公路绿化景观改造工程设计”获国家林业局局级优秀工程设计三等奖;“广东增城威华年产5万立方米中密度纤维板厂设计”获国家林业局局级优秀工程设计三等奖。

是年,完成了粤北重点林区治安防范综合治理工程可行性研究报告,国债项目珠江防护林体系工程县级建设方案,重点火险区综合治理建设项目初步设计,公路改建工程的可行性研究,从化、台山二市森林资源二类调查与森林生态状况调查试点工作,广东省省级生态公益林调整与现场界定技术指导、检查,广州市开发区森林资源二类调查与森林生态状况调查,广东“四江”流域水源林造林成效检查验收,蕉岭、增城、仁化、广宁、鹤山5县(市、区)林业生态县检查验收,梅州鼎盛中密度纤维板厂设计,内蒙古前旗中密度纤维板厂设计,东莞康龙娱乐城、昌明大厦施工图设计等。从2003年开始,我院的咨询业务日渐增多,从而为我院的发展提供了较为广阔的空间。

2004年

是年,院职工人数159人(其中干部126人,工人33人),专业技术人员109人,其中教授级高工6人,高级工程师22人,工程师41人,助工40人。

另聘用职工人数78人，离退休人员为127人。

2月3日，我院内设机构在原基础上增设信息中心。

2月26－28日，院第一届职工代表大会第一次会议召开。出席本次会议的职工代表及特邀代表共51人，占应到会代表数57人的89%，会议符合有关规定。省林业局计财处和省林业工会有关领导出席了本次会议并作了讲话，对我院的经济建设和精神文明建设、民主管理以及各级班子的团结协作给予了高度的评价，并要求我院在深化改革过程中继续加强对专业技术人员的培养，提高职工的综合素质，统一思想，抓住机遇，探索出一条适合我院发展的道路。

会议听取和审议了林俊钦院长的《院2003年度工作总结和2004年工作计划》的报告等八项报告和管理规章制度，表彰了2003年度院级优秀成果和2003年度“文明集体”、“十佳职工”。院第一届职工代表大会第一次会议作出了如下决议：(一)通过《院2003年工作总结和2004年工作计划》、《院工会2003年工作总结和2004年工作计划》。(二)通过《院项目旅差费包干使用管理办法》、《院产值管理与分配办法》、《院招聘临时工管理规定》、《院2003年至2006年技术创新发展规划》、《院科研项目管理办法》、《院关于加快科技进步的实施意见》等六项管理规章制度。(三)对我院各事业持续发展提出稳步推进管理体制改革等建议。

6月23日，经省林业局党组同意，增补彭福坦同志为我院党委副书记。

6月28日，院党委副书记彭福坦同志参加省委组织部组织的援藏工作。

6月30日，刘建明、苏树权、林中大、杨城、陈振兴、郭盛才、王喜平晋升为高级工程师，蔡壖晋升为高级会计师，刘飞鹏晋升为经济师，李纪友晋升为工程师。

7月20日，我院与广州市国土资源和房屋管理局签订《广州市国有土地使用权出让合同》(穗国地出合〔2004〕148号)，约定以协议的方式出让，出让地块位于天河区省龙眼洞林场场部、广汕路南侧，宗地面积10192平方米，出让的土地面积8892平方米，规划的用途是科研设计用地，约定用地范围内的总建筑面积不得超过9000平方米。

8月2日，吴焕忠、陈雄伟晋升为教授级高级工程师。

12月9日，我院新院址广东省森林资源与生态环境监测中心实验楼举行开工仪式并于当天正式开工。

12月，江振铎同志获得教授级高级工程师资格。

是年，印发了我院《安全生产管理暂行规定》、《公文处理实施细则》等管理规定。

是年，有三项设计成果获奖："森林生态宏观监测系统研究"获广东省科学技术奖三等奖；"广东省森林生态状况监测报告(2002年)"获全国优秀工程咨询成果一等奖，国家林业局优秀工程咨询奖一等奖；"广东省森林生态宏观监测系统研究技术应用"获广东省农业技术推广二等奖。

是年，完成四江流域水源涵养林建设工程检查验收报告，防护林工程国债项目县级建设方案，景观林带设计，森林公园和自然保护区设计，广东省部分市森林资源二类调查与森林生态状况调查技术培训、指导、检查，佛山市三水区森林资源二类调查与森林生态状况调查，广东省国家级重点公益林区划界定工作，广东省第三次沙化土地监测(第二次复查)，阳春、白云、郁南、新丰、始兴、四会、惠城、源城8县(市、区)林业生态县检查验收，清远威利邦高密度纤维板厂、安徽绿洲人造板厂、开平五联中密度纤维板厂设计；东莞市大岭山森林公园工程综合集成设计等。

2005年

是年，院定编职工人数157人(其中干部123人，工人34人)，专业技术人员105人，其中教授级高工7人，高级工程师27人，工程师41人，助工28人，技术员2人。另聘用职工人数92人，离退休人员为131人。

1月，我院把与中国林木种子公司合购的从化棋杆镇地块作转让处理。

2月16日，我院召开2004年度院级优秀设计成果、创新成果审定会议，会议评选出了一批院级优秀设计成果和创新成果。

4月8日，我院向广东省林业学校购买广汕南路地块约1700平方米用地，作为我院实验楼出入口建设用地。

4月20日，王登峰、郑镜明晋升为教授级高级工程师，丁丹、许文安、詹洲延、华国栋、李迪荣、黎植权、陈汉坤、黄俊泽、叶宪文、廖树东晋升为高级工程师，周广玲、伍惠球、陈后东、钟小山、彭威雄、房仕钢、陈钰皓同志晋升为工程师。

5月16日，我院林俊钦同志获省总工会颁发的"五一"劳动奖章。

7月1日，邓鉴锋同志任我院副院长。

8月12日，我院正式启用两枚新印章，分别是广东省岭南综合勘察设计院工程咨询资格甲级章和广东省岭南综合勘察设计院工程咨询资格乙级章。

9月21日，张华英、张红爱、胡喻华、徐期瑚晋升为工程师。

10月21日，我院征用省龙眼洞林场1230平方米地块，作为我院南出口建设用地。

12月20日，院召开临时职工代表大会决定，龙洞院区建设资金缺口通过职工集资的方式来解决，共集资800万元支援新院址建设。

是年，全院开展“保持共产党员先进性教育”活动，该活动分为学习培训阶段、分析评议阶段、整改提高阶段，此活动历时一年多。

是年，刘飞鹏同志获全省林业教育工作先进个人。

是年，“梅州市梅县扶大至五华大坝公路工程设计”获国家林业局优秀工程设计三等奖。

是年，完成全省森林资源二类调查工作，国债项目造林设计，景观林带设计，森林公园和自然保护区设计，广东省岩溶地区石漠化监测调查，森林资源与生态状况年度监测，佛山市林业生态发展规划，信宜、廉江、南澳、梅江、龙门、新会、开平、封开、连山、罗定10县(市、区)林业生态县检查验收等项目。

2006年

是年，院定编职工人数161人(其中干部128人，工人33人)，专业技术人员108人，其中教授级高工8人，高级工程师32人，工程师46人，助工20人，技术员2人。另聘用职工人数113人，离退休人员为131人，

1月，冯国华、潘淑清两位同志获得教授级高级工程师资格。

2月7日，我院总工程师办公室加挂招投标办公室牌子，主要负责组织院参与市场项目招投标工作。

3月16日，我院在党委的组织下开展以“三个走在前面”为主题的排头兵实践活动。

4月30日，林俊钦晋升为教授级高级工程师，彭福坦、黄长宽、张少根、刘培兴、何开伦、杨庆局晋升为高级工程师，陈富强晋升为高级会计师，战国强、马延军、刘周全、杨佐兵、冯新富、练丽、黄养先、李大锋、陈晓军、廖业佳晋升为工程师。

6月22日，我院成立工作小组，专门跟踪办理广园东路院址产权事项。

6月，第一届职代会第二次会议召开。本次会议的职工代表及特邀代表共59人，省林业局计财处林新同志和省林业工会黄映辉同志出席了本次会议并作了讲话，会议听取和审议了以下报告和情况汇报：(一)林俊钦院长的《院2005年工作的报告》；(二)郑镜明代表刘志武总工所作的《院“十一五”林业科技和人才发展规划》的报告；(三)冯少卿工会副主席的《院工会2005年工作的报告》；(四)陈汉坤副院长的《龙洞院区建设情况的汇报》；(五)陈富强科长的《院财务收支情况的通报》；(六)赖广梅科长的《广园东院区产权办理情况的汇报》。

会上，表彰了2005年度院级创新成果和优秀成果，院劳动技能竞赛奖；听取了院级领导和分院(公司)、管理部门负责人的述职报告并进行了测评；林俊钦院长就会议提交的议案和建设作了详尽的说明和解答。大会通过了以下决议：(一)原则上通过《院2005年工作的报告》、《院“十一五”林业科技和人才发展规划》、《院工会2005年工作的报告》。(二)大会讨论形成一些共识，如必须抓好龙洞院区建设、抓好大院产权办理、抓好人才培养等。大会号召全院干部职工，增强质量意识和创新意识，走人才强院、科技兴院的路子，为创建一流的林业调查规划院而努力奋斗。

8月11日，经广东省发改委批准，我院森林资源与生态环境监测中心实验楼建设项目调整建设规模，项目增加建设涵洞一座、地下停车场及上盖大门一座及挡土墙等，项目总投资增加650万元，由我院自筹。

9月15日，李伟晋升为工程师。

9月18日，龙洞院区办公实验大楼举行挂牌仪式。广东省林业局邓惠珍局长携各处室领导、国家林业局中南林业调查规划院(下称中南院)周光辉院长及兄弟单位领导等出席了挂牌仪式。

10月，林俊钦同志获得国务院颁发的政府特殊津贴证书，享受国务院政府特殊津贴。

12月，广东省林业局徐萍华局长、张育文副局长到我院视察。

12月，广东省林业局郑伟仪副局长来我院龙洞院区建设现场视察。

是年，刘飞鹏同志被评为广东省优秀团支部书记。

是年，有多项设计成果获奖：“金地集团增城项目基地生态资源调查报告”获全国林业优秀工程咨询成果一等奖，同时获全国优秀工程咨询成果二等奖；“广东省主要树种二元立木材积模型及相对树高曲线模型研建”获全国林业优秀工程咨询成果二等奖，全国优秀工程咨询成果三等奖；“惠州市隆瀚经济林开发有限公司40万亩速生丰产林基地项目可行性研究报告”获全国林业优秀工程咨询成果二等奖，全国优秀工程咨询成果三等奖；“广东省森林资源与生态规划设计监测信息管理系统”获全国林业优秀工程咨询成果三等奖，广东省农业技术推广三等奖；“木材加工粉尘治理技术与综合利用研究”获广东省科学技术奖三等奖。

是年，开始进行广东省森林资源与生态状况年度监测，自此以后广东省森林资源与生态状况年度监测成为我院的常规项目。同时完成粤东片(惠州、汕尾等市)生态公益林地籍小班核定，广东省林分改造工程建设规划，广东省岩溶地区石漠化治理工程规划，梅县、博罗、东源、从化、龙岗、乳源、阳西、遂溪、高要、清新10县(市、区)林业生态县检查验收，大岭山森林公园设计等工程项目。

2007 年

是年，院定编职工人数162人(其中干部128人，工人34人)，专业技术人员116人，其中教授级高工11人，高级工程师37人，工程师46人，助工20人，技术员2人。另聘用职工人数117人，离退休人员为134人。

5月25日，邓鉴锋、林寿明、薛春泉晋升为教授级高级工程师，陈德昌、魏安世、叶金盛、容友鹏、梅盛、罗发明、李俊英、蓝启明等晋升为高级工程师，严玉莲晋升为档案专业副研究馆员，文昌宇、张亮、区汉明、黄宁辉、李爱英、黎颖卿、秦琳、付海真晋升为工程师。

7月，完成院办公场所的整体搬迁。我院办公地址为广汕一路338号。

8月，中南院周光辉院长、国家林业局资源司副司长王祝雄来我院新院区视察工作。

9月，广东省林业局张育文副局长、郑伟仪副局长来我院新院区视察工作。

10月22日，王登峰副院长调离本院。

12月17日，增补林寿明同志为我院副院长。

12月24日，院首届职工运动会隆重开幕，运动会持续一个星期，于29日闭幕。

是年，我院获广东省总工会院务公开民主管理工作先进单位称号及省总工会第十届职工职业道德建设先进单位称号。我院魏安世同志获广东省省直机关排头兵实践活动“岗位排头兵”称号，江建发同志被评为广东省林业系统优秀工会工作者。

是年，有多项设计成果获奖，“木材加工粉尘治理技术与综合利用研究”获梁希林业科学技术奖三等奖，广东省农业技术推广二等奖；“佛山市林业生态发展规划”获全国林业优秀工程咨询成果一等奖；“广东省林分改造工程建设规划”获全国林业优秀工程咨询成果二等奖。

是年，完成国家森林资源与生态状况综合监测试点及广东省森林资源连续清查第六次复查。广东省林业发展区划，广东省森林经营方案试点工作，矿区资源调查与植被恢复规划，粤西片(茂名、湛江等市)生态公益林地籍小班核定，梅州市现代林业建设规划，广东省重点生态工程建设造林成效核查，广东省珍贵树种发展工程建设规划，平远、潮安、东莞、中山、乐昌、惠阳、台山、麻章、高州、德庆、云城11县(市、区)林业生态县检查验收等项目。

2008 年

是年，院定编职工人数162人（其中干部130人，工人32人），专业技术人员120人，其中教授级高工12人，高级工程师36人，工程师51人，助工19人，技术员2人。另聘用职工人数135人，离退休人员为132人。

1月，肖志慧取得高级企业文化师资格。

1月25日，院开展“继续解放思想，坚持改革开放，争当实践科学发展观的排头兵”学习讨论活动。

5月5日，院内设机构（生产部门）调整为七个分院一个公司：资源监测分院、生态监测分院、规划设计分院、信息技术分院（“3S”技术应用研究中心）、园林设计分院（湿地监测中心）、产业设计分院、总体设计分院、科技服务公司，各相关分院、公司第一负责人也有所调整。管理科室设院办公室（财务科合署）、总工程师办公室、人事科、行政（基建）科、党委办（监察室、离退休管理办公室合署）、信息中心。

5月7日，王喜平、余松柏晋升为教授级高级工程师，蔡晓燕、刘飞鹏晋升为高级工程师，彭达、谭文雄、陈寿坤晋升为工程师。

5月14日，院第一届职工代表大会第三次会议在院召开，会议审议通过职代会的有关事项。本次会议的职工代表及特邀代表共62人，省林业工会肖伟昌主席出席了本次会议并作了讲话，会议听取和审议了以下报告和情况汇报：（一）林俊钦院长的《院2007年度工作报告》；（二）冯少卿工会副主席的《院工会2007年度工作报告》；（三）财务科陈富强科长《院2007年度财务收支情况通报》；（四）行政（基建）科赖广梅科长的《广园东院区产权办理情况通报》。

会上，表彰了2007年度院优秀成果14项；听取了院级领导和分院（公司）负责人的述职报告并进行了测评，林俊钦院长就会议提交的议案和建议作了详尽的说明和解答，原则上通过了以上各项报告和汇报。

大会一致认为：本次会议是在进一步落实科学发展观，面临林业新形势下召开的一次大会，是一次求真务实，开拓创新的大会。大会号召全院干部职工在困难面前同舟共济，在成绩面前戒骄戒躁，在机遇面前奋发有为，要有危机感、紧迫感、责任感，保持院持续发展的能力，走和谐立院、人才强院、科技兴院的路子，积极稳妥推进我院的机构改革，整合院的人才资源，增强院的发展后劲，推动我院各项事业持续健康发展，为创建全国一流的林业调查规划院而努力奋斗。

6月16日，我院内设机构职能及更名如下：行政（基建）科更名为后勤服务中心，原人事（保卫）科保卫职能划入后勤服务中心。人事（保卫）科更名为人事科，撤销院招投标办公室。

6 月 30 日，彭福坦副书记调离本院。

9 月 22 日，完成了院内各党支部的换届改选。

9 月 25 日，经院党委会研究决定，我院共青团总支委员会升格为院共青团委员会。

12 月 25 日，院第二届职工运动会开幕，运动会持续一个星期，于本月 29 日闭幕。

是年，院通过了人事科《广东省岭南综合勘察设计院职工薪酬管理办法（试行）》、总工办《2008－2010 年自主创新发展规划》、《专业技术人员年度考核优秀人员推荐办法（试行）》及《院技术成果签章规定》等有关管理制度。

是年，院工会获中华全国总工会授予全国模范职工之家称号。有多个项目获奖，其中“梅州市现代林业建设规划”获中国林业工程建设协会 2008 年度全国林业优秀工程咨询成果一等奖，同时获中国工程咨询协会全国优秀工程咨询成果二等奖；“广东清远抽水蓄能电站生态环境现状调查与评价专题报告”获中国林业工程建设协会 2008 年度全国林业优秀工程咨询成果二等奖，“广东省珍贵树种发展工程建设规划（第一期工程）”获中国林业工程建设协会 2008 年度全国林业优秀工程咨询成果三等奖，“清远市自然生态区（市肺）总体规划”获中国林业工程建设协会 2008 年度全国林业优秀工程咨询成果三等奖，“东莞市大岭山森林公园工程综合集成设计”获 2008 年度国家林业局优秀工程勘察设计一等奖和 2008 年度全国优秀工程勘察设计银质奖，“广东佛山年产 8 万立方米木质废料中密度纤维板设计”获 2008 年度国家林业局优秀工程勘察设计一等奖。

是年，完成全省雨雪冰冻灾害调查及灾后复产作业设计，珠江防护林国债项目作业设计，省级生态公益林综合管护成效核查，广东省重点生态工程建设造林成效核查，郁南县“森林围城与绿色通道”建设工程造林规划设计（2009－2013 年），广东省森林鸟类资源专题监测，新兴、花都、盐田、连平、惠东、吴川、化州、怀集、揭西 9 县（市、区）林业生态县检查验收等项目。

2009 年

是年，院定编职工人数 165 人（其中干部 133 人，工人 32 人），专业技术人员 124 人，其中教授级高工 13 人，高级工程师 41 人，工程师 46 人，助工 22 人，技术员 2 人。另聘用职工人数 124 人，离退休人员为 131 人。

3 月，刘志武同志获得国务院颁发的《政府特殊津贴证书》，享受国务院政府特殊津贴。

5月26日，广东省林业局党组决定，肖智慧同志任我院院长，单位法人代表(肖智慧原用“志”，现改为“智”下同)。

6月1日，我院取得了广东省造林工程规划设计甲级资质。

6月28日，广东省林业局党组决定，邓鉴锋同志任我院党委书记。

7月16日，李志洪晋升为教授级高级工程师，罗勇、丁敏、黄穗升晋升为工程师。

10月28日，陈后东、李运龙、胡喻华、罗广军、张红爱、房仕钢、陈钰皓晋升为高级工程师。

10月30日，广东省林业局党组决定，陈富强同志任我院副院长。

12月25日，我院取得了风景园林工程设计专项乙级资质。

12月28日，广东省林业局党组决定，赖广梅同志任我院工会主席。

是年，有多项设计成果获奖，其中“木质废料中密度纤维板工艺技术”获广东省人民政府颁发的广东省科学技术三等奖、“国家森林资源与生态状况综合监测广东试点报告”获2009年度全国林业优秀工程咨询成果一等奖；“南方珍贵树种良种选育与扩繁中心(基地)第一期工程可行性研究报告”、“广东省林业产业发展规划(2008－2020年)”、“广东省雨雪冰冻灾害地区森林生态修复工程规划”、“广东省乐昌市岩溶地区石漠化综合治理县级试点工程建设规划(2008－2010年)”四个项目获2009年度全国林业优秀工程咨询成果二等奖。“广东省生物防火林带工程建设规划(2009－2012年)”获2009年度全国林业优秀工程咨询成果三等奖。

是年，完成了广东省林业区划，广东省油茶示范基地建设实施方案，珠江防护林国债项目造林作业设计等多项规划设计任务，广东省重点生态工程建设造林成效核查，广东省沙化土地监测第四次复查，高明区生态公益林林分改造工程(第二期)造林作业设计，大埔、端州、陆河、紫金、揭东、云安、萝岗、三水、曲江、阳东、坡头、电白12县(市、区)林业生态县检查验收等项目。

2010年

是年，院定编职工人数166人(其中干部135人，工人31人)，专业技术人员128人，其中教授级高工14人，高级工程师39人，工程师53人，助工21人，技术员1人。另聘用职工人数145人，离退休人员128人。

1月18－26日，院举行第三届运动会，为期一周。

1月20日，我院大门绿化广场竣工，举行落成仪式，省林业局、省林业科学研究院、省林业学校等上级单位或兄弟单位的领导到来道贺。

1月29日，我院召开第二次党员大会。广东省林业局党组成员、省林业工会主席肖伟昌同志出席了大会，大会主席团主席邓鉴锋同志作广东省林业调查规划院第一届党委工作报告，并审议通过了《中共广东省林业调查规划院第二次党员大会选举办法》，会上经选举产生第二届党委和纪委。党委委员由邓鉴锋、肖智慧、陈汉坤、林寿明、陈富强、赖广梅、蔡晓燕七位同志组成，邓鉴锋同志任书记。纪委由赖广梅、刘凯昌、张海文三位同志组成，赖广梅同志任书记。

2月9日，院取得了广园东路院址房地产权证。产权证为集体产权，1号楼、2号楼、3号楼、4号楼、5号楼各一本，共用面积3625.36平方米，建筑面积共计11384.67平方米。

3月25－31日，院第二届职工代表大会第一次会议在院召开。会议听取和审议了：(一)肖智慧院长的《院2009年度工作报告》；(二)赖广梅主席的《院工会2009年度工作报告》；(三)陈富强副院长的《院2009年度财务收支及业务执行费开支情况通报》等8个报告和情况汇报。会上，听取了院级领导和分院(公司)及管理部门第一责任人的述职报告并进行了测评，肖智慧院长就会议提交的议案和建议作了详尽的说明和解答。职代会上通过了我院的建院方针是“科学发展，和谐立院，人才强院，科技兴院”；同时秉承“用户至上，质量第一，一份成果，一份信誉”的质量方针，并首次提出“敬业，务实，和谐，诚信”的核心价值理念，要求全院职工大力弘扬“专业，敬业，勤业，创业”的行业精神和“求实，创新，协作，奉献”的院风。

3月1日，马延军、廖业佳、李大锋、伍惠球、张华英、郑全胜、徐期瑚、战国强、刘周全、练丽、李纪友共11人晋升为高级工程师。

5月25日，陈汉坤、林中大晋升为林业教授级高级工程师，夏新丰晋升为工程师。

是年，“基于‘3S’的森林资源与生态状况年度监测信息系统”获2010年国家林业局优秀工程勘察设计二等奖和2010年度全国林业优秀工程咨询成果一等奖；“广东省森林资源与生态环境监测中心实验楼工程设计”获2010年国家林业局优秀工程勘察设计一等奖；“广东省油茶产业发展规划(2010－2020年)”获2010年度全国林业优秀工程咨询成果二等奖；“广东省林业发展区划”获2010年度全国林业优秀工程咨询成果二等奖；“广东省‘十二五’生态林业发展战略研究”获2010年度全国林业优秀工程咨询成果三等奖；“珠江三角洲地区林业生态建设一体化规划”获2010年度全国林业优秀工程咨询成果三等奖。

是年，完成广东省补充申报国家级公益林区划，广东省扩大和调整省级生态公益林工程，广东省岩溶地区石漠化综合治理总体规划，广州市萝岗区集体林权制度改革技术服务，东莞市集体林权制度改革技术服务，高明、南海、顺德、翁源、南雄、海丰、徐闻、茂南、鼎湖、英德、清城、饶平12县(市、区)林业生态县检查验收等项目。

2011年

是年，院定编职工人数164人(其中干部132人，工人32人)，专业技术人员134人，其中教授级高工15人，高级工程师59人，工程师35人，助工23人，技术员2人。另聘用职工人数147人，离退休人员129人。

3月，陈晓军晋升为高级工程师。

4月6日，院二届二次职工代表大会召开，出席本次大会的职工代表及特邀代表共63人。会议期间，省林业工会肖伟昌主席莅临大会并作了重要讲话。会议听取和审议了(一)肖智慧院长所作的《院2010年度工作报告》；(二)赖广梅主席所作的《院工会2010年度工作报告》；(三)陈富强副院长所作的《院2010年度财务收支情况及业务招待费开支情况的汇报》等，并通过了《绩效工资试行办法》、《专业技术人员聘用管理办法》、《公有住房租赁管理暂行规定》、《继续教育管理办法》等规章制度，解决了我院目前存在的突出问题。

4月16日，魏安世、许文安晋升为教授级高级工程师。

5月，丘娟珍、李爱英、李伟、秦琳、黎颖卿、张亮、文昌宇、付海真、罗勇、黄少辉、刘曼红晋升为高级工程师。

6月，钟海智晋升为经济师，刘亚晋升为工程师。

7月11日，广东省林业局致函广东省财政厅并转报我院《关于资产账务调整问题的请示》，同意我院以资产账务调整的方式解决广园东院区职工住户房产分割到户的问题。

7月14日，广东省财政厅复函广东省林业局称：鉴于种种历史实际情况，同意广东省林业调查规划院按规定将111套职工宿舍过户给职工并办理相关手续。

9月，广东省林地保护利用规划省级规划文本顺利通过专家评审。

10月，院进行中层领导干部的调整和充实，积极稳妥地推进我院中层领导干部的轮岗交流。

10月，省林业厅党组决定在我院开展廉政风险防控机制建设试点工作。

10月24日，我院就2012年国家森林资源连续清查广东省第八次森林资源清查工作举行第一次筹备会议，会议由肖智慧院长主持，参会人员集体研讨。会议主要内容为：(1)通报全国第八次森林资源清查相关工作要求；(2)研讨广东省2012年第八次森林资源清查工作方案；(3)对下一步工作和会议进行安排。

12月27日，院举行第四届职工运动会，运动会为期一个星期。

是年，“基于‘3S’的森林资源与生态状况年度监测技术研究”获广东省人民政府颁发的科学技术奖三等奖和广东省优秀工程勘察设计“计算机软件”一等奖及中国勘察设计协会全国优秀工程勘察设计计算机软件二等奖等多个奖项。

是年，我院“广东省生态景观林带建设规划(2011－2020年)”通过专家评审，该项目是我省推动绿色发展的新创举，得到省委、省政府有关领导的高度重视。同时完成了广东省集体林权制度改革验收工作，森林资源与生态状况年度监测，广东省岩溶地区石漠化第二次监测(第一次复查)，番禺、天河、黄埔、南沙、宝安、武江、浈江、蓬江、雷州、茂港、连南、阳山、湘桥十三个县(市、区)林业生态县检查验收等项目。

2012年

是年，院定编职工人数161人(其中干部130人，工人31人)，专业技术人员133人，其中教授级高工16人，高级工程师63人，工程师37人，助理工程师15人，技术员2人。另聘用职工人数112人，离退休人员131人。

1月5日，广东省机构编制委员会办公室印发《广东省林业厅所属事业单位分类改革方案》，确定我院为正处级公益一类单位，主要任务是：承担森林资源调查、森林生态环境监测工作；协助林业行政主管部门编制重点林业工程项目发展规划；承担林业建设的技术指导及造林绿化成效检查工作。核定事业编制170人。

1月9日，院二届三次职工代表大会在院召开，出席本次大会的职工代表及特邀代表共67人。会议期间，省林业工会肖伟昌主席和省森林防火指挥部专职副总指挥杨胜强同志先后莅临大会并作了重要讲话。会议听取和审议了肖智慧院长所作的《院2011年度工作报告》、赖广梅主席所作的《院工会2011年度工作报告》、张海文科长所作的《院2011年度财务收支情况及业务招待费开支情况的汇报》等，并听取和审议了《院生产经营管理办法》、《院财务管理办法》、《院专业技术人员管理补充办法》、《院个人注册资格管理办法》等规章制度，并原则上通过了以上规章制度的总体构思。会上，肖智慧院长对代表们提出的议案和建议做了详细的说明和解答。

3 月 7 日，广园东 2001 号大院 111 套职工宿舍共 7028.98 平方米领取房产证。从此，困扰院广大职工多年的房屋产权问题得以圆满解决。

4 月 25 日，院调整部分部门职能：院饭堂管理职能由后勤服务中心调整至办公室；院基建、招投标、仪器设备管理职能由总体设计分院对应调整至后勤服务中心、总工办、财务科。

5 月 21 日，我院完成的“广东省森林碳汇重点生态工程建设规划(2012－2015 年)”、“珠江三角洲地区森林进城森林围城规划(2012－2020 年)”评审会在广州市召开，并通过了专业组的评审。广东省生态景观林带、森林碳汇、森林进城围城三大重点生态工程建设是广东省重要生态工程、民生工程、幸福工程，是新一轮绿化广东的主要内容，三大工程规划的完成预示着广东绿化从点、线、面的立体规划工作完成。

5 月 23－29 日，国家森林资源与生态状况综合监测广东试点暨国家森林资源连续清查广东省第七次复查工作技术培训班在清新县召开。会议由广东省林业厅主办，我院承办。中南院周光辉院长，省林业厅陈亚广副厅长出席开班仪式并作了重要讲话，中南院熊智平总工程师作总结讲话。全院 260 多名技术人员参加了培训。

7 月，全省县级林地保护利用规划已完成落界、林地数据库建立、规划文本编制等工作，实现了全省林业一张图。

第一章 组织机构设置

第一节 组织历史沿革

广东省林业调查规划院前身是广东省农林厅林业局林野调查队。随着社会的变革，名称历经变更，从广东省农林厅林业局林野调查队→广东省林业厅林业勘测设计队（森工调查队）→广东省林业厅林业勘测设计处→广东省林业厅林业建设处→广东省林业厅林业勘测设计大队→广东省农林场管理站林业勘测设计队→广东省林业局林业勘测设计大队→广东省林业勘测设计院→广东省林业调查规划院。

广东省农林厅林业局林野调查队。是我院的前身，成立于1952年10月，当时全队配备30人，队长张凤楼，副队长朱志淞，队址在广州市中山五路176号。随后几年，由于任务量的不断扩大，林野调查队人数也不断增加。1953年成立林野调查委员会，下设两个分队，队长任健民、郑光壁（工程师）兼调查委员会主任。

广东省林业厅林业勘测设计队。1956年广东省林业厅决定：林野调查队改称为广东省林业厅林业勘测设计队（科级），由厅调查设计科科长李祥云负责，副队长程凤桐、江道盛，下设森林经理、营林调查两个中队和业务、行政、人事三个股。同年3月，省森工局从林业勘测设计队中抽调30人组建森工调查队，队长蔺心荣，下设两个分队，并在中山七路20号建立队部，而林业勘测设计队的队址仍按原址不变。

广东省林业厅林业勘测设计处。1957年广东省林业厅撤销调查设计科，将林业勘测设计队升为处级建制，成立广东省林业厅林业勘测设计处。全处总人数216人，处长李义亭。1958年3月24日，广东省人委批复：同意省林业厅和省森林工业局合并，同年7月，省森工调查队并入省林业厅林业勘测设计处，全处总人数 251 人。

广东省林业厅林业建设处。1959 年 2 月，广东省林业厅林业勘测设计处改名为省林业厅林业建设处，统管全省林业基本建设和林业勘测设计工作，处长刘春乾，下设林业、造林、工程设计三个中队和行政、人事两个科。

广东省林业厅林业勘测设计大队。1960 年，省林业厅林业建设处更名为广东省林业厅林业勘测设计大队，由处级建制改为科级建制，并由厅基本建设处进行归口管理。1961 年，全队总人数实为 273 人，大队长罗平安、副大队长胡汝霖。队址由中山五路 176 号迁到中山七路省林业厅大院。1962 年，大队长董公瑾，副大队长胡汝霖，下设林业和森工两个中队，队址由省林业厅大院搬迁到龙眼洞(省林业科学研究所树木园西侧)。

广东省农林场管理站林业勘测设计队。1968 年 11 月，有大批干部下放“五七”干校，全队仅保留 96 人。是年 12 月 16 日，广东省农林场管理站成立，本队也随即改名为广东省农林场管理站林业勘测设计队，队成立革命领导小组，组长邓庆明、副组长张炳祥，下设林业和森工两个中队。

广东省林业局林业勘测设计大队。1972 年 5 月 20 日，广东省委、省革委决定将广东省农林场管理站易名为广东省林业局，本队又随之改名为广东省林业局林业勘测设计大队，科级建制，大队长张炳祥。1973 年，江伟文同志调来本队工作任副大队长。同年 10 月 3 日，为加强广东省林业调查设计技术力量，国家林业部同意广东省革委会的请求，同意把林业部西南林业勘察设计总队第三大队从云南调入广东，并入广东省林业勘测设计大队，广东省革委会把此批复转批广东省农林水政治部。1974 年 4 月，林业部西南林业勘察设计总队第三大队从云南调入广东省林业局林业勘测设计大队，并入后全大队总人数 238 人。

1975 - 1977 年建立广东省林业勘测设计大队革委会，由原科级建制改为处级建制，王松山任革委会主任，张炳祥、吴子岭任副主任，下设林业室、线路室、工民建室、政工科和行政科。同时建立大队党总支委员会和大队共青团总支委员会。

广东省林业勘测设计院。1978 年 8 月 17 日，经广东省编委批准：广东省林业局林业勘测设计大队改名为广东省林业勘测设计院，处级建制。是年全院实有职工 269 人，院长王松山，副院长张炳祥、吴子岭，下设林业室、总体设计室、公路室、工民建室、情报室、生产技术科、政工科、办公室。

1979 年 7 月 5 日，院第一届党委会成立，党委会由吴子岭、张炳祥、王家芬、陈必成等五位同志组成，吴子岭同志任党委副书记。1980 年 1 月，余文嵩同志任副院长、党委委员。1982 年 4 月，吴子岭同志任党委书记，余文嵩同志任院长。1987年10月6日，李茂深同志任院长。1988年5月，符茂同志任院党委书记。

1990年8月，我院从广州市郊龙眼洞搬迁到广州市沙河濂泉路41号之一（即广州市广园东路2001号）。

1993年10月21日，广东省机构编制委员会以粤机编〔1993〕150号文批复，同意在我院增挂“广东省岭南综合勘察设计院”牌子，实行一套机构、两块牌子，其机构性质、隶属关系和人员编制不改变。

1995年，我院全面实行分院制管理，院内设机构也作了较大调整。1996年5月21日，肖志慧同志任院党委副书记。1996年12月26日，林俊钦同志任副院长。同年12月27日，李茂深院长委托林俊钦副院长主持院日常工作。同日，院党委书记李茂深同志委托院党委副书记肖志慧同志主持院党委日常工作。

1999年2月，林俊钦同志任院长，副院长陈汉坤、王登峰，总工程师刘志武。院党委书记肖志慧，院党委委员由林俊钦、陈汉坤、王登峰、刘志武、冯少卿、陈开源组成；院纪委会副书记陈开源，委员由叶宪文、刘凯昌、周玉申、张海文组成。

广东省林业调查规划院。2002年7月26日，粤机编办〔2002〕125号文同意我院更名为广东省林业调查规划院，为省林业局直属正处级财政全额拨款单位，内设机构由生态规划分院、资源监测分院、工程勘察设计分院、林产工业设计分院、科技服务公司和党委办（离退休管理办公室挂靠党办）、总工程师办公室、院办公室（财务科合署办公）、保卫科和人事劳动科组成。

2004年，由于广园东院区面积小，办公条件与人员增长的矛盾日益突出，在征得省林业局同意之后，院决定在广汕一路338号处新建龙洞院区。是年12月9日，新院址广东省森林资源与生态环境监测中心实验楼举行开工仪式并于当天正式开工。2006年9月18日办公实验大楼举行竣工挂牌仪式，并于2007年7月完成院办公场所的整体搬迁。

2008年5月，院内设机构生产部门调整为七个分院一个公司：资源监测分院、生态监测分院、规划设计分院、信息技术分院（“3S”技术应用研究中心）、园林设计分院（湿地监测中心）、产业设计分院、总体设计分院、科技服务公司，管理科室设院办公室（财务科合署）、总工程师办公室、人事科、行政（基建）科、党委办（监察室、离退休管理办公室合署）、信息中心。

2009年5月，肖智慧同志任院长。同年6月，邓鉴锋同志任院党委书记。副院长陈汉坤、林寿明、陈富强，总工程师刘志武。2010年1月，院党委和纪委换届，院党委书记邓鉴锋，院党委委员由肖智慧、陈汉坤、林寿明、陈富强、赖广梅、蔡晓燕同志组成；院纪委书记赖广梅，委员由刘凯昌、张海文同志组成。不同时期院内设机构及负责人详见表1-1。

表1-1 院内设机构及负责人名录

任职时间	内设机构	负责人	备　注
1975－1977	林业室 线路室 工民建室 政工科 行政科	吴子岭 江伟文　苏瑞进 汪维兴　凌其明 王家芬 陈必成	1976年3月江伟文调林业厅，线路室主任一职由苏瑞进接任
1978－1983	林业室 总体设计室 线路室 工民建室 情报室 生产技术科 政工科 办公室	冯有文 符　茂 樊淦海 汪维兴　凌其明 周长炽 苏瑞进　江振铎 王家芬 陈必成	1982年苏瑞进调珠海，1979年10月樊淦海任线路室主任。1979年林业室改称资源调查室
1984.3－1985	资源调查室 规划设计室 公路设计室 工业民用建筑设计室 情报电算室 劳动服务公司 人事保卫科 行政科 生产计划管理科	黎启泓 江振铎 马自玉 凌其明 周长炽 陈必成 樊淦海 冯有文 曹连起	1985年2月筹建广东省林业勘测设计院工程承包公司，张炳祥任经理
1986	资源调查室 规划设计室 工民用建筑室 公路室 情报电算室 地质室 林业工程咨询公司 劳动服务公司 党委办 院办公室 人保科（人事劳动科、保卫科合设）	黎启泓 江振铎 李万权 李　志 周长炽 夏天林 张　汉　钟汉城 陈锦松 冯有文 曹连起 邓桂明	

（续）

任职时间	内设机构	负责人	备　注
1987－1989	资源调查室 规划设计室 工程勘测设计室 工业民用建筑设计室 新技术应用研究室 林业工程咨询公司 劳动服务公司 党委办 人事保卫科 总工程师办公室 生产经营科 行政科	黎启泓 叶渭贤 夏天林 李万权 江振铎 周长炽 陈锦松 冯有文 钟虬柱 戴春晓 曹连起 吴鸿祥	1987年12月，钟虬柱任人事保卫科副科长（邓桂明于1988年4月调离本院），1988年5月钟虬柱负责人保科工作。 1987年12月，撤销电算室、设新技术应用研究室；撤销公路室、地质室、设工程勘测设计室。 1989年2月22日曹连起升任副院长
1989.2－1991.12	资源调查室 规划设计室 工程勘测设计室 工业民用建筑设计室 新技术应用研究室 科技服务公司 党委办 人事保卫科 生产计划管理科 全面质量管理办公室、总工办 行政科	黎启泓 叶渭贤 王以仁 李万权 江振铎 曾细勇 冯有文 钟虬柱 尹志平 戴春晓 陈锦松	1989年7月夏天林调任总工办主任，接替戴春晓总工办主任一职，尹志平担任生产计划管理科科长。 1990年9月罗玉洪接替江振铎任新技术应用研究室主任
1992－1994	资源调查室 规划设计室 林产工业设计室 工程勘测设计室 新技术应用研究室 科技服务公司 党委办 院办公室 生产经营科（总工办） 全面质量管理办公室 人事劳动科（保卫科） 行政科 科学技术办公室	黎启泓 叶渭贤 李万权 王以仁 罗玉洪 曾细勇 冯有文 尹志平 王镇全 夏天林 冯少卿　赖广梅 陈锦松 陈銮发	1993年1月陈銮发接替尹志平任院办主任，尹志平任副主任；1993年3月，刘凯昌接替罗玉洪任新技术应用研究室主任；1993年9月，梁炳文接替刘凯昌任新技术应用研究室主任。1993年7月成立建筑设计室，刘志武任主任。1993年2月，成立广东省粤通工程建设监理公司

（续）

任职时间	内设机构	负责人	备　注
1995－1999.2	林业调查规划设计分院 工程勘察设计分院 林产工业设计分院 建筑设计分院 岭南工程建设公司 科林新技术发展公司 经济发展公司 凌志科技实业有限公司 党委办（纪检会、监察室、工会、共青团合署） 院办（财务科合署办公） 人事劳动科（保卫科） 生产办（总工办、全质办、贯标办合署） 档案资料室	林俊钦 王以仁 李万权 刘志武 陈銮发 梁炳文 陈锦松 周玉申 肖志慧 尹志平 冯少卿　赖广梅 钟汉城 郑镜明	1997年12月科林新技术发展公司与林业调查规划设计分院合并。1996年4月，陈汉坤接替王以仁任工程勘测设计分院院长。1996年12月26日王登峰接替林俊钦任林业调查规划设计分院院长。1997年12月31日，陈开源副主任全面接替肖志慧党委办主任的工作
1999.3－2000.12	林业调查规划设计分院 工程勘察设计分院（粤通工程建设监理公司） 林产工业设计分院 建筑设计分院 岭南工程建设公司 科技服务公司 凌志科技实业有限公司 党委办（纪检、监察室、工会、共青团合署） 院办（生产办） 人事劳动科 总工办（档案室、全质办、贯标办） 行政保卫科 财务科	王登峰 陈汉坤 蓝启明 刘志武 陈銮发 曾细勇 周玉申 陈开源 赖广梅 冯少卿 吴焕忠 陈锦松 陈富强	1999年10月22日，免去陈銮发岭南工程建设公司经理职务，2000年1月岭南工程建设公司并入凌志科技实业有限公司，实行两个牌子一套人马的管理方法。2000年6月撤销建筑设计分院
2001.1－2001.12	林业调查规划设计分院 工程勘察设计分院 林产工业设计分院 科技服务公司 凌志科技实业有限公司 党委办（离退休管理办公室挂靠党办） 总工程师办公室 院办公室（财务科合署） 保卫科与人事劳动科	王登峰 陈汉坤 蓝启明 张海文 周玉申 彭　达（陈锦松） 吴焕忠 赖广梅（陈富强） 陈开源	2001年8月撤销岭南工程建设公司、凌志科技实业有限公司。2001年3月，邓鉴锋接替王登峰任林业调查规划设计分院院长。2002年1月陈开源调离

（续）

任职时间	内设机构	负责人	备　注
2002.1－2003.3	生态规划分院 资源监测分院 工程勘察设计分院 林产工业设计分院 科技服务公司 党委办（监察室、离退休管理办公室挂靠党办） 总工程师办公室 院办公室（财务科合署） 保卫科与人事劳动科	邓鉴锋 林寿明 陈汉坤 蓝启明 张海文 彭　达（陈锦松） 吴焕忠 赖广梅（陈富强） 彭福坦	
2003.4－2008.4	规划设计分院 生态监测分院 资源监测分院 林产设计分院 总体设计分院 科技服务公司 院办公室（财务科合署） 总工程师办公室 人事保卫科 行政（基建）科 党委办（监察室、离退休管理办合署） 信息中心	刘凯昌 薛春泉 林寿明 陈雄伟 廖树东 张海文 邓鉴锋（陈富强） 郑镜明 彭福坦 赖广梅 蔡晓燕 杨　城	2003年5月冯少卿兼任离退休管理办主任。2004年10月18日林中大接替刘凯昌任规划设计分院院长。2004年6月彭福坦援藏，刘飞鹏接替彭福坦任人事保卫科科长。2004年2月增设信息中心。 2006年2月总工办加挂招投办牌子，2008年6月撤销，招投标职能挂靠总体设计分院

（续）

任职时间	内设机构	负责人	备　注
2008.5－2011.10	资源监测分院 生态监测分院 规划设计分院 信息技术分院（“3S”技术应用研究中心） 园林设计分院（湿地监测中心） 产业设计分院 总体设计分院 科技服务公司 院办公室（财务科合署） 总工程师办公室 人事科 后勤服务中心 党委办（监察室） 信息中心 离退休管理办公室	李志洪 薛春泉 林中大 魏安世 许文安 陈雄伟 刘建明 张海文 邓鉴锋（陈富强） 郑镜明 刘飞鹏 赖广梅 蔡晓燕 杨　城 廖树东	2008年7月李爱英主持院办全面工作。2008年6月行政（基建）科更名为后勤服务中心。2009年3月蔡晓燕接替冯少卿兼任离退休管理办主任。2010年战国强接替林中大主持规划设计分院全面工作。2010年3月廖树东任离退休管理办主任。 2011年7月张海文任财务科科长，曾细勇任科技服务公司经理，2011年10月刘飞鹏任生态监测分院院长，蔡晓燕任人事科科长，李爱英任党委办（监察室）副主任，主持党委办全面工作，叶金盛任院办公室副主任，主持院办公室全面工作
2011.11至今	资源监测分院 生态监测分院 规划设计分院 信息技术分院（“3S”技术应用研究中心） 园林设计分院（湿地监测中心） 产业设计分院 总体设计分院 科技服务公司 院办公室 党委办（监察室） 总工程师办公室 人事科 后勤服务中心 信息中心 财务科 离退休管理办公室	李志洪 刘飞鹏 战国强 魏安世 许文安 陈雄伟 刘建明 曾细勇 叶金盛 李爱英 郑镜明 蔡晓燕 赖广梅 杨　城 张海文 廖树东	2012年4月，院饭堂管理职能由后勤服务中心调整至办公室；院基建、招投标、仪器设备管理职能由总体设计分院对应调整至后勤服务中心、总工办、财务科

第二节　部门设置及职能

目前，院内部机构设置为8个职能管理部门及8个生产部门。职能管理部门包括院办公室、党委办公室（监察室）、总工程师办公室、人事科、财务科、信息中心、离退休管理办公室及后勤服务中心；生产部门包括资源监测分院、生态监测分院、规划设计分院、信息技术分院、园林设计分院、总体设计分院、产业设计分院及科技服务公司。

一、部门设置

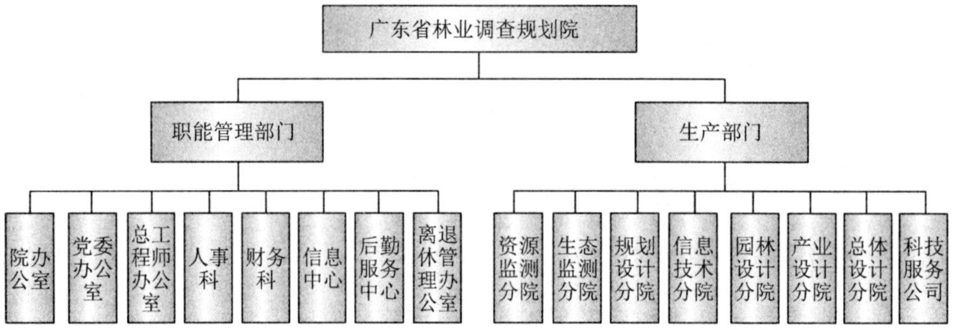

广东省林业调查规划院内部机构结构图

二、部门职能

（一）职能管理部门

1. 院办公室（生产经营科）

（1）协助院领导组织协调全院日常工作；

（2）负责院务会议承办、公章管理及公文处理；

（3）负责院规章制度的修订及监督执行；

（4）负责院生产经营管理及安全生产管理工作；

（5）负责院务接待及食堂管理工作；

（6）负责院信件报刊杂志和仓库的管理工作。

2. 党委办公室（监察室）

（1）负责院党务管理日常工作；

（2）负责院政治思想教育及精神文明建设工作；

（3）负责院职工职业道德及普法教育工作；

（4）负责院党风廉政教育及纪检监察工作；

（5）负责院基层党组织的建设发展工作；

(6)负责院信访工作。

3. 总工程师办公室

(1)负责院技术管理日常工作;

(2)负责院技术成果质量及技术创新、资质申报及年审工作;

(3)组织制定林业行业技术标准、规程、规范及监督执行;

(4)负责组织开展学术交流、技术培训和新技术推广应用等工作;

(5)负责院档案管理及图书、期刊等情报资料日常管理工作;

(6)负责院项目招投标管理工作。

4. 人事科

(1)负责单位人事管理、机构编制、教育培训、劳动工资、社会保险工作;

(2)拟订人力资源发展规划并组织实施;

(3)协助开展专业技术职称评定工作;

(4)负责保密工作;

(5)负责计生工作。

5. 财务科

(1)负责单位财务计划、预算的执行和决算;

(2)负责单位日常账务处理及内部审计;

(3)负责单位政府采购及固定资产管理;

(4)负责单位基建项目的计划及申报;

(5)负责单位财政项目的绩效评价等工作。

6. 信息中心

(1)负责网络维护及办公自动化建设工作;

(2)负责院宣传工作。

7. 后勤服务中心

(1)负责车队、物业、水电、集体宿舍、环境卫生、院区绿化的管理;

(2)负责安全保卫、维稳及综合治理工作;

(3)负责职工住房货币补贴申办、广园东产权跟踪落实、日常基建维修等工作。

8. 离退休管理办公室

(1)负责离退休人员服务工作;

(2)负责关工委日常工作。

（二）生产部门

1. 资源监测分院

(1)负责全省森林资源连续清查（一类调查）工作；

(2)负责全省森林经营小班调查（二类调查）工作；

(3)承担全省林地征占用前期审核、林木消耗量调查；

(4)承担征占用林地可行性研究报告的编写工作；

(5)承担有关森林资产评估工作等。

2. 生态监测分院

(1)承担全省森林生态监测、石漠化、沙化动态监测工作；

(2)承担全省生态林建设及林业生态县建设技术指导及检查；

(3)负责全省森林碳汇计量与监测工作；

(4)承担生态公益林调整区划界定、生态公益林小班档案数据管理等工作；

(5)负责全省林业重点生态工程成效核查。

3. 规划设计分院

(1)协助林业主管部门编制中长期发展规划；

(2)承担全省森林经营方案编制技术指导及成果基础数据核审；

(3)承担大型林业建设项目立项前期可行性研究报告编制工作；

(4)承担森林防火、森林病虫害防治、生态景观林带等专题规划；

(5)承担全省营造林工程作业设计、技术指导、面上造林核查等工作。

4. 信息技术分院（"3S"技术应用研究中心）

(1)承担全省数字林业建设工作；

(2)负责林业基础信息数据的处理及动态更新工作；

(3)承担林地、林权、林木的勘界、发证、流转的技术指导及林权信息管理工作；

(4)负责推广应用林业"3S"（GPS、GIS、RS）技术等工作；

(5)承担全省与林业调查、监测、规划、设计相关的遥感图像处理工作。

5. 园林设计分院（湿地监测中心）

(1)负责全省湿地和红树林监测及保护利用工作；

(2)负责陆生野生动植物资源监测工作；

(3)承担全省自然保护区、森林公园及国有林场的建设规划工作；

(4)承担全省城乡绿地系统规划工作。

6. 产业设计分院

(1)负责全省林业产业基础信息数据的采集、对全省林业产业基础信息数据实施动态监测；

(2)协助林业主管部门编制林业产业发展规划；

(3)承担全省林产工业设计工作。

7. 总体设计分院

(1)承担全省林业工程总体规划设计任务；

(2)承担全省林区工程测量和勘测设计任务；

(3)承担林业生态工程监理等业务；

(4)承担全省林地勘界测量的技术指导。

8. 科技服务公司

(1)负责院技术成果图文资料制作；

(2)承担相关单位的成果图文资料制作。

第三节　党群组织建设

经过全院几代干部职工的艰苦奋斗和无私奉献，我院从小到大，从弱到强，各项事业蓬勃发展，党组织、共青团、工会、妇工委等组织也逐步建立和健全，为院的建设和发展发挥了积极作用。

一、中国共产党组织

(一)组织建设

自1952年成立了广东省农林厅林业局调查队，至1975年改为处级建制前，党的组织机构只是支委会规模，并由当时的各主要领导兼任党支部书记。

1975－1979年，成立了广东省林业局勘测设计大队党总支部委员会，王松山同志任书记，共有党员45人。

1979－1985年，改名为广东省林业勘测设计院，成立了第一届党委会，吴子岭同志任书记，党员人数增加至54人。

1985－1988年，为第二届党委会任期，增选符茂同志为副书记。

1988年至1991年，是第三届党委会任期，符茂同志任书记。

1991－1994年，为第四届党委会任期，李茂深同志任书记。

1995－1999年，为第五届党委会任期，李茂深同志任书记，增选肖志慧同志为副书记。1996年12月，李茂深书记委托肖志慧同志主持院党务日常工作。

1999－2003年，为第六届党委会任期，肖志慧同志任书记，党员人数增加至98人。

2002 年，广东省林业勘测设计院更名为广东省林业调查规划院，同时增挂广东省森林资源与生态环境监测中心牌子，是局直属正处级财政全额拨款事业单位。

2003－2010 年 1 月，为广东省林业调查规划院第一届党委会任期，2003 年至 2009 年 6 月肖志慧同志任书记，2009 年 6 月邓鉴锋同志任书记，党员人数增加至 139 人。

2010 年 1 月至今，为广东省林业调查规划院第二届党委会任期，邓鉴锋同志任书记，党员人数增加至 149 人。院历届党委、纪委班子成员详见表 1-2。

表 1-2　院历届党委、纪委委员名录

任职年份	组织名称	党委委员名单	纪委委员名单	备注
1956－1974	党支部委员会	一般是由单位主要领导同时兼任党支部书记		
1975－1979.7	广东省林业局勘测设计大队党总支部委员会	书记：王松山 副书记：张炳祥 委员：吴子岭　王家芬　江伟文　陈必成		1979 年 5 月吴子岭任党委副书记
1979.7－1985.4	广东省林业勘测设计院第一届党委会	书记：吴子岭 委员：张炳祥　王家芬　陈必成　余文嵩		1980 年 1 月余文嵩列入院党委委员；1982 年 4 月吴子岭任党委书记
1985.4－1988.4	广东省林业勘测设计院第二届党委会	副书记：符茂 委员：余文嵩　李茂深　邓桂明　冯有文	副书记：冯有文 委员：陈伟坤　孙淑友	1985 年 3 月符茂任党委副书记
1988.4－1991.9	广东省林业勘测设计院第三届党委会	书记：符茂 委员：李茂深　冯有文　戴春晓　叶渭贤	副书记：冯有文 委员：钟虬柱　孙淑友	
1991.9－1994.12	广东省林业勘测设计院第四届党委会	书记：李茂深 副书记：钟虬柱 委员：符茂　曹连起　周长炽　冯少卿　王镇全	书记：钟虬柱(兼) 副书记：冯有文 委员：孙淑友	1993 年 11 月钟虬柱调离。1994 年 6 月王镇全调离

（续）

任职年份	组织名称	党委委员名单	纪委委员名单	备注
1995.1－1999.4	广东省林业勘测设计院第五届党委会	书记：李茂深 副书记：肖志慧 委员：曹连起 冯少卿 陈銮发 王登峰 刘志武	副书记：肖志慧 委员：周玉申 赖广梅	1996年5月肖志慧任党委副书记，1996年12月李茂深委托主持院党务日常工作
1999.4－2003.4	广东省林业勘测设计院第六届党委会	书记：肖志慧 委员：林俊钦 陈汉坤 刘志武 冯少卿 陈开源 王登峰	副书记：陈开源 委员：叶宪文 刘凯昌 周玉申 张海文	2002年1月陈开源调离
2003.5－2010.1	广东省林业调查规划院第一届党委会	书记：肖志慧 副书记：彭福坦 委员：林俊钦 王登峰 刘志武 陈汉坤 蔡晓燕	书记：王登峰 委员：叶宪文 张海文	2007年10月王登峰调离；2004年6月彭福坦任党委副书记（挂职西藏林芝林业局副书记、副局长），2008年6月30日调离。2009年5月林俊钦院长调离，肖志慧书记任院长，6月邓鉴锋任党委书记
2010.1至今	广东省林业调查规划院第二届党委会	书记：邓鉴锋 委员：肖智慧 陈汉坤 林寿明 陈富强 赖广梅 蔡晓燕	书记：赖广梅 委员：刘凯昌 张海文	

（二）班子建设

院党委成员带头参加各项政治学习，先后有3人参加了省委组织部组织的党委秘书班的学习、有3人参加了省委党校（县）处级干部脱产班的学习、有1人到西藏挂职锻炼3年。同时，院党委每年都选派多名支部书记参加省委宣传部、省直工委的骨干学习班（院历届班子成员名录详见表1-3）。

表 1-3　院历届班子成员名录

任职时间	单位名称	班子成员	备　注
1952. 10 – 1954. 5	广东省农林厅林业局林野调查队	队长：张凤楼 副队长：朱志淞　任健民 郑光壁	1953 年成立调查委员会郑光壁兼主任
1954. 5 – 1955	广东省林业厅林野调查队	科长：李祥云 队长：郑光壁 副队长：江道盛	
1956. 1 – 1956. 12	广东省林业厅林业勘测设计队	科长：李祥云 副队长：程凤桐　江道盛 森工队队长：蔺心荣	
1957 – 1959. 1	广东省林业厅林业勘测设计处	处长：李义亭 森工队队长：侯任成	1958 年 7 月，森工调查队并入
1959. 2 – 1960. 11	广东省林业厅林业建设处	处长：刘春乾　罗平安 江道盛　胡汝霖	
1960. 11 – 1963. 12	广东省林业厅林业勘测设计大队	大队长：罗平安 副大队长：胡汝霖	1962 年董公瑾任大队长
1964. 1 – 1964. 12	同上	大队长：董公瑾 副大队长：胡汝霖　张炳祥 何国经	
1965 – 1968. 11	同上	大队长：胡汝霖 副大队长：张炳祥　何国经 指导员：邓庆明	1965 年胡汝霖、何国经调离
1968. 12 – 1972. 4	广东省农林场管理站林业勘测设计队，建立队革命领导小组	组长：邓庆明 副组长：张炳祥	
1972. 5 – 1974. 12	广东省林业局林业勘测设计大队	大队长：张炳祥 副大队长：江伟文（1973 年调入任职）	1974 年 4 月林业部西南林业勘测设计总队第三大队并入
1975 – 1978. 8	单位名称同上，建立大队革命委员会	主任：王松山 副主任：张炳祥　吴子岭	1976 年吴子岭任副主任
1978. 8 – 1979. 7	广东省林业勘测设计院	院长：王松山 副院长：张炳祥　吴子岭	
1979. 7 – 1983. 10	同上	院长：余文嵩 副院长：张炳祥	1980 年 1 月余文嵩任副院长，1982 年 4 月任院长
1983. 10 – 1985. 3	同上	院长：余文嵩 副院长：张炳祥　李茂深	
1985. 3 – 1987. 10	同上	院长：余文嵩 副院长：李茂深　王文斌	1986 年 1 月余文嵩兼任院总工程师

（续）

任职时间	单位名称	班子成员	备　注
1987. 10 – 1991. 9	同上	院长：李茂深 副院长：王文斌　曹连起	1989 年 2 月曹连起任副院长，1991 年 1 月王文斌调离
1991. 9 – 1994. 12	同上	院长：李茂深 副院长：符茂　曹连起 周长炽	
1994. 12 – 1999. 2	同上	院长：李茂深 副院长：曹连起（兼总工）、林俊钦 1996 年 12 月任副院长；肖志慧 1996 年 5 月任副书记。	1996 年 12 月李茂深委托林俊钦主持院行政日常工作；肖志慧主持党务日常工作
1999. 2 – 2003. 2	2002 年 7 月 26 日更名为广东省林业调查规划院，同年 9 月 16 日增挂广东省森林资源与生态环境监测中心牌子	院长：林俊钦 书记：肖志慧 副院长：王登峰　陈汉坤 总工程师：刘志武	
2003. 3 – 2009. 5	广东省林业调查规划院	院长：林俊钦 书记：肖志慧 副院长：王登峰　陈汉坤 邓鉴锋　林寿明 副书记：彭福坦 总工程师：刘志武	2005 年 7 月邓鉴锋任副院长；2007 年 10 月王登峰调离；2007 年 12 月林寿明任副院长；2004 年 6 月彭福坦任党委副书记，2008 年 6 月 30 日调离
2009. 5 至今	广东省林业调查规划院	院长：肖智慧 书记：邓鉴锋 副院长：陈汉坤、林寿明 陈富强 总工程师：薛春泉	2009 年 5 月林俊钦调离；2009 年 10 月 30 日，陈富强任副院长；2009 年 6 月 28 日，邓鉴锋任党委书记；2011 年 2 月刘志武退休；2011 年 5 月 26 日，薛春泉任总工

（三）党员队伍建设

建院初期，本院党员人数较少，至 1979 年有党员 45 人。进入新世纪以来，院党委加强对党的后备力量的培养和党员队伍建设，按照“坚持标准，保证质量，改善结构，慎重发展”的十六字方针，通过“三会一课”制度，组织入党积极分子学马列、学政治、学习党在各时期的路线方针政策，大批有理想、有道德、有文化，有纪律的知识分子加入到党组织中来，党员队伍的结构也发生了质的变化，专业结构、学历层次和年轻化有了很大改善。目前，全院党员149名，其中在职党员93名、流动党员19名和离退休党员37名。院党委为了充分发挥党支部的战斗堡垒作用，结合生产和管理部门的实际情况，把全院党员划分为10个党支部，把党建工作落实到基层。近年来院发展党员情况见表1-4。

表1-4　2001－2012年院发展中共党员名单

发展年份(年)	入党人员名单
2001	潘淑清、许文安
2002	刘建明、黄国锋
2003	王喜平
2004	丁丹
2005	严玉莲、李志洪、练丽
2006	郭盛才、杨佐兵
2007	丘娟珍、郑小红、李大锋、刘周全
2010	马延军、许莉蓉、江建发
2011	冯新富、罗发民、邓冬旺
2012	杨庆局、陈寿坤

(四)思想建设

政治思想教育是党的建设工作的重要内容。院历届党委(支部)都把加强职工政治思想教育摆在重要位置。

建院之初的20世纪50年代，组织调查队员学习了“老三篇”、《新民主主义论》、《论人民民主专政》等文章，提高队员对党的认识，树立全心全意为人民服务思想，为“求精务实开拓奉献”的团队精神打下基础。

60年代，前期在党内开展了学习毛泽东著作热潮，先后学习了《实践论》、《矛盾论》等名篇。“文革”期间，开展了学大庆、学大寨、学雷锋、学焦裕禄等活动。随着“文革”的深入，党组织同样受到极“左”路线的冲击，党的思想教育工作陷入混乱状态。

70年代，打倒“四人帮”以后，院党委紧跟党中央部署，努力拨乱反正，开展了“实践是检验真理的唯一标准”的大讨论。学习贯彻中共中央十一届三中全会精神，纠正“左倾”错误，批判“两个凡是”，实现了院指导思想和工作重心的转移。

80 年代，院党委组织全体职工学习了《关于党内政治生活若干准则》、《关于建国以来党的若干历史问题决议》重要理论，进一步增强了党内的民主集中制，澄清了新中国成立以来党的若干历史问题，实现思想上的拨乱反正。“6. 4”风波中，全院职工认真学习《人民日报》上的《必须旗帜鲜明地反对动乱》和《维护大局，维护稳定》等社论，不传谣、不信谣，从思想上行动上与党中央保持一致，维护了院的稳定发展大局。

90 年代，院党委组织全院干部职工，先后学习十三届七中全会精神、邓小平南巡讲话和《邓小平文选》等文件会议精神，通过学习加深了对建设有中国特色社会主义的经济、政治、文化内涵的理解，使全体党员进一步解放思想，转变观念，增强建设有中国特色社会主义的决心。1997 年，香港回归，全院党员干部收看了政权交接仪式实况，深受爱国主义教育。1999 年，根据省林业局党组《关于在处级以上领导班子、领导干部中深入开展讲政治、讲学习、讲正气为主要内容的党性教育安排意见》精神，历时三个月，院党委精心组织、周密安排，结合单位实际，认真开展了“三讲”教育工作，为我院新世纪后的快速发展打造了一支强有力的领导团队。

2000 年后，院党委坚持以邓小平理论和“三个代表”重要思想为指导，深入学习实践科学发展观，认真开展“保持共产党员先进性教育活动”、“三个走在前面”（即在落实科学发展观、构建和谐社会和全面加强党的建设三个方面走在前面）为主题的排头兵实践活动、“创建学习型党组织”、“深化社会主义核心价值体系专题学习活动”、“创先争优促发展以优异成绩向党献礼”、“机关党建走在前”等一系列主题活动为契机，以加强党建和发挥党组织的战斗堡垒作用为主线，以加强领导班子和干部队伍建设为重点，紧紧围绕广东林业发展的总体思路，认真安排学习方案，扎实开展系列活动。

总之，通过不同时期政治思想教育，加强了党员党性修养，全院上下形成了“敬业、务实、和谐、诚信”的新风尚，推进了“科学发展，和谐立院，人才强院，科技兴院”事业，为我院创“全省先进基层党组织、全国文明单位和全国一流的林业调查规划院”三大目标打下了坚实基础。

（五）作风建设

院党委坚持反腐倡廉接受监督不放松的工作理念，不断加强领导干部，特别是处级领导干部学习反腐倡廉有关精神的自觉性，树立良好的作风。近年来，一是组织学习《反腐倡廉教育读本》、《为民务实清廉教育读本》等学习资料，观看《忏悔与警示》、《廉洁工程》、《纵权之祸》等电影录像，传阅《关于严肃查处党员和干部参与赌博的通知》等有关文件，通过中心组学习扩大会，书记作专题辅导报告等形式，把学习落到实处。二是从院工作实际出发，坚持“标本兼治、综合治理、惩防并举、注重预防”的方针，着力抓好一年一度的纪律教育学习月活动，增强了党员干部实践“三个代表”、全面落实科学发展观和当好岗位排头兵的积极性和主动性，筑牢了党员干部勤政为民、拒腐防变、干净干事的思想道德防线。三是健全监察员、特邀监察员组织制度，充分发挥群众监督作用。院纪检部门参与院设备购置及部分基建工程投标的监标工作；增设院长书记接待日，多渠道多角度广泛听取群众呼声；设置“群众来信”信箱，充分发挥信访举报主渠道的作用，每年接受群众来访来电来信近20多人次，做到及时给予应有的警示。四是积极开展治理商业贿赂专项工作，禁止领导干部参与赌博，严格执行领导干部重大事项报告制度，不断拓展专项治理工作内容。作风建设促进了院重点、热点和难点问题的解决，推动院事业健康稳步发展。

二、工会组织

工会是全院职工的群众组织，在上级工会和院党委的领导下，按照《中华人民共和国工会法》、《中华人民共和国工会章程》，围绕党政中心工作开展活动。

我院（即原林勘队），曾于1965年6月1日建立工会，至1967年3月，由于“文革”干扰而停止活动。为健全群众组织，履行工会职能，发挥民主管理作用，1990年11月10日，我院召开工会成立大会，按工会组织选举办法进行了工会委员会和经费审查委员会选举。选举产生广东省林业勘测设计院第一届工会委员会，曹连起任主席，尹志平任副主席，肖志慧任组织委员，陈銮发任生产委员，吴焕忠任宣传文体委员，周广玲任劳保福利（兼女工）委员。陈銮发任经审会主任，罗玉洪、周玉申任委员。

1991年，举办“迎中秋庆国庆”羽毛球大赛。

1992年，通过“职工之家”验收。

1993年，武秉华被评选为广东省林业系统“五好”女职工。

1995年4月10日，我院召开第二届委员会、经审会选举大会。选举新一届工会委员会：陈銮发任主席，肖志慧、尹志平任副主席，王建荣任女工委员，周玉申任宣教委员，吴焕忠任生产劳保委员，江建发任文体委员；新一届经审委员会：周玉申任主任，罗玉洪、高琳任副主任。全院设立工程分院工会小组等11个工会小组。

1999年5月10－11日，结合院五届四次职代会召开进行换届选举。肖志慧任主席，彭达、陈銮发任副主席，江建发任文体委员、陈富强任劳保生活委员、吴焕忠任生产科技委员和李迪荣任宣教委员；新一届经审委员会：陈富强兼任主任，罗玉洪、陈舜卿任委员。各工会小组进行换届选举。

2000 年，调整了院 11 个工会小组的设置。

2001 年，为了能从经济上帮助因公伤亡和确有困难的职工家属，院工会设立了“安康基金”，在解决个别职工特殊困难时发挥出积极作用。由于人员调动，在职代会上采用无记名投票等额选举的方式，补选冯少卿为工会副主席。工会小组调整为林业分院、林产分院、工程分院、凌志公司、科技公司、管理科室等六个工会小组(9 月份撤销凌志公司工会小组）。开展了“迎九运”全院职工健身活动。开展了文明楼、文明户评选活动。

2002 年，组织了以“迎五十华诞，铸林勘辉煌”为主题的登山、拔河等文化系列活动。组织全院职工参加“助申奥、迎九运”百万职工长跑签名活动。表彰了 4 个文明楼和 23 户文明户。撤销林业工会小组，成立规划分院工会小组和资源监测分院工会小组。

2003 年 7 月 8 日，选举产生广东省林业调查规划院工会第一届委员会，由肖志慧任主席，冯少卿、江建发任副主席，陈富强任劳保委员，余松柏任科技委员，丘娟珍任文体委员，陈舜卿任宣教委员。新一届经审会由陈富强兼任主任，苏省、姜丹玲任委员。为方便开展活动，工会小组调整为行政、院办、资源监测分院、生态监测分院、规划设计分院、总体设计分院、林产设计分院、科技服务公司等 8 个工会小组。

2004 年，表彰了 4 个文明楼，22 户文明户。

2006 年，开展 PPT 制作演示劳动技能竞赛。

2007 年，举办首届职工运动会。

2008 年，调整了工会小组，下设院办、行政、资源监测分院、生态监测分院、规划设计分院、产业设计分院、总体设计分院、园林设计分院、信息技术分院和科技服务公司等 10 个工会小组。推荐选派职工参加了省林业工会举办“营林工”职业技能竞赛活动，并获得第一名。

2009 年，鉴于人员变动，经院工会扩大会议讨论决定，陈富强兼任工会副主席，刘秋花负责女工工作。12 月 11 日召开工会第二届会员代表大会，选举产生新一届工会委员会，赖广梅任主席，江建发、张海文任副主席，郑小红任劳保委员、王喜平任科技委员、李大锋任文体委员和郑洁玮任宣传委员；经审会由郑小红任主任，苏省、姜丹玲任委员。

2010 年，各工会小组组长进行换届选举。

近年来，院工会获得的主要荣誉有：中华全国总工会“全国模范职工之家”、广东省总工会“先进职工之家”、“广东省厂务公开民主管理工作先进单位”、广东省总工会“第十届广东省职工职业道德建设先进单位”、广东省总工会“全省企业班组安全建设亮点演示大奖赛”获得优秀奖、天河区沙东街

"无偿献血工作先进单位"、资源监测分院获得全国总工会"工人先锋号"先进集体。

三、共青团

青年职工是我院林业调查规划设计队伍的中坚力量，院充分发挥共青团组织对青年职工的吸引力和号召力，为青年职工提供展示自我的舞台和良好的成长成才环境。在社会主义建设的各个时期，院共青团组织紧密围绕院的中心工作，团结和带领广大团员青年，积极投身于各项改革发展，充分发挥生力军和后备军的作用，为院的事业发展奉献青春和汗水。目前，全院现有共青团员 65 名，设有团支部 8 个。

1975 年，省林业勘测设计大队共青团总支委员会正式成立。

1989 年，规划设计室团支部获得 1989 年度省林业厅直属机关"先进团组织"称号；张海文获得 1989 年度省林业厅直属机关"优秀团员"称号；赖广梅、肖志慧获得 1989 年度省林业厅直属机关"优秀团干"称号。全院评选表彰了江建发等 9 名先进团员，吴焕忠等 4 名先进团干，规划室团支部为先进团支部。

1990 年，赖广梅任团总支书记，肖志慧任团总支学习宣传委员、李俊英任团总支组织委员。张海文等 4 名团员作为优秀团员推荐入党。院团总支在全院开展"团员意识教育，民主评议活动"，评选出了郑镜明等 9 名先进团员、何莹泉等 6 名表扬团员。全院评选表彰了苏树权等 7 名先进团员，彭达等 4 名先进团干，工民建室团支部为先进团支部。院团总支获得共青团广东省人民政府直属机关委员会授予的"1990 年度省府直属机关先进团总支"。

1991 年，全院评选表彰了李俊英等 10 名先进团员。赖广梅获得 1991 年度省林业厅直属机关"优秀团干"称号。团总支组织开展共青团"创先争优"活动，评选出李志洪等 10 名先进团员，赖广梅等三名先进团干，夏新丰等 3 名表扬团员，工民建工程支部为先进团支部，推荐何莹泉、苏树权为省林业厅优秀团员，赖广梅为省林业厅优秀团干，工民建工程支部为省林业厅先进团支部。

1992 年 1 月 24 日，我院召开团员大会进行换届改选，新一届团总支由刘佳英任书记，何莹泉任副书记，袁炳权任组织委员，李俊英任学习宣传委员，彭达任文体委员。彭达等 6 名团员作为先进团员推荐入党。

1994 年，3 月 23 日，我院团总支进行换届改选，新一届团总支由肖志慧任书记，周书平任副书记，郑全胜任组织委员，何奔任学习宣传委员，林寿明任文体委员。邓鉴锋等 3 名团员作为先进团员推荐入党。

1995 年，肖志慧获得首届广东省林业厅直属机关"十优青年"称号。全院评选表彰了林俊钦等 5 名先进青年。郑全胜等 3 名团员作为先进团员推荐入党。

1996 年，院团总支获得广东省林业厅“先进直属单位团组织”称号，林业分院团支部获得广东省林业厅“先进基层团组织”称号，肖志慧、林寿明、杨莉获得广东省林业厅“优秀团干部”称号，邓鉴锋、郭盛才获得广东省林业厅“优秀团员”称号。1 月 31 日，我院召开团总支换届改选大会，新一届团总支由彭达任书记，林寿明任副书记，杨莉任组织委员，许文安任学习宣传委员，陆威任文体委员。

1997 年，林寿明等 1 名团员作为先进团员推荐入党。

1998 年，院团总支获得广东省林业厅直属机关“先进基层团组织”称号，彭达获得广东省林业厅直属机关“优秀团干部”称号，梅盛、储昭东获得广东省林业厅直属机关“优秀团员”称号。全院评选表彰了丁丹等 4 名先进团员，林寿明等 2 名先进团干，林业团支部为先进团支部。院团总支组织开展了“邓小平理论与青年工作建设”专题征文活动。

1999 年 8 月 13 日，院召开团总支换届选举大会，新一届团总支由彭达任书记，刘飞鹏任副书记，严玉莲任组织委员，储昭东任文体委员，陆威任学习宣传委员。组织团员青年参加了省林业局“我为团旗添光彩”演讲比赛、扶贫助学献爱心活动等。

2001 年 11 月 14 日，院召开团总支换届选举大会，新一届团总支由刘飞鹏任书记，李大锋任文体委员，练丽任学习、宣传委员。

2003 年，团总支获得广东省林业局直属机关“先进基层团组织”。

2006 年，刘飞鹏获得广东省“优秀团支部书记”称号。协助院工会组织排练舞蹈《金色女郎》参加省林业局 2006 年新春联欢会演出。

2007 年，全院表彰了李大锋等 1 名“2004－2006 年度优秀团干部”，宾峰等 2 名“2004－2006 年度优秀共青团员”。协助院党办组织排练舞蹈《耕耘春天的排头兵》参加省林业局“绿色广东之春”春节联欢会演出。

2008 年，为了适应团组织管理的需要，更好地开展共青团工作，院团总支将院聘用人员中的共青团员纳入团组织管理，院时有共青团员 65 人。10 月 10 日，我院团总支由省林业局直属机关团委正式批复升格为团委。12 月 25 日，我院举行第一次团员大会进行无记名投票差额选举，第一届团委由郑洁玮任书记，刘碧云任副书记，张安军任组织委员，邓剑任文体委员，郑奕璇任宣传委员。院团委协助院工会举办“欢庆职代会，喜迎奥运会，唱响改革，激情飞越”大型文艺晚会。

2009 年，院团委组织开展“弘扬五四精神，飞扬青春年华”主题团日系列活动，参加省林业局“绿满南粤”春节联欢会表演时装秀《五林风采》，主办“歌颂祖国——院庆祝建国60周年文艺晚会”，组织院健美操队表演健美操《加油！加油!》获得龙洞街道第四届文化艺术节健美操比赛二等奖。在全院表彰了罗俊璇等10名2008年度优秀团员，郑奕璇等5名2008年度优秀团干。规划团支部获得省林业局“2007－2008年度先进基层团组织”，邓剑获得省林业局“2007－2008年度优秀团干部”称号，李春萍、谭俊杰获得“2007－2008年度优秀团员”称号。

2010年，“五·四”青年节期间院团委组织团员青年为院绿化区植被挂树牌活动，组织观看爱国影片《唐山大地震》并召开专题座谈会，推荐叶金盛同志并获得省直机关“青年岗位能手”称号。

2011年，院获得省直团工委“五四红旗团委”称号。资源团支部获得省林业局“2009－2010年度先进基层团组织”称号，谭志权获得省林业局“2009－2010年度优秀团干部”称号，杨胜泉、李素获得省林业局“2009－2010年度优秀共青团员”称号。2009－2010年，全院表彰了邓洪兰等3名优秀团干部，陈少彬等6名优秀团员，资源团支部为先进团支部。4月，谭志权补选为院团委组织委员。院团委主办“党在我心中”十佳歌手大赛。

2012年，郑洁玮荣获“省直机关优秀共青团干部”。

四、妇女组织

妇女组织是我院重要的群众组织，女职工在院的建设发展中发挥着半边天的作用。院妇女组织实行妇工委(党委)、女工委(工会)两块牌子一套人马管理模式，在院党委和工会的直接领导下紧紧围绕院的和谐发展、改革稳定等中心工作，积极维护女职工的合法权益，切实为女职工办实事，关心女职工身心健康，调动女职工的积极性、创造性，为促进我院两个文明建设起到了重要的作用。

1995年，女职工委员会由4人组成，其中王建荣任女工委主任、冯少卿任女职工权益保障委员、姜丹玲任学习宣传委员和杨莉任安全劳动生产委员。全院有女职工会员53人，下设3个女职工小组：生产部门小组、管理部门小组和经济发展公司小组。

1999年6月24日，院女工委、妇委会换届选举，第二届女工(妇工)委员会由陈舜卿任主任、冯少卿任权益保障委员、高琳任组织委员、姜丹玲任学习宣传委员和樊郑芳任安全劳动生产委员，并设置了林业分院等4个女工小组。

2003年10月17日，召开女工大会，采用无记名投票差额选举方式选举产生广东省林业调查规划院第一届女职工委员会，由冯少卿任主任、姜丹玲任组织委员、陈舜卿任宣教文体委员、郑小红任权益保障委员和杨莉任安全生产委员。下设生产部门、科技公司和管理部门三个女工小组。

2009 年，鉴于人员变动，刘秋花负责女工委工作。

2011 年 1 月 21 日，院召开第二次女职工大会，选举产生了院新一届女工委(妇委会)委员，由郑洁玮任主任、王喜平任组织委员、刘彩红任宣教文体委员、彭展花任权益保障委员和杨莉任安全生产委员。下设管理部门、科技公司、园林规划、信息产业等四个女工小组。

2012 年，院女工委承办“美女私房菜”厨艺大赛。

五、中国民主同盟

中国民主同盟广东省林业勘测设计院支部(现名为“中国民主同盟广东省林业调查规划院支部”)成立于 1992 年 4 月 27 日，为民盟广东省委员会直属基层支部，成立时有盟员 8 人，现有盟员 15 人，其中 1 人(李飚)已辞职，其余 14 人均为我院职工(其中 6 人已退休)。

第一届(1992－1995 年)支部主委：张金恕，副主委：吴科，组织宣传委员：骆文觃。

第二届(1996－1998 年)支部主委：吴科，副主委：骆文觃，组织宣传委员：余松柏。

第三届(1999－2002 年)支部主委：郑镜明，副主委：余松柏，组织宣传委员：吴科。

第四届(2002－2007 年)支部主委：郑镜明，副主委：余松柏，组织宣传委员：吴科。

第五届(2007－2011 年)支部主委：郑镜明，副主委：李志友，组织宣传委员：吴科。

第六届(2011 年至今)支部主委：郑镜明，副主委：李志友、华国栋，组织委员：黎颖卿，宣传委员：张金恕。

支部在院党委的领导下，本着“长期共存、互相监督、肝胆相照、荣辱与共”的方针，积极建言献策，为院的和谐发展作出了积极贡献。盟员郑镜明同志被选为民盟广东省第十二次(2002－2006 年)、第十三次(2007－2011 年)代表大会代表，分别获得 2006 年、2010 年“民盟广东省委员会先进个人”称号，还获得了 2011 年“民盟中央先进个人”称号。

第二章　人才队伍建设

第一节　队伍建设

院专业技术力量雄厚，专业门类齐全，涉及林学、植物学、动物学、园林、道桥、建筑设计、林业产业、"3S"技术应用、软件应用设计、给排水、电气设计等专业，经过几代"林勘人"的辛勤努力和付出，现已打造出一支素质高、战斗力强的队伍，逐步走上了"科技兴院、人才强院"的科学发展之路。

目前，全院职工404人，其中在职职工161人、离退休职工131人、聘用相对固定的专业技术人员112人。其中：享受国务院津贴的专家4位、博士学位的员工2位、硕士学位的员工38位。院已具有林业设计甲级、园林设计乙级、咨询甲级等资质，是集森林资源监测、生态环境监测、林业调查、规划与设计为一体的综合性甲级调查规划设计院。院历年人员变动情况详见下表2-1。

表2-1　院历年人员情况统计表

年份	职工总人数	在编职工人数			离退休职工人数	聘用职工人数	备注
		小计	干部	工人			
1952	30	30					
1953	57	57					
1954	98	98					
1955	175	175					
1956	246	246					
1957	216	216					
1958	251	251					
1959	293	293					

（续）

年份	职工总人数	在编职工人数			离退休职工人数	聘用职工人数	备注
		小计	干部	工人			
1960	356	356					
1961	273	273					
1962	202	202					
1963	204	204					
1964	205	205					
1965	196	196					
1966	194	194					
1967	194	194					
1968	96	96					
1969	96	96					
1970	100	100					
1971	117	117					
1972	122	122					
1973	123	123					
1974	238	238					
1975	239	239					
1976	260	260					
1977	271	271					
1978	269	269					
1979	274	274					
1980	285	285					
1981	283	283					
1982	283	283					
1983	284	284					
1984	293	287	221	66	6		
1985	294	281	218	63	13		
1986	284	267	214	53	17		
1987	285	266	208	58	19		
1988	280	258	205	53	22		
1989	278	255	204	51	23		
1990	271	239	195	44	32		
1991	275	233	189	44	42		
1992	280	231	190	41	49		

（续）

年份	职工总人数	在编职工人数			离退休职工人数	聘用职工人数	备注
		小计	干部	工人			
1993	272	213	170	43	59		
1994	273	211	167	44	62		
1995	281	213	173	40	68		
1996	282	204	163	41	78		
1997	279	191	155	36	88		
1998	278	178	143	35	100		
1999	289	177	140	37	102	10	
2000	297	163	126	37	116	18	
2001	316	164	129	35	122	30	
2002	327	156	124	32	125	46	
2003	350	160	128	32	125	65	
2004	364	159	126	33	127	78	
2005	380	157	123	34	131	92	
2006	405	161	128	33	131	113	
2007	413	162	128	34	134	117	
2008	429	162	130	32	132	135	
2009	420	165	133	32	131	124	
2010	439	166	135	31	128	145	
2011	440	164	132	32	129	147	
2012	404	161	130	31	131	112	

注：均为每年 12 月底的人数。

第二节　人才管理

一、人才管理政策

人才强院是院事业科学发展的根本保障和现实需要，我院历来重视人才管理。

（一）优化院人才结构

根据院业务发展需要，修订完善《院聘用人员管理办法》，每年通过从专业院校吸收毕业生，向社会引进急需的高素质专业人才等方式，充实调整院人才队伍。目前，院专业技术人员门类齐全，达到资质申报所要求的行业甲级指标。

（二）建立学术学科带头人机制

一是完善院高级专家顾问的聘用工作，不同时期，院根据业务发展需要，相继在北京林业大学、华南农业大学、中山大学、华南师范大学、中国林业科学研究院等林业大专院校及科研机构聘用林业专家、教授、学者等出任院专家顾问，扩大院的知名度；二是根据院学科发展要求，在林业信息、资源调查、资产评估、生态监测、林业规划、森林公园、园林绿化、景观设计、林区土建、林产工业等方面积极培养 2 ~ 3 名学术学科带头人，扩大院的影响力。

（三）建立人才培育制度

一是采取“引进来”和“走出去”的方式，加强院高级技术人才的培养和专业技术人员的继续教育工作，努力为专业技术人员（含在职及聘用）进行学历深造和执业资格考试提供时间、资金方面支持；二是建立院梯级人才培育机制，包括编制人员、编制外长期聘用人员、临聘实习人员及项目临时聘用人员的梯级培育机制；三是举办一年一度的中层领导干部培训班，加强中层领导干部的培养。

（四）健全干部任用机制

一是探索院专业技术人员评聘机制，理顺专业技术人员晋升渠道；二是在干部选拔任用上，打破了“论资排辈”，努力为有知识、有能力、有水平的业务骨干提供条件；三是建立递级晋升的用人机制，提高聘用人员的积极性。

二、职称评聘

在全国科学大会以后，各地陆续恢复了科学技术干部的技术职称、并积极进行考核晋升工作。院重视职工的职称评聘工作，建立了院专业技术职称评聘领导小组，指导院职称评聘工作的正常开展。目前，院拥有教授级高工 16 名、高级工程师 63 名、工程师 37 名。院历年来专业技术人员发展情况详见表 2-2。

表 2-2 院历年专业技术人员情况统计表

年份	特殊津贴人员	教授级高工	高工	中级	初级	未定职称	备注
1980				16			“文革”后首批恢复职称评定，当年评定 15 人
1981				16			
1982			1	47			
1983			1	56			
1984			1	53	114	33	
1985			1	50	110	39	

（续）

年份	特殊津贴人员	教授级高工	高工	中级	初级	未定职称	备注
1986			1	47	106	49	
1987			1	45	99	55	
1988			6	75	103	14	
1989			10	73	100	7	
1990			10	68	104	4	
1991			10	68	95	8	
1992	2		22	73	83	6	李茂深、江振铎获国务院政府特殊津贴
1993	3		32	54	78	2	叶渭贤获国务院政府特殊津贴
1994			37	53	68	5	
1995			41	57	64	10	
1996			37	56	62	5	
1997			37	49	52	4	
1998			29	61	43	6	
1999			26	65	40	5	
2000			20	58	36	6	
2001			22	57	35	11	
2002		2	17	54	41	8	
2003		4	17	49	36	6	
2004		6	22	41	40		
2005		7	27	41	28	技术员 2	
2006	4	8	32	46	20	技术员 2	林俊钦获国务院政府特殊津贴
2007		11	37	46	20	技术员 2	
2008		12	36	51	19	技术员 2	
2009	5	13	41	46	22	技术员 2	刘志武获国务院政府特殊津贴
2010		14	39	53	21	技术员 1	
2011		15	59	35	23	技术员 2	
2012		16	63	37	15	技术员 2	

三、聘用人员管理

随着广东林业调查规划事业的快速发展，为适应市场竞争需要，近年来，院聘用了一大批专业技术员工，他们在各个岗位上贡献聪明才智，为我院事业发展作出了积极贡献。

（一）管理制度

2001 年，我院出台了《临时工聘用管理办法》，首次明确了聘用的程序及管理办法。2004 年院将聘用人员的养老保险、失业保险、工伤保险、医疗保险、生育保险及工资收归院统一管理，有力地加强了聘用人员的管理工作，提高了他们的积极性。2008 年，出台了《岭南院聘用人员管理办法》；2010 年，修订了《岭南院聘用人员管理办法》。这些制度的出台，确保了聘用人员的有序管理，为院的发展注入了新的力量。

（二）职称晋升

自 2003 年粤人发〔2003〕178 号文件出台后，院每年均开展聘用人员的职称申报工作。截止到 2011 年，院已办理职称申报 63 人。其中 1 人晋升为高级工程师，18 人晋升为工程师，44 人晋升为助理工程师。

（三）发展规划

院鼓励并积极协助聘用人员做好职业生涯规划，使他们将自己的发展和单位的发展相结合，做到个人发展与单位业务开发的良好循环。其中张春霞、刘碧云 2 位同志以其出色的工作，成为了岭南院的中层领导干部。聘用人员中有 6 位同志经省统一考试，进入了广东省林业厅的机关事业单位队伍。

第三章 基本建设

第一节 院区建设

一、早期院址的变迁与原龙洞院区的建设

1952年10月8日，广东省农林厅林业局成立林野调查队(即广东省林业调查规划院的前身)，办公地址在广州市中山五路176号。1956年，林野调查队改名为林业勘测设计队，同年，省森林工业局从林业勘测设计队中抽调30人，另在省森工局干校培训30人，组建森工调查队，并在中山七路20号建立队部办公；而林业勘测设计队的队址仍是在原地不变，即中山五路176号。1957年，广东省林业厅将林业勘测设计队改为处级建制，成立广东省林业厅勘测设计处。广东省林业厅勘测设计处和森工调查队于1958年7月合并，队址仍在中山五路176号。1959年，广东省林业厅勘测设计处改名为省林业厅林业建设处。1960年，广东省林业厅林业建设处更名为广东省林业厅林业勘测设计大队，为科级建制。1961年，广东省林业厅林业勘测设计大队办公地址由中山五路176号迁到中山七路省林业厅大院。

1962年，我院办公地址由省林业厅大院搬至市郊龙眼洞，先是在广东省广州林业学校、广东省林业科学研究所暂借房子住宿和办公，后经省林业厅领导现场界定，本队在广东省林业科学研究所标本园的西侧建设队址。其界定的范围面积为41亩左右，并陆续在此建起办公楼和宿舍楼，地面建筑物共计14700平方米。办公和住宿条件得到了极大的改善。广东省林业厅林业勘测设计大队在此办公一直稳定持续了大约28年。

二、广园东院区建设

1978年，经省编委批准，广东省林业局林业勘测设计大队更名为广东省

林业勘测设计院，处级建制。办公地址仍在广州市郊龙眼洞，但由于离城区较远，导致交通、信息、交流联系等有关业务工作甚为不便，也给我院职工的学习、生活带来诸多困难。为此，我院于1985年6月向广东省林业厅提交《关于请求批准我院迁往市区的报告》，同年9月，省林业厅对该请求报告作出批复，同意我院与合适单位进行谈判。1986年10月，我院与广东省对外经济贸易委员会教育处签订了有偿转让合同，把我院龙洞院区的房产全部有偿转让给省外经贸委，并于1988年2月23日，与康华南星城市建设公司签订《购房合同书》。所购的房子为三幢新建的住宅、办公综合楼，位于广州市沙河濂泉路41号之一。总建筑面积12000平方米，最后面积按建筑定额面积计算为准，每平方米建筑面积造价为人民币900元。该三幢大楼从交付使用之日起房地产使用权即属我院永久使用，卖方应在一年内办妥一切产权手续，在产权手续未办妥前，卖方承担代我院办理有关产权手续的责任。1989年12月4日，受市场、通胀等因素的影响，在《购房合同书》执行困难的情况下，买卖双方又签订了《补充协议》，主要补充条款为：原合同以每平方米900元售价，我院同意增补价差款每平方米120元，并按此价格总计金额，卖方减收5万元。

1990年8月18日，我院与康华南星城市建设公司签订了《交房协议书》。协议书中规定："甲方(卖方)从签订协议书之日将已建成的三幢房屋和其他设施移交乙方(买方)使用管理，总建筑面积为11451.86平方米，总造价为11605897元"，并就房屋移交后有关遗留问题达成协议。从此，我院的院址从广州市郊龙眼洞搬迁到广州市沙河濂泉路41号之一，后改地名为广州市广园东路2001号。按广园东院区功能划分：一号楼为办公楼，二号楼、三号楼、四号楼及五号楼为职工宿舍楼，饭堂设在三号楼一楼。

由于种种历史原因，康华南星城市建设公司被撤销，我院所购买的广园东院区的土地所有权为部队所属7215工厂所有，受房屋产权部队转地方政策的限制，我院广园东路的院址直到2010年2月9日才取得了房地产权证。产权证表明1号楼、2号楼、3号楼、4号楼和5号楼均为集体产权，并分别颁发产权证，共用面积3625.36平方米，建筑面积共计11384.67平方米。2011年7月，鉴于我院广园东院区房地产权证分割到户问题，广东省林业局致函广东省财政厅并转报我院《关于资产账务调整问题的请示》，同意我院以资产账务调整的方式解决我院房产分割到户的问题。同月，广东省财政厅复函广东省林业局称：鉴于种种历史实际情况，同意广东省林业调查规划院按规定将111套职工宿舍过户给职工并办理相关手续。2012年3月，我院广园东2001号大院111套职工宿舍共7028.98平方米顺利领取了房产证。至此，困扰院广大职工多年的房屋产权问题得以圆满解决。

三、新龙洞院区建设

2002年10月，广东省林业勘测设计院改名为广东省林业调查规划院，为生态公益型事业单位，处级建制，定编170人。由于业务发展迅速，工作人员不断增加，广园东路办公楼渐显拥挤。也由于广园东院址的产权迟迟办不下来，因此，院党委会议和院务会议同时决定，在广汕路购买地块重建院址，此举也得到广东省林业局的支持。2002年10月10日，我院向广东省林业局党组呈报了《关于解决我院发展用地及立项报建森林生态环境监测中心实验楼的请示》，并于10月25日得到省林业局和省计委立项批文，同意我院(广东省森林资源与生态环境监测中心)列入广东林业高科技园区，同时征用广东省龙眼洞林场场部东侧15亩地作为中心实验楼(即龙洞院区新办公楼)的建设用地。10月25日，省龙眼洞林场与天河区国土局签订《龙眼洞项目协议书》，天河区国土局将土地交回省龙眼洞林场使用及管理。10月28日，我院与省龙眼洞林场签订《土地征用补偿合同》，给予省龙眼洞林场一定的征用补偿费，征用面积10177平方米，用作我院龙洞新院区的建设用地，随后开展土地分割、确权、测量、规划、报建等工作。2004年7月20日，我院与广州市国土资源和房屋管理局签订《广州市国有土地使用权出让合同》(穗国地出合〔2004〕148号)，约定以协议的方式出让，出让地块位于天河区省龙眼洞林场场部、广汕路南侧，宗地面积10192平方米，出让的土地面积8892平方米，规划的用途是科研设计用地，约定用地范围内的总建筑面积不得超过9000平方米，并由我院交纳土地使用权出让金。

签订购地合同后，我院于2004年1月8日与广东省岭南综合勘察设计院签订设计合同，委托该院进行新办公楼的土建、水、电、园林等各专业的设计，合同约定工程名称为：广东省森林资源与生态环境监测中心实验楼。设计工作完成后，经过施工招标手续，我院确定广州市建筑机械施工有限公司为广东省森林资源与生态环境监测中心实验楼建筑及装修工程的施工单位，于2004年12月1日与其签订建筑及装修工程施工合同。施工范围包括土建、室内水电、设备安装及装修等工程。合同所涉资金自筹，建筑面积8999平方米，并对工程质量、工期、用材等多方面内容作了约定。同年12月9日，我院在广东省森林资源与生态环境监测中心实验楼用地上举行开工典礼和奠基仪式，广东省林业局邓惠珍局长、丘国栋副巡视员等领导莅临参加。

2005年4月8日，我院向广东省林业学校购买广汕南路地块约1675平方米，作为我院实验楼出入口建设用地。同年10月21日，我院征用省龙眼洞林场1270平方米作为我院南出口建设用地。

2006年11月6日，我院与广州市森思装饰工程有限签订装修工程合同，装修面积约1400平方米，约定竣工日期2007年1月6日。2006年11月22日，我院与广州经济技术开发区恒华园艺发展公司签订广东省森林资源与生态环境监测中心实验楼中庭园林景观绿化工程的施工合同。

2007年6－7月，我院分期分批地完成了办公场所的整体搬迁。从此，我院办公地址更改为广州市广汕一路338号。

2008年11月14日，广州市城市规划局对我院龙洞院区实验楼进行建设工程规划验收，测量确认我院地面9层9044平方米，地下一层264平方米，共9308平方米，比报建面积8999平方米多309平方米。2010年1月20日，我院广汕路大门绿化广场竣工，预示着我院龙洞院区的基本建设全部完工，我院办公环境得到了很大的改善。2011年3月18日，广州市房地产测绘所对实验楼再次进行竣工测量，确认其总建筑面积为9424.1280平方米，并出具房屋面积测量成果报告书。

第二节　技术装备建设

一、硬件设备建设

仪器设备的类型、数量与质量，是与不同时期国家经济建设、单位经济能力、机构设置及其业务职能、技术要求等因素密不可分的。在20世纪五六十年代(1952－1970年)，广东省农林厅林业局林野调查队(即广东省林业调查规划院前身)建队初期(1952－1954年左右)，由于新组建，当时队里主要任务多为营林规划、森林资源调查，故所用仪器设备除有1～2台经纬仪及少量罗经仪、罗盘仪、平板仪外，其他设备有皮尺、测高器、生长锥、围尺(量测林木直径值需除3.1416)、步行计、帐篷、马灯、求积仪、算盘等，出差交通工具主要靠长途汽车及步行。1955年后，随着我国社会主义建设和国民经济的发展需要，上级下达的各项任务也逐年增多，因此，调查人员队伍也不断扩大，自1958年后，专业也从原来单一的林业调查、营林规划设计发展到多专业，已逐步成为以林业调查、营林规划设计为基础，地形测量、林区公路、森林铁路、水道河绠、水电站、伐区工艺、贮木场以及工业与民用建筑等工程设计的综合性设计院(队)。在这个时期仪器设备类型、数量与质量也得到了较大补充，1955、1956年连续购置经纬仪6台(其中4台为瑞士产、2台为西德产)，罗盘仪200台(日本产)等一批，技术装备有了较大的提升。

20世纪七八十年代(1971－1990年)，随着我国经济和科学技术发展，以及国家林业部西南林业勘察设计总队第三大队的并入，我院仪器设备无论从数量还是质量上都有了明显的增强。同时，新购置了罗盘仪、自平角规、晒图机、植字机、土壤分析设备等，调查技术手段也得到了进一步的提升。数理统计抽样调查、遥感技术以及航测技术在森林调查和公路勘测等专业上的应用，大大提高了外业调查速度和质量，特别是随着计算技术及各类计算机的问世，简单计算机、多功能计算器逐步替代算盘和手摇计算机。1982 年院已配备 TI－59 可编程计算器 1 部，主要用于数表的编制计算，以后逐步购置 Z－80 计算机、PC－1500 计算机、S－09 多用户计算机、IBM－PC、长城－0520 等各种型号、功能的计算机一批，大规模用在全省的森林资源连续清查、部分县市的森林资源二类调查、生产和办公管理上。

进入 20 世纪 90 年代至今(1991－2011 年)，伴随着我国改革开放的不断深入和科学技术日新月异的发展变化，为适应新形势、新任务、新要求，我院的仪器设备得到了较为彻底的更新换代，计算机技术得到了普及，主要技术设备进入了以电子产品为主的新时期。如从 20 世纪 90 年代初的 IBM－286，逐步发展到 IBM－386、IBM－486、工作站，大型绘图仪、大幅面扫描仪、大幅面复印机，从 MS－DOS 操作系统发展到使用各类电脑软件，以及已广泛应用于外业调查测量的 GPS 接收机、GPS 导航定位仪、差分 GPS、类型多样的测定仪等一批精度高、价值不菲的仪器设备，同时还购置了大批的实验设备，这对提高林业调查、规划、公路勘测设计等工作质量，减轻外业劳动强度起到了重要作用。至 2011 年我院的主要技术装备见表 3-1。

表 3-1　广东省林业调查规划院主要技术装备一览表

类别	序号	仪器类型	品名、型号	数量	备注
外业调查设备	1	GPS 接收机	拓普康、中海达	4	
	2	GPS 手持机	麦哲伦、GETAC 等	142	
	3	全站仪	拓普康等	8	
	4	负离子测量仪	ITC－201A 等	5	
	5	测树(距)仪	PD32、NTS－662	5	
	6	数码相机	SONY、CANON、尼康	184	
	7	森林罗盘仪	DQL－1 型	124	
	8	对讲机	摩托罗拉、艾可幕	33	
	9	数据采集器		50	

（续）

类别	序号	仪器类型	品名、型号	数量	备注
办公设备	10	复印机	柯尼卡美能达等	9	
	11	打印机	HP、EPSON、富士通	120	
	12	打印传真一体机	HP、三星	51	
	13	扫描仪	清华紫光	37	
	14	电梯	日立	2	
	15	台式电脑	联想、HP、DELL	372	
	16	笔记本电脑	清华同方、联想、SONY	122	
	17	绘图仪	HP	12	
	18	传真机	兄弟牌、松下	27	
	19	服务器	IBM、DELL	6	
	20	胶装机	豪彩	1	
	21	切纸机	豪彩	1	
	22	工作站	HP、DELL	32	
	23	数码摄像机	SONY	11	
实验分析仪器	24	化学耗氧量测定仪	南京昕航 HH－5	2	
	25	电子天平	上海西特 FA2104、BS2202S	5	
	26	恒温振荡器	江苏太仓 DZ－C	2	
	27	低速冷冻离心机	湖南湘仪 DL－5M	1	
	28	多功能噪声分析仪	浙江红声 AWA6270A	2	
	29	微电脑恒温恒流大气采样器	青岛崂山 BX－2400	2	
	30	雨量计	戴维斯 7852、中诺远东 YH17－SM－1	7	
	31	电动通风干湿表	德国德图 wi35164	2	2
	32	土壤 PH 计	上海精科 PHSJ－4A	2	2
	33	地表径流测量系统	荷兰 RBC 型	1	2
	34	温湿度计	深圳华谊 MS6503	2	
	35	日记水位计	上海气象 HCJ1		
	40	光合有效辐射表	锦州华天气象 TBQ－5		
	41	总辐射表	锦州华天气象 DFY4－1		
	42	微机氧弹热量计	XRY－1B	1	
	44	元素分析仪		1	
	46	气相色谱仪		1	
	47	紫外可见光光度计		1	
	48	多功能噪声分析仪	浙江红声 AWA6270A	2	
	49	实验用微型粉碎机		10	
	50	粉末压片机	FY－15	1	
	51	台式离心机	TDL－40B	2	

（续）

类别	序号	仪器类型	品名、型号	数量	备注
实验分析仪器	52	分析天平	BT224S	2	
	53	超纯水系统	DIRCT－Q3	1	
	54	量热仪	C200	1	
	55	原子吸收光谱仪	AA－240	1	
	56	氧弹	COL060409－0866	1	
	57	叶绿素测定仪	益康农 ECA－051	3	
	58	降水降尘自动采样器	青岛崂山 SYC－2	3	
	59	土壤多参数测定仪	武汉天联 TFW－V11	3	
	60	小型自动固定气象站	美国 DAVIS 6162	2	
	61	旋转浓缩蒸发仪	上海青浦沪西 RE－85C	2	
	62	化学耗氧量测定仪	南京昕航 HH－5	2	
	63	水面蒸发器	南京水利 E601B	4	
	64	干燥箱		4	
交通工具	65	公务车		12	

二、软件设备建设

在大规模使用新硬件设备的同时，软件设备也得到了大范围的开发与应用，地籍管理软件、信息管理软件、绘图软件、财务管理软件等的使用对现代林业工作产生了不可估量的作用。近年使用的软件设备见表3-2。

表3-2　广东省林业调查规划院软件设备一览表

软件名称	用途
CAD	绘图
Arcgis	地理信息系统设计开发
Erdas	遥感图像处理
PCI	遥感图像处理
Geoway	地理数据采集加工
Geoiamge	遥感图像处理
Supermap	地理信息系统设计开发
Oracle	林业数据管理
用友 U8	财务管理
DARMS	档案管理

第四章 制度建设

历届领导均高度重视院的管理制度建设。多年来，我院根据社会经济发展形势和事业发展需要，本着“遵循相关法规、符合自身实际、激发职工积极性”的原则，不断修订和出台各类规章制度，不断促进院各项事务管理的规范化和科学化。

第一节　生产经营管理

在建院初期至1984年，院生产经营主要以完成全省森林资源一类调查、二类调查及营造林设计等林业厅指令性任务为主，较少涉及市场业务。

1985年，院实行了事业单位企业化管理，全面推行技术经济责任制。一是建立设计收费制，保持全院设计成果与经济利益直接挂钩；二是建立经济合同制，生产科室自主经营，独立核算，自负盈亏；三是实行承包责任制，院内职工收入按其劳动数量质量及技术价值进行考核分配。技术经济承包责任制的实施，打破了全院职工长期吃大锅饭的局面，激发了全体职工的激情活力，促进了经济效益的增产增收。

1988年，为进一步加快和深化体制改革，我院开始实行院室领导任期目标责任制和全院职工岗位责任制。院出台了《关于1988年至1991年实行生产经营技术经济责任制的原则意见》，明确院长和室主任（科长、经理）实行任期（四年）目标责任制，并需实现相应的目标规划和年度计划。院对科室在行政上直接领导，在生产、业务上实行原则指导和协助。科室自主经营、自我发展、自负盈亏、单独核算，在完成自身任务的前提下，科室可承担市场业务，开展横向联合，兴办各种实业。

1993年，根据《转发关于同意广东省林业勘测设计院开展对外经济技术合作业务的批复》（粤经贸海函〔1993〕070号），我院具有开展对外业务的条件。这一时期，全院实行层层负责制，重大问题由院长负责，一般行政问题按分工负责。层层负责制的实施，放宽了科室管理权，搞活了科室经济。

为加快院经济发展，1995 年，在对林产工业设计室实行分院制管理试点总结基础上，院开始全面推行分院制管理，出台了《贯彻分院制经营管理原则院财务管理实施细则（暂行）》和《生产经营管理办法》（暂行）等规章制度。前者对 1995 年院、分院（公司）经济核算办法及院行政经费管理办法等进行了明确的规定，后者对任务的管理、执行，成果的管理、统计工作及承包责任制等作出了具体的说明。1999 年《生产经营管理办法》得到了进一步的修改完善。

2000 年，我院被省编委批复为正处级事业单位，2002 年，我院更名为广东省林业调查规划院。在此期间，我院被列为全额拨款的正处级事业单位。为适应新形势下国家对事业单位财务管理的要求，2002 年院以原有百元产值工资含量的分配办法为基础，制定了《产值管理和分配办法》，并于 2004 年进行了修订。根据省财政厅有关差旅费开支的规定和我院工作具有典型的野外作业、流动性大、工作条件艰苦、项目成本难以控制的特点，2003 年院开始试行《项目旅差费包干使用管理办法》，2004 年正式执行。

2006 年院再次对生产经营管理办法进行了修订，增加了财政项目和创收项目的分类管理。2007 年院出台《科技服务公司（印刷厂）成本控制管理办法》，2008 年院出台了《院财政预算项目管理办法》、《院创收项目差旅费管理办法》及《广东省林业调查规划院会议经费管理办法》等，相关办法的实施，促进了院生产经营管理的有序开展。

2009 年，为进一步开拓市场业务，院开始实施分院分区联系与负责制。各分院按照“专业分工、林业主导、对口联系、分片负责”的原则，在省内指定的地区，积极开拓市场业务，承担区域项目任务。分区负责的生产经营模式，增进了市场客户对我院的了解认识，提高了我院技术服务市场的占有率，减少了分院业务市场的交叉，增强了我院的社会创收能力。

目前，我院仍实行分院管理制度。财政任务由院分工下达给分院，创收项目由分院按指定区域开拓承担，项目财务收支由院集中管理，院对分院（公司）实行成本控制考核。该项管理模式延续至今，对促进我院经济快速发展及还清“南洋厂”债务、解决广园东院区房屋产权和兴建龙洞院区办公楼发挥了重要的作用。随着社会经济的发展和管理经验的总结，分院制管理模式不断地得到发展，相关的规章制度也在逐步地建设和完善。

第二节 财务管理

院一直是财政拨款的事业单位，早期执行国家的财政财务政策，未具体制定财务管理制度。1980 - 1985 年，院财务由行政科管理，设立财务组；1986 年起由生产科管理，制订了院技术经济责任制，给各生产科室下达经济责任指标，并明确了开支标准。

1988 年全院实行两级管理、分级核算，民主管理、账目公开、统一汇总的财务管理制度。生产科室的正常生产经费开支由科室主管财务领导审批，经费开支由科室提供计划，由主管院长审批；管理科室开支由科室批准，其他开支由主管财务院长审批。

1990 - 1995 年，根据省财政厅的文件，结合我院业务特点，院办（财务组）制订了《关于调整院差旅费开支标准的规定》等相关院内财务管理规定。1995 年，院实行分院制经营管理，对分院经费实行产值、上交、工资、成本、毛利承包责任制，按百元产值分配管理办法进行核算。因在财务管理方面大幅度放权，院的资金管理一度出现混乱。1997 年，院加强对财务的管理，把分院（公司）的财务会计归集到院财务科统一管理，结束了财务管理的不利局面。充实了财务会计人员，并进行清产核资，为院规范财务管理打下基础。

1999 年，院财务科制订《院财务管理办法》，第一次全面系统地明确了院财务会计管理的具体内容，院的财务工作上升到财务管理的层面。随着我国经济改革的进一步深化和林业的二次创业，院的经济开始提速，产值收入水平逐年提高。2003 年机构改革中，院再次核定为财政核拨事业单位。由于当时院仍面临许多历史遗留问题，必须进行社会创收，通过经济发展解决问题，因此，院财务管理除执行《广东省省级预算管理办法》外，继续鼓励分院创收，实行差旅费包干管理办法。创收收入的税后利润用于解决院龙洞院区森林生态监测中心的建设费用，并使职工收入不断提高。同时使院国有资产大幅增值，办公环境大幅度地得到改善。2006 年，为适应当时事业单位财务管理的要求，进一步规范院的财务管理，院财务科制订了《院内部会计控制制度》，更加具体明确院的会计核算、预算编制、资金管理、资产管理等各方面内容，使院的财务管理更加规范、有序。2008 年，院财务科制订了《院固定资产管理办法》，经院职代会通过后执行，院财务会计管理制度更加完善。

第三节　工资分配管理

1985 年以前，职工收入完全依靠财政拨款，收入分配实行事业单位工资分配制度。

1985 年院实行企业化管理，职工收入除了财政基本工资外，还有与岗位职责挂钩所得的奖金。生产科室职工的奖金以产值、成本、节余、成果、质量、采用的技术和服务态度进行综合评定，管理科室职工的奖金按计件、承包及其他形式计发。

2002 年，院更名为广东省林业调查规划院后，我院职工收入主要包括三个方面，一是财政基础工资，二是岗位津贴，三是项目差旅费节余分成等。为鼓励生产部门多渠道创收，院实行部门岗位津贴与生产效益挂钩的办法，生产部门根据每月的创收到账，提取一定比例费用，发放部门职工岗位津贴；管理部门根据全院每月创收到账情况，提取一定比例，发放部门职工岗位津贴。2004 年，院根据《项目旅差费包干使用管理办法》，对于项目差旅费节余部分实行院与部门分成控制使用，一定程度地提高职工福利待遇。

2011 年，随着事业单位分类改革的深入，我院在严格执行公益一类事业单位财务管理制度基础上，开始探索事业单位绩效工资分配管理办法。同年，院制定了《院绩效奖励工资试行办法》，全院职工开始计发绩效奖励工资。

第四节　人事管理

院向来重视人才的引进和培养，人才强院是我院建院方针的重要内容，为抓好院的人才建设，先后出台了一系列的规定和办法。

1997 年为加快人才资源的有效开发和管理，以适应市场竞争的需要，根据院当时人才队伍的现状，出台了《人才资源开发和管理若干规定》，明确提出了院的育才目标：培育一批各专业具有执业资格的人才、培育一支具有较高学历的专业技术人员队伍、培育一批具有现代管理思想的管理干部和学术学科带头人；同时对于院人才流动和专业技术人员的职称晋升作了详细的规定。

同年，为贯彻落实《林业部关于培养跨世纪学术和技术带头人规划实施办法》，促进我院学术学科带头人的确定、选拔、培养和管理工作，确保院人才队伍的健康成长和院经济的稳步发展，出台了《学术学科带头人培养选拔管理暂行办法》，对院学术学科带头人的确定、培养、管理作了详细的规定。

2000 年，为培养选拔复合型管理人才，促进我院优秀管理人才脱颖而出，解决干部能上能下问题，经院党委研究决定年底中层领导干部换届采取竞争上岗方式，选拔聘用中层领导干部(六个职能管理部门先试行)，特制定《管理人员竞争上岗实施细则(试行)》，为院首次进行管理人员竞争上岗提供了依据。2003年，根据《党政领导干部选拔任用工作条例》，院党委研究决定在全院范围内公开选拔院职能管理部门正副职人员，并制定了《院职能管理部门正副职竞争上岗实施办法》。管理人员竞争上岗是实现公开、平等、竞争、择优录用的用人新机制的有力措施，较大地提高了管理部门的工作效率。

同年，根据国家对事业单位人事制度改革的有关精神，为深化我院体制改革，进一步体现勘察设计单位特点的管理体制和经营机制，依据院《关于深化我院改革的原则意见》的精神制定出台了《人事、用工、分配制度改革方案(试行)》，该方案对管理人员自荐上岗、自荐上岗人员内部工资分配、待聘待岗人员管理及专业技术人员评聘分开进行了规定。这一办法在当时规范了院人事管理，有力地促进了院的各项任务的顺利完成。

2004年，根据《中华人民共和国劳动法》和《中华人民共和国合同法》，出台了《招聘临时工管理规定》，对聘用人员的聘用、福利、待遇、考试、辞职等均作了详细具体的规定，为规范聘用人员管理，提高院聘用人员的积极性起到了较大的作用。

2008年，出台了《广东省岭南综合勘察设计院职工薪酬管理办法》，明确了职工工资由岗位工资、绩效工资及其他补贴三部分组成，由院统一管理，统一发放。《岭南院聘用人员管理办法》是院总结聘用管理经验，根据院的实际情况而制订的办法。此办法规范了聘用人员的管理，有效提高了聘用职工的工作效率，同时对于聘用人员的学习及假期等也作了明确规定，为聘用人员更好为院服务提供了政策依据。

2011年，为建立科学合理的岗位绩效评估机制，客观评价各部门及职工岗位的工作业绩，激励职工认真履行岗位职责，提高工作效率，根据国家的有关政策规定，出台《院绩效奖励工资试行办法》，对于院绩效工资的发放做了有益的尝试。同年，制定了《院专业技术人员聘用管理办法》及《院继续教育管理办法》等，对理顺专业技术人员管理及规范院专业技术人员的继续教育学习起到了积极的作用，有力推进了院人才队伍建设。

第五节　质量管理

院对调查规划设计项目历来严格把关，坚持基本建设程序，严格执行国家有关规定和国家颁发的勘察设计技术标准、规程、规范。秉承“用户至上，质量第一，一份成果，一份信誉”的质量方针，较好完成各项任务。按历程划分，大致可分为以下三个阶段：

一、传统质量管理阶段(1952－1986 **年**)

建院初期至1986年间，经过长期的勘察设计实践，所积累起来的比较成熟的质量管理经验和一套行之有效的质量管理办法，统称“传统管理”。它对保证勘察设计起到了较好的作用，其最大的特点就是：“事后把关”，以完成任务，符合标准为目的，同时在质量职能上仅限于质量管理部门和少数技术人员执行。

二、全面质量管理阶段(1987－1999 **年**)

1987年，我院根据国家计划委员会《关于勘察设计单位推行全面质量管理的通知》(计设〔1986〕1463号)精神，全面推行质量管理体系。为进一步贯彻执行《广东省勘察设计单位推行全面质量管理考核验收细则(试行)》(粤建设字〔1989〕063号)精神，院成立了由李茂深、符茂、王文斌、曹连起等8位同志组成的院全面质量管理领导小组，下设办公室，夏天林同志任主任，负责推行全面质量管理日常工作。此后，陆续制定了院《全面质量管理实施办法》，明确每个岗位的职责范围。其中，涉及项目质量管理办法包括《综合篇》、《各专业工序管理和质量保证体系》、《管理标准一生产技术管理办法》、《管理标准一岗位职责一管理工作流程图》、《全面质量管理工作制度》及《林业调查规划全面质量管理》等。这些制度主要根据目标责任的要求，对项目进行工序管理，在项目的合同签订、队伍组织、项目实施、项目结算归档、总结处理、回访等各个工序制定了管理标准，并在实施过程中及时进行审查和检查，建立质量保证体系，确保调查设计规划成果的严肃性和可靠性，杜绝质量事故的发生。其最大特点是对技术成果实行全员、全过程的管理。

经过全院干部、职工多年的不懈努力，广东省建设委员会于1993年3月9日对我院推行全面质量管理工作进行达标验收。检查验收认为：我院推行全面质量管理工作达到了省建委制订的《乙级勘察设计单位推行全面质量管理达标验收细则标准》，并给我院颁发了工程勘察设计单位全面质量管理达标合格证书，我院成为广州地区第一家达到全面质量管理标准的乙级勘察设计单位。同年5月4日建设部批准我院由乙级勘察设计院晋升为甲级勘察设计院，并给我院颁发了甲级工程设计证书。

三、现行质量管理阶段(2000 **年至今**)

经过十多年的全面质量管理(TQC)的实践，普遍认为在项目质量管理上，严格按TQC开展，显得过于繁杂、而且其中相当部分的内容没有必要，加上我院业务量不断加大，再完全按照TQC开展业务，将难于保证项目工作效率。因此，我院的项目质量管理从 2000 年开始，在 TQC 实践基础上，实行“简化的 TQC”，2003 年 3 月制定了院《技术管理办法》，本办法包括“林业行业建设项目设计规模划分表”和“技术成果‘三个环节’管理暂行办法”。该办法的主要内容包括院技术管理的职能机构、职责范围以及项目的质量管理标准，规定我院技术文件必须坚持“三审”制度，技术成果实行分级签发制度，保证我院的技术成果安全、优质、高效。根据实施过程中存在的问题和反馈意见，我院于 2005 年对《技术管理办法》进行了补充规定，重点修改和补充技术成果的质量审查制度，对技术成果实行严格的会签、对重点项目实行会议审查制、并必须凭签署单和会签表才能加盖院技术文件专用章，使我院技术成果层层把关，防检结合，确保技术成果的质量。

为了保证项目成果质量能达到相关规范要求，不断提高广大职工开展项目创新和参与科技进步的积极性，还制定了配套的激励机制，包括：

1.《创新奖评定奖励办法(试行)》

该办法对项目创新的组织管理、计划和实施管理、经费管理、成果管理以及创新人员的奖励和成果的档案管理等多方面都作出了具体的规定，为增强创新活力，加快技术进步，提高经营管理水平，促进院科研项目质量管理发挥了重要作用。

2.《科研项目管理办法》

为实施科研项目的管理，办法规定了我院科研项目的来源、申报与立项、申报要求、实施与检查、验收、鉴定与结题等方面的内容，为我院科研项目管理的科学化、规范化、制度化提供了制度的依据，增强了我院科研实力。

3.《院级优秀成果评选奖励办法》

办法规定了院级优秀技术成果必须符合先进性、可行性、效益性原则，组织专家对上报的规划类、调查监测类、林业工程设计类等各类别技术成果进行鉴定，根据评审意见打分评出各奖项。经过几年的实践，该办法的实施调动了广大职工开展科技创新的积极性，使广大职工在项目实施过程中注重项目质量、并积极采用新技术、新方法、新工艺、新设备，力求多创高水平、高质量、高效益的优秀成果，起到了技术促进的作用。

2006 年 11 月，将《创新奖评定奖励办法(试行)》和《院级优秀成果评选奖励办法》合并，修改为《优秀成果申报评选办法》。

第六节 后勤服务管理

为确保院务工作有序开展，院后勤保障工作主要从交通安全管理、食品卫生管理、用水用电管理、安全保卫管理、职工住房管理、公有住房租赁管理等入手，为加强管理，院将上述职能工作明确由院后勤服务中心(原行政(基建)科)承担。

近年，为抓好上述职能工作的落实，在交通管理方面，院先后制订了《大院内车辆管理规定》、《院机动车辆和驾驶员管理暂行规定》、《院龙洞院区车辆进出管理办法》；在食品卫生和饭堂管理方面，制定了《食堂卫生管理办法》、《院食堂管理办法(试行)》、《院食堂 IC 卡管理试行办法》、《院饭堂食品留样制度(试行)》、《院办公楼环境卫生管理细则》等规章制度；在住房管理方面，制定了《公有住房租赁管理办法》、《集体宿舍管理办法》、《院公有房屋租赁管理暂行规定》等规章制度；在安全保卫方面，制定了《大院治安保卫管理若干规定》、《保安队长岗位职责》、《院龙洞院区安全保卫管理办法》、《院门岗工作人员管理办法》等规章制度。这些规章制度的实施，保障了院生产及管理工作用车有序，行驶安全；职工食堂供餐正常，食品安全卫生；水电供应正常及卫生保洁，确保院生产、职工生活有序。

第七节　文书管理

文书管理是办公室的一项重要职能。院办公室严格按照院制定的《广东省林业调查规划院公文处理实施细则》(粤林调〔2004〕29 号)中的规定，做好公文的办理、管理和整理归档工作。一是严把“收发关”，收件时严格检查邮件是否破损，做好收文登记工作，及时制好《文件呈阅单》，经院领导审批后交相应部门签收办理；发文时，严格签收制度。二是做好“传阅关”，领导阅文建立传阅登记簿，根据领导分工和文件的轻重缓急分类处理，经院领导批示后分送给有关领导传阅；三是“借阅关”，一般情况下，要求借阅者在办公室查看，机要文件尽量不外借。确因工作需要外借时，需经主管领导批准，并办理登记借阅手续，提出保密要求，规定时限归还。四是“保管归档关”：所有文件全部入柜，并分类存放，严格管理。归档时按档案管理要求做到文件齐全，类目清晰，案卷规范，目录打印，按年度存放。五是“清退销毁关”，办公室严格按照省林业厅保密工作领导小组关于做好文件资料集中销毁的通知要求进行处理。

第八节　档案资料管理

档案资料管理是我院的一项重要管理职能，我院在建院初期已经制定了技术档案归档保存的相关规定，要求外业调查卡片、施工方案、地形图、林相图等原始技术成果全部存于科技档案室，这段时期的科技档案保存率较高。但文书档案、会计档案、设备仪器、荣誉档案、人事档案等均归各相应部门管理，这种管理模式在一定程度上造成了档案的流失和查阅利用的不便，因而1990年以前的除了科技档案和人事档案外的其他门类档案已基本遗失。

一、综合档案管理

1994年，根据广东省档案局《广东省执行<科技事业单位档案管理升级办法>实施细则》的要求，院制定了《院档案管理制度汇编》。1995年院设立档案资料室，配置专门的档案库房、阅览室、铁质档案柜、空调、计算机等设备，并对全院1990年以后产生的文书档案、会计档案、荣誉档案、专门档案等各门类档案进行集中管理，按相应的组卷和编号要求对各门类档案进行重新整理。综合档案室于1995年11月通过广东省档案局的检查验收，达到科技事业单位档案管理省级先进的要求，此举为我院综合档案管理奠定了良好的基础。

1998年10月，院档案室经过几年的实践，对原《档案管理制度汇编》进行了修缮、订正和充实，重新制定了《档案管理制度汇编》，内容包括院档案综合管理实施办法、分类与编号方法、文书文件归档与不归档范围、保管期限规定及文书档案、科技档案、仪器设备档案、会计档案、人事档案、声像档案、基本建设档案等各门类档案的管理办法。同时还包括档案保密制度、库房管理制度、查阅利用制度、鉴定销毁制度等方面的内容。该制度汇编内容翔实，可操作性强，使我院档案管理工作逐渐步入规范化的轨道、适应各项工作的需要。

2003年5月，广东省档案局对我院档案综合管理进行复查，根据复查后的整改意见和档案局关于《归档文件整理规则》的意见，针对由此而产生的原档案管理制度汇编中档案的分类不科学、编号不合理、保管期限需要修改等情况作重点修改，把我院档案分类从地域分类法改为项目分类法，并重新理顺各专业档案的编号，修改部分项目档案的保管期限，从而使我院的档案管理制度更具操作性，使我院档案的分类和编号都趋于科学合理。同时对各门类档案目录进行信息化录入，使档案信息的检索利用更为便捷。

2005年5月，院档案室再次对本院档案管理制度作部分修订。这次修订主要针对归档率有所下降、原有档案制度不能强制约束业务部门归档的问题进行，把原有的专门档案归档的途径改为在总工办盖章发送的同时进行归档，杜绝了某部分项目负责人因档案意识不强而私自留存应归档档案的情况出现，同时结合新形势下对保密工作的要求，加强了专门档案的保密等方面的内容，划分了包含核心技术的档案的利用权限，从而大大地提高了我院科技档案的归档率，加强了档案部门对归档率的监管力度。

二、人事档案管理

我院在人事科下设立干部人事档案室，对人事档案实行单独保管，并把人事档案目录移交综合档案室。根据中组部干部人事档案《干部档案工作条例》及组通字〔1992〕12 号《干部档案整理工作细则》中规定的要求，院人事科对我院人事档案进行归档范围的识别、组卷和编目、利用、转递，同时组织完善人事信息管理系统，完成了在职人事档案的录入，信息化管理基本形成。1998 年 7 月通过了省林业局“省二级档案”达标验收，2002 年 5 月，人事档案室晋升为省一级先进单位。

三、资料期刊管理

1998 年以前在院档案资料室下设有图书室，每年订阅各类专业图书、期刊，并装订过刊，但由于办公面积紧缺，图书室于 1998 年撤销，档案资料室只负责工具书和期刊的订阅利用，现有专业期刊 60 多种，各种比例尺地形图 1 万多幅。2007 年开通中国知网林业数据库，各类专业技术人员可网上查阅和下载。

第九节　安全生产管理

安全是发展的基础，是稳定的前提。我院对安全生产工作十分重视，始终贯彻“安全第一，预防为主”的方针，将安全生产工作一直作为院中心工作和中长远发展规划的重要组成部分；本着“以人为本、安全发展”的理念，始终将广大干部职工的利益放在首位，牢固树立安全生产无小事的思想，强化管理，加大投入，突出重点，狠抓落实，扎实开展各项安全生产工作。

院高度重视安全生产管理制度建设。2004 年制定了《院安全生产管理暂行规定》、《大院区消防事故应急救援预案》、《科技服务公司灭火和人员疏散预案》等，2007 年制定了《龙洞院区消防事故应急救援预案》，2008 年制定了《实验室安全管理制度》，2009 年制定了《食品留样制度》，2010 年制定了《台风防御应急工作预案》、《野外安全作业手册》等。

院坚持实行各项安全生产措施。院根据省林业厅安全生产工作要点和自身实际，每年度制订了《安全生产工作目标管理计划》，与院各部门安全生产负责人签订安全生产责任书，切实落实院安全生产目标责任制，把安全生产工作纳入各部门年度经营目标和岗位职责进行考核管理，确保安全生产工作层层有人抓、有人管、有人负责。按照“突出重点，标本兼治，务求实效”的要求，坚持每季度至少召开一次由第一责任人或直接责任人主持的安全生产专题会议，及时传达并贯彻落实上级有关安全生产会议、文件精神及工作部署；坚持安全生产定期检查和日常检查相结合的工作制度，认真做好重大节庆日和特殊时期的安全生产检查，切实加强对安全生产隐患排查和整改工作。广泛开展“安全生产月”、“安全生产年”等安全生产宣传教育活动，使广大干部职工牢固树立“安全第一”的安全生产意识，形成全院上下齐抓共管的局面。

我院先后荣获了2001年度省林业局直属机关安全生产一等奖，2003年度、2006年度、2007年度、2008年度、2009年度省林业局“安全生产先进单位”，2010年度省林业局“安全生产优秀单位”、广州市“交通安全先进单位”、“交通安全宣传教育先进单位”，2011年度省林业厅“安全生产先进单位”等荣誉，并开创了连续多年保持无伤亡、无工伤、无事故、无火灾的良好局面，为我院事业发展创造了和谐稳定的安全生产环境。

第五章 业务建设

院一直以来重视业务发展，把"3S"新技术的推广应用作为立院之本、把森林生态监测技术作为院核心技术、把生态规划技术为院品牌业务，做到主辅业统筹发展。近年来，院各项业务发展迅速，尤其是在森林资源调查、森林生态监测、林业规划设计、森林景观设计、林产工业设计、林区配套工程设计、数字林业建设等方面优势明显，树立了各自品牌业务。

第一节 森林资源调查

因新中国成立前中国森林资源调查事业基本为空白，广东是全国开展森林资源调查工作较早的省份之一。全省森林资源调查工作是在院成立后才逐步发展起来，并随着院事业的发展，逐步形成现有的系统、结构和规模。

一、业务发展历程

1952 年 10 月，广东省农林厅林业局成立林野调查队（为广东省林业调查规划院前身），主要从事森林资源调查与营林规划设计。

1953 年，成立了林野调查委员会，下设（资源、营林）两个分队。因受限于当时的条件，全省森林资源调查只能在设备不足、技术力量薄弱的条件下摸索前进，全省只开展了部分县林区森林资源调查工作。

1956－1959 年，院森林资源调查分队更名为森林经理中队。当时，在缺少地形图辅助的情况下，森林资源调查用图采用仪器实测的平面图和 40 年代日本编绘出版 1∶50000 地形图。调查方法主要采用小班区划、目测调查因子，求积仪求算面积等，对全省 68 个主要林区县进行了森林资源调查。

1959 年，院森林经理中队更名为林业中队，1960 年林业中队与造林中队合并为林业中队。森林资源调查业务随着航空测量技术的发展，国家已用航空摄影照片编绘 1∶50000 地形图。航空照片在资源调查中被应用于林班、小班的区划，航空材积数表也被应用于森林蓄积的估计，全省建立了以新编地形图和航空相片为手段、目测调查为基础的调查技术体系。主要开展林业三化调查规划、重点林区森林资源调查、林业大普查、伐区作业设计等工作，同时进行了森林抽样调查试点。

1975－1978 年，院成立林业室。1972 年以后，随着以数理统计为理论基础的抽样技术和角规测树技术的引进，机械抽样、分层抽样、多阶抽样、回归估计等方法相继进行了试验和应用，全国森林调查技术取得了重大突破，我省森林资源调查技术也提高到一个新水平。我院利用地形图调绘，以公社为总体进行抽样调查，对少林公社和国营林场采用小班调查，从而在一个相对集中的时间内，采取较为统一的方法对全省进行了第一次全面的森林资源调查(即“四五”期间森林资源清查)工作。同时，完成了广东大陆和海南的第一次森林资源连续清查体系建立的初查工作。

1979－1994 年，院设立资源调查室。森林资源调查技术方法基本成型，主要开展森林资源连续清查、小班作业设计调查、森林经营方案编制、森林资源信息管理系统研发、灭荒成效检查等，同期完成了全省第一至第三次森林资源连续复查和全省第一次森林资源二类调查，为后续资源调查、生态监测的发展奠定了良好的基础。

1995 年，院全面实行分院制，成立林业调查规划设计分院，内设资源调查资产评估室。新技术在森林资源调查领域中已开始应用，遥感技术已开始进行森林资源面积和蓄积的调查计量，计算机在森林资源管理中也被广泛应用。同期开展全省一类调查、二类调查、公益林区划、森林经营方案、林业规划、信息系统开发等工作，1997 年完成了全省第四次森林资源连续清查工作。

2002 年，院成立资源监测分院至今，内设资源和林地两科室。随着科学技术的发展，新技术在森林资源调查领域中广泛应用，电子计算机、RS、GIS、GPS 和 PDA 等技术已广泛应用于森林资源调查中，并取得较好的成效。同期，森林生态监测在我省进行试点并取得成功，在原有固定监测样地基础上，通过生态状况因子扩展、生态功能量化、生态效益评估等内容，将生态状况监测与森林资源监测相兼容，并开展综合监测与年度监测工作。至今，院主要完成了全省第五、第六次森林资源连续清查、第二次森林资源二类调查、森林经营方案编制、林业发展规划、材积模型研建、林地可研咨询、森林资源评估等工作。

二、主要业务方向

（一）国家森林资源清查（简称一类调查）

广东省森林资源连续清查始建于1978年，采用系统抽样方法，按6公里×8公里网交叉点，采用罗盘仪引线测量定位方法，布设固定样地3685个。样地均为正方形，面积为1亩。分别于1978年（初查）、1983年（第一次复查）、1988年（第二次复查）、1992年（第三次复查）、1997年（第四次复查）、2002年（第五次复查）、2007年（第六次复查）。2012年，全省开展第七次复查，也称第八次清查。

第二次复查工作，增加了903个临时样地，同时增加了林业经营效果、林业经济结构变化、消耗量结构、土壤肥力和伐根等专业调查。第三次复查工作，为进一步验证固定样地是否存在特殊对待，另增设了1228个临时样地，用角规控制检尺的方法测设。第五次复查工作，新增设了25个红树林和沿海湿地样地，用于全省红树林资源估计；增设加密了遥感判读样地44562个，间距按2公里×2公里；首次引入GPS进行样地定位，获取了各样地的坐标数据，为后期样地复位打下了良好的基础；并首次在样地上开展了森林生态状况调查，增加了植物生物量、林地土壤状况、森林生态功能等监测内容。第六次复查工作，开展了森林资源与生态状况综合监测国家试点工作，进一步增加了监测因子，扩展了监测内容，丰富了技术方法。

根据国家森林资源监测体系的发展方向和广东省林业生态建设需求的变化，我省森林资源清查工作，其调查体系必将由森林资源调查向多资源综合监测发展，调查方法必将由常规地面调查向高新技术综合应用发展，调查内容必将由林木资源向多资源、多目标、多效益的监测发展，分析评价将由侧重森林资源向森林资源与生态状况综合评价发展。

（二）森林资源规划设计调查（简称二类调查）

1982－1985年，根据林业部1982年召开的全国森林资源调查与管理会议精神和省委领导关于两年摸清森林资源家底的指示，广东省50个林区县开展了森林资源二类调查和建立森林资源档案的工作，同时，部分县市区开展了县级连续清查初查工作。

1993－1994年开展的森林资源二类调查，是全省范围内的第一次完整的二类调查。各县采用固定地籍小班区划方法，对全部林地和非林地进行区划，并开展小班因子调查。小班调查因子录入电脑，实行计算机管理。小班区划界线转绘到地形图，使用方格纸或求积仪进行求算面积，并编制相应的调查区划基本图件。本次调查中，在全国率先提出分类经营，将森林区划为生态公益林和商品林两大类，并对林木蓄积量达200万立方米以上的单位进行资源蓄积总体控制抽样调查。同期，研究开发出全省森林资源档案管理系统，对小班数据进行档案管理和年度档案更新。

2003－2005年，全省开展完成了第二次二类调查。本次调查采用SPOT5遥感卫星图片进行小班区划，采用地理信息系统自动求算小班面积，并实现了全省地籍小班空间数据管理，地理信息系统在森林资源管理中发挥了重大作用。在本次调查中，按照生态状况监测要求，增加生态状况调查因子。对林木蓄积量达200万立方米以上的单位进行资源蓄积总体控制抽样调查。

二类调查是经营性调查，直接为全省森林经营单位和森林经营管理者提供具体的森林资源信息，每10年进行一次，现已成为各地林业生产经营管理所需信息的直接数据源。2013年，全省将开展第三次森林资源规划设计调查工作。

（三）采伐限额执行情况检查

21世纪以来，广东省逐步形成了以采伐限额管理为核心的森林采伐管理制度。每年均开展采伐限额执行情况检查，以全查或抽样方式，检查核实各县和各经营单位森林采伐限额执行情况，为有关部门依法采取处罚措施提供依据，以便从根本上杜绝森林资源违法采伐和超限额采伐现象的发生，实行森林资源有计划的管理。

（四）专业调查

包括立地类型调查、森林土壤调查、森林生长量调查、测树制表调查、红树林资源调查、湿地调查等，部分内容是二类调查的重要组成部分。专业调查的内容取决于具体调查目的和任务，其调查成果直接为林业调查、区划、规划、设计和林业生产建设等提供基础数据。现阶段，我院各年度均相应地开展了部分类型的专业调查工作。

（五）林地征占用可研

国家林业局从2002年开始，要求林业部门对占用征用林地审核审批实行严格把关，对用地单位申请占用征用林地或临时占用林地，要求提供具有资质的设计单位按《使用林地可行性报告编制规范》要求编写项目使用林地可行性研究报告，省林业厅进一步要求使用林地超100亩的可行性报告需由乙级（含乙级）以上资质的设计单位编写。依照相关规定，我院从2002年开始，相继完成了厦深铁路、江门到罗定高速公路等1000多个建设工程项目使用林地可行性研究报告的编制工作。

（六）森林资产评估

自国家林业局1996年发布《森林资源资产评估技术规范（试行）》以来，按国家林业局技术规范和省林业厅管理办法的相关要求，我院从1997年开始，相继完成森林资产评估工作50余项，案例涉及林木林地资产抵押贷款价值评估、林木林地资产转让价值评估、林木资产拍卖价值评估、林木资产人为或灾害损失价值评估、林木林地租赁价值评估等方面。

三、典型项目简介

(一)全省第七次森林资源连续清查

根据国家林业局的统一部署，2007年我省开展了第七次森林资源连续清查即第六次复查工作。复查以2004年国家林业局颁发的《国家森林资源连续清查技术规定》及其《补充规定(试行)》、《遥感图像处理与判读规范(试行)》和有关连清会议要求为主要技术依据，按《广东省森林资源连续清查第六次复查操作细则》开展外业调查，应用《全国森林资源连续清查综合管理信息系统》进行数据统计。全省共组成了106个外业调查工作组，参加调查人员共402人。本次工作自2007年4月12日启动外业，2008年3月完成内业统计及成果分析工作。本次调查共复查地面固定样地3685个，遥感判读样地44562个；测定各类样木(包括散生木、四旁树)119300株。通过本次复查获得了地面样地调查卡片、遥感判读卡片和数据库、成果统计表、成果报告和专题图件。

(二)全省第二次森林资源规划设计调查

2003－2005年，全省完成了第二次森林资源二类调查。本次调查仍采用固定地籍小班形式，分小班开展面积、蓄积、植物生物量等资源因子调查，同时，首次在小班范围内，增设森林生态功能、林地土壤侵蚀等生态因子的调查工作。本次调查，摸清了全省森林资源家底，揭示了各地林业建设的不足，产出了全省各地森林资源分布、林种分布、树种分布、生态功能分布等生产图件，为全省林业生产经营和地方林业生态建设决策提供了具体信息和参考依据。本次工作，完成了全省林地小班数据属性数据库和图件数据库的建设，全省第一次具有落实到具体山头地块的、实行计算机管理的、查询方便简捷的森林资源档案库，为全省资源数据管理水平的提高和数字林业建设的发展提供了良好的条件。

(三)主要树种二元立木材积模型和相对树高曲线模型编制

2003年，我院开展完成了马尾松、杉木、湿地松、桉树、速生相思、藜蒴、其它软阔、硬阔等8个主要树种的二元材积数表和相对树高曲线模型的编制。项目在建模样本组织、模型结构设计、参数求解和模型评价等关键技术环节方面，充分注意了对现代材积表编制理论和成果的吸取和探索，保证了所建模型的高质量和稳定性能。项目新建了湿地松、藜蒴、桉类、软阔类、硬阔类等新生树种的二元立木材积模型，填补了广东省森林资源蓄积估计中无此类模型的空白；建立了广东省主要树种的相对树高曲线模型及混交林分或非建模树种林木树高预估所需的多树种混合相对树高模型，保证了二元材积数表在林分蓄积预估中能得到有效使用，大大减少了传统二元数表应用时每木树高检测所需的工作量。

第二节　森林生态监测

随着广东林业生态建设的不断深入和公共财政投入的逐年增加，全省森林生态状况得到了明显的改善。如何分析评价财政资金的使用绩效，以具体科学的数据阐述全省林业生态建设成效，满足社会大众对生态建设的知情权，急需发展相应的调查监测技术与评估方法。

一、业务发展历程

广东开展的森林生态监测工作经历了探索—研究—实践—修正—再研究—再实践的螺旋上升和不断提高的过程，既为全国森林资源监测拓宽生态状况监测内容、探索生态状况监测技术、完善综合监测体系提供技术借鉴和经验，也为广东林业生态建设决策和生态安全预警提供了重要的信息。

1993－1994 年，结合森林资源二类调查，广东省在全国率先提出并实行森林分类经营，将林地划分为生态公益林地和商品林地，并落实到地籍小班，自此，广东省也加强了对生态公益林的建设。1995 年，院实行分院制，成立林业调查规划设计分院，内设了生态环境设计监测室，以适应广东省林业分类经营后的新形势、新任务。期间已逐步开展对自然保护区、森林公园规划设计，以及“四江”流域水源涵养林等生态工程的建设。为适应不断发展的森林生态建设、监测等业务需要，院于 2003 年成立了生态监测分院，下设效益监测室，成效核查室和生态研究室。

2001 年，我院启动森林生态状况监测的相关研究工作，从监测理论依据、监测系统构建、监测技术、监测内容、数据处理、监测成果等方面开展基础性的分析和探讨，并作出了有益的实践和尝试。

2002 年，结合全省开展的森林资源第五次复查，在传统森林资源监测的基础上，增加森林生态状况内容的相关监测，并开展了森林生态宏观监测研究，首次发表省级森林生态状况报告，获得巨大影响和社会认同。

2003 年，以分层抽样方法为基础，构建了年度森林资源与生态监测系统，并相继地开展年度森林生态状况监测，产出年度监测报告，发布林业生态状况公报，引起社会对林业生态建设极大关注。其后，各年度相应地开展了年度监测工作。

2007 年，从进一步积累工作经验、拓展监测内容、完善监测方法、发展监测技术的需要出发，国家林业局选定在广东开展国家森林资源与生态状况综合监测试点，试点工作在监测指标体系、技术方法、监测内容、生态数表、技术装备、技术人员组织等层面上进行了多方面的探索，获得了成功。

2008 年，院开展了“四江”流域、沿海防护林的样地定点监测，建立了生态实验室，研制了全省主要树种的生物量模型，实验测定了主要植物种的碳含量、热量等参数，启动了森林鸟类监测、林分改造成效定位监测等。

二、主要业务方向

(一)森林资源与生态状况综合监测

2002 年，全省在开展森林资源清查第五次复查工作中，在森林资源监测固定样地调查体系的基础上，开展了森林生态状况的监测，拓展了森林植物生物量、森林生态功能等级、林地土壤侵蚀、土壤生态状况、森林生态效益等因子和内容。2007 年，全省在开展森林资源清查第六次复查工作中，根据试点工作要求，完成了叶面积指数、乔木树种多样性、外来入侵植物调查等有关综合监测试点专题调查工作。综合监测试点工作的完成，表明广东省森林资源清查初步实现了由单一资源调查向森林资源和生态状况综合监测一体化的转变。

(二)森林资源与生态状况年度监测

2005 年 3 月中共广东省委广东省人民政府作出了《关于加快建设林业生态省的决定》，确立以生态建设为主的林业可持续发展道路，全面构建国土生态安全体系，积极推动林业产业发展。其中明确提出要加强对森林、野生动植物、湿地和红树林等资源及生态状况的动态监测，开展生态效益评价，及时掌握和定期发布全省林业与生态状况。为贯彻落实《决定》精神，更好地为广东现代林业建设服务，根据省林业局的工作安排，我院连续多年组织开展了全省森林资源与生态状况年度监测工作，产出成果揭示了广东林业生态年度建设成效，现已成为发布广东林业生态状况公报的基础数据源。

(三)广东省林业碳汇计量与监测

林业碳汇计量与监测是进行林业碳汇建设和发展的基础工作，广东林业碳汇计量与监测工作内容包括两大块内容，一是对全省森林碳汇进行宏观监测，主要是依托全省 3685 个连清样地，结合连续清查复查开展五年一次的碳汇宏观监测，估算全省森林碳汇的基础数据；另外，结合森林资源与生态状况年度监测，开展一年一次的年度碳汇监测，为全省森林碳汇年度变化量进行监测。二是对林业项目碳汇量进行计量与监测，主要是对林业生态工程的各类项目，包括对政府投资、企业等投资项目、碳汇市场交易项目等进行碳汇计量与监测，如广东省森林碳汇重点生态工程项目的碳汇计量与监测，长隆集团投资碳汇造林项目碳汇计量与监测等。

（四）生态公益林效益评估

1994 年广东省制定了《广东省生态公益林体系建设规划纲要》，将全省森林（地）区划为生态公益林（地）和商品林（地），实施分类经营管理，并对生态公益林实行效益补偿。同时，重点加强对“四江”流域水源涵养林改造、绿色通道建设、森林公园、自然保护区建设、沿海防护林、生物防火林带营造和水土流失生物治理等生态工程建设的投资力度和管理力度。全省森林生态系统功能和质量有了进一步的提高，森林生态状况得到明显改善。我院在生态公益林地籍小班区划调整和档案管理基础上，每年开展了生态公益林生态效益检查评估工作，并将检查评估结果以书面形式报告上级主管部门，为上级部门提供决策依据。

（五）森林生态专题监测

1. 沙化土地监测

沙化土地监测的目的是定期掌握我省沙化土地的现状及动态变化信息，为国家和地方制定防沙治沙政策和长远发展规划，为保护、改良和合理利用国土资源，实现可持续发展战略提供基础资料。根据《中华人民共和国防沙治沙法》，沙化土地监测每 5 年进行一次复查。2010 年，广东已进行了第三次复查工作。

2. 岩溶地区石漠化监测

石漠化监测的目的是全面查清广东省石漠化土地现状及其动态变化情况，对动态变化原因进行分析；更新石漠化土地基础信息数据库；为全国和广东省制定石漠化防治政策和措施、编制综合治理规划、实现岩溶地区社会、经济、生态可持续发展战略提供基础数据资料。石漠化监测每 5 年开展一次。2011 年，广东进行了第二次监测（第一次复查）工作。

3. 鸟类专题监测

鸟类监测作为森林资源与生态状况监测的一个很重要的组成部分。鸟类与植被联系十分紧密，常常将其作为植物群落的指示物种。通过森林生态环境调查和森林鸟类监测，反映他们之间的相关性，即根据森林鸟类的种类、种群、数量的变化来反映森林资源和生态状况，可以更加准确的反映我省森林资源和生态状况。监测体系主要由森林生态环境、固定监测样带、随机监测点三部分组成。

4. 湿地专题监测

从 2005 年开始，通过连续的湿地资源监测，反映全省湿地的长期变化动态，为湿地保护管理提供决策依据。初期的监测对象是全省沿海的红树林资源，2009年开始扩展到面积为8公顷（含8公顷）以上的近海与海岸湿地、湖泊湿地、沼泽湿地、人工湿地以及宽度10米以上，长度5公里以上的河流湿地。

（六）生态工程造林成效核查

生态工程建设成效核查主要是通过对每年生态工程进行检查验收，调查工程完成面积、建设质量，以此进行年度的生态工程建设成效综合评价，为林业生态建设宏观决策及重点生态工程管理提供科学的依据。

三、典型项目简介

（一）森林生态宏观监测系统研究（2003年）

项目以全省森林资源连续清查体系的3685个固定样地为基础，应用系统抽样技术和生态学方法，把森林资源监测与森林生态监测有机结合起来，把生态系统水平的生态观测拓展到全省森林生态宏观监测系统与评价体系，构建了与森林资源监测体系相兼容的森林生态宏观监测系统。同时，系统地提出了森林生态监测内容、监测方法、监测指标及评价体系，详细地制定了监测样地的布设、信息数据采集、数据处理分析方法，形成了一整套可操作的技术方案。项目获2003年广东省科学技术成果三等奖。

（二）岩溶地区石漠化监测报告（2006年）

项目采用遥感影像和GPS实地勾绘图斑、结合地面调查方法和GIS技术对广东省岩溶地区石漠化进行了监测，首次摸清了全省石漠化土地面积、石漠化程度及空间分布。项目研究了石漠化土地因人为因素或自然因素影响所产生的动态变化情况，分析了有关石漠化监测区的自然地理、生态环境及社会经济因素，提出了石漠化防治相应对策，为广东石漠化治理和林业生态建设提供了具体的信息依据和治理途径。森林资源清查体系进一步向综合监测体系发展具有引领作用。

（三）森林资源与生态状况综合监测国家试点成果报告（2007年）

项目以连清固定样地体系为依托，开展了森林植物生物量、物种多样性、林地土壤、叶面积指数、森林景观等调查，拓展了森林固碳、涵养水源、保育土壤等森林生态状况、功能和效益的监测内容，构建了多资源、多目标、多效益的综合监测评价指标体系；综合利用了抽样技术、实验分析、模型技术、“3S”技术和信息技术，研建了多项数表模型，测定了生态功能参数，构建了融林木资源、植被资源、林地土壤、物种多样性监测等系统于一体的数据采集、分析、评价的技术体系；产出了综合监测成果及各类专题分析报告，综合分析、评价了全省森林资源的数量、质量、结构和功能，显著增加了森林监测的信息量，为广东林业发展和生态建设提供了重要的科学决策依据。

（四）生态公益林地籍小班核定（2007 年）

项目将国家重点公益林和省级生态公益林面积全面核定落实到地籍小班，理顺了 2003 年省级生态公益林现场界定、2004 年国家重点公益林区划界定和 2003－2005 年全省森林资源二类调查工作三者间生态公益林成果的关系；补充调查了生态公益林的重要因子，扩充生态公益林地籍小班数据库内容；依规调整了各地因重点工程建设、山林纠纷、经营发展等原因上报要求调整的生态公益林地籍小班，确保生态公益林效益补偿资金发放到位，促进经济建设和生态建设协调发展。项目的完成为全省生态公益林的规范管理提供了基础数据保障。

（五）广东省森林碳汇重点生态工程建设规划（2012－2015 年）

项目规划利用 4 年的时间，消灭全省尚存 500 万亩的宜林荒山荒地，并实施 1000 万亩的疏残林（残次林）、低效纯松林和低效桉树林改造，即“一消灭三改造”，通过选用生态、高效的碳汇树种，“造”、“改”、“封”措施结合，扩大森林面积，提高森林质量，全面提升广东森林生物量和储碳能力，达到增加森林碳汇、应对全球气候变化、保护生物多样性的目的。项目建成后，每年广东可增加碳汇 100.54 万吨，可抵减全省当年 2.3% 的二氧化碳排放量，项目的建设将为广东建设珠江水系、沿海重要绿化带和北部连绵山体为主要框架的区域生态安全体系，满足经济社会可持续发展起到重要保障作用。

第三节 林业规划设计

随着我国林业事业的快速发展和广东林业发展空间的不断拓展，林业规划设计工作已覆盖到林业生态建设的各个领域和各个阶段，工作内容也由原来单一的营造林设计发展到编制各种林业中长期发展规划、林业发展区划、森林经营方案编制、营造林规划设计以及森林防火规划设计、森林病虫害防治规划、生态景观林带建设等各种专题规划。规划设计成果涵盖战略规划研究、项目建议书、可行性研究报告、总体规划、初步设计、作业设计和施工图设计等。

一、业务发展历程

建院初期，我院就开展了营造林设计工作。受当时技术、条件的限制，营造林规划设计的外业调查和内业设计工作十分艰苦，加之缺乏相关的技术标准，林业规划设计业务只是围绕国家计划经济体制下达的任务而开展的，主要包括国有单位的营造林工程规划设计、飞机播种造林设计和国营林业局（场）总体规划设计等。

进入 20 世纪 60 年代以后，业务范围在原有的基础上，开展了国营林场及基地的规划建设工作和承担国社合作造林试点的规划设计工作。

到70年代中期，业务范围得到较大的扩展，新增加了采伐运输规划、杉树基地规划、飞机播种造林规划设计、森林病虫害防治规划、林业基地总体规划和林区总体规划等。但林业规划设计的技术手段相对简单，外业勘察工作主要依靠“人海”战术，技术人员外业时携带1：10000地形图和调查表格，进行现场勾绘。特别是在承担全省性的规划任务时，外业勘察时间长，数据汇总难度较大，精度低，工作效率不高。

70年代中期，林业部西南林业勘察设计总队第三大队从云南调入广东省林业局林业勘测设计大队，院专业技术队伍迅速扩大，增加了部分勘察设计相关专业，队伍的整体专业技术水平也有了明显的提升，业务范围扩展到编制集体林区的总体设计等工作。

80年代后期到90年代，业务工作除日常的营造林规划设计、国营林场总体设计和小水电站设计工作以外，根据国家林业事业发展的需要，业务范围已经发展到编制自然保护区总体规划、林业区划、林业建设工程的可行性研究、森林公园规划设计、园林绿化设计等领域。

21世纪初，国家从计划经济体制下向市场经济体制转变的关键时期，我国林业建设的地位和作用也发生了重大转变，以2003年出台的《中共中央国务院关于加快林业发展的决定》为标志，我院的专业技术工作也从计划经济逐步走向市场经济，林业规划设计也发展迅速。这一期间承揽了大量市场经济体制下的业务，技术服务的内容和范围也根据市场需求进行及时的调整和变化，基本覆盖到林业生态建设工程所有领域和各个阶段。其中，林业规划设计工作在森林生态规划、沿海防护林规划、红树林恢复与设计、林分改造以及病虫害防治等方面取得重大成果。

目前，随着院事业单位改革的深入，单位作用和功能发生了改变，林业规划设计工作主要为全省林业重点生态建设工程和制定林业发展政策提供技术支撑服务，业务范围主要以编制林业中长期发展规划、战略研究、编制森林经营方案和营造林作业设计为主，开展森林防火规划设计、森林病虫害防治规划设计、生态景观林带建设工程、林地保护利用规划、森林碳汇工程建设规划设计、森林抚育规划设计、农业综合开发项目可行性研究、林业防灾减灾及林业应对气候变化等专题规划的相关业务。

二、主要业务方向

（一）林业中长期及专题规划

林业生产周期长，计划性要求高，编制林业中长期发展规划是指导广东省林业生态建设和推动林业事业发展的一项战略性、基础性和前瞻性的工作。近年来，完成的国家林业局和省林业厅指令性任务60多项，例如全省“十二五”林业发展规划战略研究、全省林业发展“十二五”规划、珠江三角洲地区生态建设一体化规划(2009－2020年)、全省生态景观林带建设规划(2011－2020年)、全省生物质能源林发展规划(2009－2020年)、全省油茶产业发展规划(2010－2020年)、全省2011－2020年森林抚育实施方案和全省森林抚育试点成效监测等；完成地级市专题规划约30多项，例如河源市森林围城(路)建设工程规划、河源市珍贵树种致富工程规划、清远市油茶发展规划、梅州市生态景观林带建设规划和深圳市生态景观林带建设规划等。

(二)森林经营方案编制

根据国家林业局《关于科学编制森林经营方案全面推进森林可持续经营工作的通知》(林资发〔2007〕1号)及《关于印发国家林业局〈森林经营方案编制与实施纲要〉(试行)的通知》(林资发〔2006〕227号)的要求，我省按照编案单位的性质和经营规模不同，划分为5种类型，分别为：国营林场综合性经营方案、保护区(森林公园)型经营方案、非公有制商品林基地型经营方案、城市林业型经营方案和集体林区规划型经营方案。经理期确定为：非公有制商品林基地型及城市林业型的森林经营方案可以为5年，其他类型的森林经营方案为10年。国有林场综合型、保护区(森林公园)型、集体林区规划型的森林经营方案前5年将任务和指标分解到年度，并落实到具体的经营小(细)班，后期只将任务和指标分解到年度；非公有制商品林基地型及城市林业型的森林经营方案将任务和指标分解到年度，并落实到具体的经营小(细)班。我院承担了全省森林经营方案编制工作技术、培训、基础数据核查及技术成果审核等工作。

(三)林业重点工程作业设计

国家林业重点工程包括沿海防护林工程扩大内需中央预算内投资作业设计、新增中央投资国债造林作业设计、油茶产业发展中央预算内投资建设项目作业设计、重点公益林中幼龄林抚育作业设计等项目。省级林业重点工程包括碳汇示范林工程、林分改造工程、沿海防护林工程(含陆地防护林和红树林)、主干道(以高速公路为主)两侧第一重山绿化工程、“四江”水源林建设工程、石漠化治理工程以及森林抚育补贴试点等。院每年主要负责作业设计指导、技术培训、技术成果审核及建设成效核查等技术工作。

(四)基地可行性研究与项目咨询

院在完成上级指令性任务的同时，积极为基层林业提供技术服务。近年来，主要完成了河源市优良乡土阔叶树良种繁育基地建设项目可研报告、深圳市红树林育苗基地建设项目建议书、广东省林木种苗花卉集散地检疫监管体系基础设施建设项目初步设计、广东省森林公安派出所基础设施建设项目可行性编制、深圳海上田园红树林苗保育基地建设项目可研报告、种苗站林木种子质量监督检验中心建设项目可研、翁源县15万亩竹子基地项目可行性研究报告和广东省森林病虫害生物防治重点实验室更新改造可行性研究报告等工作。

(五)林业有害生物防治规划设计

院积极参与全省松材线虫、松突圆蚧、薇甘菊主要疫区的调查和监测工作，开展林业有害生物防治专题规划、林业有害生物防控工程可研编制、初步设计、薇甘菊防治规划设计、松材线虫防治规划设计和工程监理等业务，为全省各级林业部门顺利开展林业有害生物防治工作提供了技术支持。

三、典型业务简介

(一)广东省生态景观林带建设规划(2011－2020年)

为了深入贯彻落实胡锦涛总书记“七一”重要讲话和视察广东重要讲话精神，以及省委十届八次全会关于“加快转型升级、建设幸福广东”的重要决策部署，广东省人民政府于2011年8月25日下发了《关于建设生态景观林带构建区域生态安全体系的意见》(粤府〔2011〕101号)的文件，要求全省各地加快生态景观林带工程建设，推动全省林业生态和景观建设实现跨越式提升，构建区域生态安全体系。根据省政府和省林业厅的工作部署，院组织编制了《广东省生态景观林带建设规划(2011－2020年)》，全省统一规划建设23条共10000公里、805万亩的生态景观林带，建设类型包括沿海生态景观林带、江河生态景观林带和高速公路、铁路生态景观林带，建设方法主要采用人工造林、补植套种、改造提升和封育管护，力争3年初见成效、6年基本成带、9年完成各项指标任务，省政府高度重视此项目，批准省财政从2011年开始，连续3年每年安排1.5亿元共4.5亿元以作专项建设资金。建成的生态景观林带达到结构好、品质优、景观美、功能强、效益高等5个标准，形成多层次、多树种、多色彩、多功能、多效益的森林景观体系。同时，院还组织技术力量编制了《广东省生态景观林带建设指引》、《广东省生态景观林带植物选择指引》和《广东省生态景观林带作业设计规范(试行)》等技术性文件，为推动全省生态景观林带建设提供技术支撑和保障。

(二)广东省林业发展“十二五”规划

根据广东省人民政府办公厅《印发广东省“十二五”规划前期研究课题的通知》(粤办函〔2009〕349号)要求以及省林业局的工作部署，院开展了《全省“十二五”林业发展规划战略研究》，同时编制了《广东省林业发展“十二五”规划》。规划按照服务大局、关注民生、城乡统筹、注重效率、拓展空间、着眼未来的规划原则，确立了“一、二、三、四、五、六、七、八、九、十”的林业改革与发展思路，即：围绕一个目标，推进双轮驱动，实现三个促进，完善四大体系，发展五个林业，强化六项保障，建成七大基地，做强八大产业，加强九大基础，建设十大重点工程。一个目标就是以建设现代林业强省为总目标；双轮驱动就是林业改革和生态建设双轮驱动；三个促进就是促进提高自主创新能力、促进加快产业转型升级、促进增强林业综合效能；四大体系就是建立完善的林业生态体系、发达的林业产业体系、繁荣的森林文化体系、高效的林业服务体系；五个林业就是科学发展生态林业、民生林业、文化林业、创新林业、和谐林业；六项保障就是组织保障、政策保障、机制保障、投入保障、科技保障、人才保障；七大基地就是建立短轮伐期工业原料林基地、速生丰产林基地、油茶林基地、珍贵树种基地、竹林基地、名特优稀经济林基地、林木种苗花卉基地；八大支柱产业就是做大做强木(竹)浆造纸业、人造板业、家具业、林产化工业、木本种苗花卉业、森林生态旅游业、森林食品业、野生动(植)物繁殖利用业；九大基础建设就是林木种苗建设、林业科技创新平台建设、林业法制建设、林业执法基础设施建设、林业信息化建设、林业教育人才培养建设、林业工作站及木材检查站建设、林业公路建设、国有林场建设；十大重点工程就是建设万村绿及古树名木保护工程、生态修复工程、林业机制及科技创新工程、水源涵养林及水土保持林工程、沿海防护林及红树林工程、绿色通道及农田林网工程、野生动植物及自然保护区湿地工程、生态防灾减灾工程、城市林业及森林公园工程、商品林基地工程。

(三)广东省现代林业发展区划

2007 年，院按照国家林业局森林资源管理司下发《国家林业局关于开展全国林业发展区划工作的通知》(林资发〔2007〕50 号)的文件要求，组织精干技术力量编写了《广东省现代林业发展区划》。区划充分运用“3S”技术手段，首次采用了主导因子综合区划法，对全省现代林业发展提出了十六个分区布局，具体包括粤北山地自然保护林及石漠化重点治理区、韶关市风景环境保护林区、北江中上游水源涵养一般用材林区、绥江上游水源涵养竹用材林区、珠江三角洲外围水源涵养风景林区、东江流域水源涵养水土保持林区、韩江流域水土保持珍贵用材林区、西江流域水源涵养珍贵用材林区、珠江三角洲风景林及林业产业区、东江中游自然保护一般用材林区、粤东凤凰山脉—莲花山脉水土保持林及经济林产品区、粤西云开大山—云雾山脉自然保护林及经济林产品区、潭江流域工业原料沿海防护林区、粤东潮汕平原近海及海岸湿地区、粤西雷州半岛工业原料红树林区、粤西沿海防护工业原料林区。同时，对每个分区都提出了相应的发展方向，战略任务，建设重点，政策措施等。区划成果将是全省现代林业中长期发展建设、林业生态建设、林业产业建设、林业生态文化建设、林业重点工程建设等专题规划的基础资料及相应区域林业发展的科学依据。

（四）珠江三角洲地区林业生态建设一体化规划（2009－2020年）

按照《国务院关于珠江三角洲地区改革发展规划纲要（2008－2020年）的批复》（国函〔2008〕129号）、广东省委和省政府《关于落实<珠江三角洲地区改革发展规划纲要（2008－2020年）>的工作意见》（粤委办发电〔2009〕15号、粤机发265号）、《关于贯彻实施<珠江三角洲地区改革发展规划纲要（2008－2020年）>的决定》和《关于加快推进珠江三角洲区域经济一体化的指导意见》（粤府办〔2009〕38号）等文件要求，院组织编制了《珠江三角洲地区林业生态建设一体化规划（2009－2020年）》。规划是广东省第一次尝试编制区域性林业生态建设一体化的专项规划。规划从统筹珠三角区域自然生态系统建设的角度，凝聚珠三角九市发展合力，提出了区域林业生态建设一体化战略，包括构建一体化的林业生态体系、林业产业体系、城乡绿化体系、森林保护防控体系和数字林业信息体系等五个“一体化”的思路，提出构建“一区、两带、三网、多核”的区域森林生态网络体系布局，并通过共建林业重点工程，实现区域生态建设整体联结和共建共享，从政策、机制、组织、资金、科技和人才六个方面提出了保障措施。

（五）广东省应对气候变化林业行动方案

为增加森林碳汇积极应对气候变化，与中央步调保持一致，省林业局在国家《应对气候变化林业行动计划》的指引下，部署编制了《广东应对气候变化林业行动方案》（简称《行动方案》）。《行动方案》提出推动实行全民义务植树行动、重点工程造林行动、封山育林行动、森林可持续经营行动、万村绿化行动、城市林业建设行动、林能一体化行动、林地林木流失防控行动、森林灾害防控体系建设行动、木材高效循环利用行动等十项减缓气候变化主要行动；提出自然保护区建设行动、湿地保护与恢复行动、森林公园建设行动、古树名木保护行动、野生动植物保护行动、良种选育行动、野生动物疫源疫病监测预警行动、监测与评价体系建设行动等八项适应气候变化主要行动；提出科技创新行动、法制建设行动、信息化与交流合作平台建设行动、队伍建设行动、人才培养行动、林权制度改革行动等六项应对气候变化能力建设主要行动；提出政策保障、机制保障、组织保障、资金保障、科技保障、人才保障等六项保障措施。到2020年，森林面积比2009年增加900万亩，林木蓄积量增加1.32亿立方米，森林覆盖率达到58%。

(六)广东省油茶产业发展规划(2010－2020年)

根据国家发展和改革委员会、财政部和国家林业局《关于印发全国油茶产业发展规划(2009－2020年)的通知》(发改农经〔2009〕2812号)的文件要求，为了保证全省油茶产业平稳、快速发展，省林业局于2009年7月下发了《关于开展全省油茶资源调查和产业基地建设规划的通知》，决定开展《广东省油茶产业发展规划(2010－2020年)》的编制工作。规划在充分论证资源现状条件和存在问题的基础上，确定建设原则、建设目标和总体布局，建设内容包括：种植基地建设、种苗工程规划、油茶加工与产业相关体系建设和科技支撑保障体系建设，提出到2020年全省建设油茶种植基地523万亩，达产后实现产业年产值达90亿元以上、解决6万个以上的就业岗位的目标。整个规划预计投资100亿元。规划为今后油茶产业带建设规划、油茶基地建设规划设计提供了技术依据。

(七)深圳市生态风景林建设工程设计

为了迎接2011年即将在深圳市举办的第26届世界大学生运动会(以下简称大运会)，改善和提升城市形象，市政府要求加快生态风景林建设的步伐，提出“生态深圳、绿色大运”的总体思路和建设“特色深圳、景观深圳”的总体要求，将主干道两侧第一重山、大运会自然公园、城市出入口、隧道口、交通环岛等景观节点作为建设重点，在尽可能短的时间内为深圳市建设一个有效的生态保护屏障和多姿多彩的生态展示窗口，以此迎接世界各国的来宾。项目设计工程量为3515.37公顷，总投资3.94亿元。项目建成后是以多树种构成的绿色为基调，充分利用植物的花、叶、姿、果的特点，营造成“一路一景，彩带飘逸，花繁锦绣，四季如春”的景观林带；突出重点，在关键地段营造“特色景观点”和“生态景观点”，形成具有南亚热带森林特色的生态风景林。

第四节　数字林业建设

一、业务发展历程

1981年，我院成立了情报资料室，主要对信息技术应用进行探索，这期间主要应用Z80单片机进行简单数据处理。

1983年，情报资料室改为情报电算室。主要进行林业调查数据处理分析软件研发，在此期间购买了S09无盘工作站、IBM、长城等品牌计算机，利用计算机进行林业调查数据的处理、分析、统计等工作。

1986年，电算室从情报电算室独立出来，主要是利用计算机进行林业调查数据的处理、分析、统计等，期间开发了木材销售管理软件。

1988年，成立了新技术应用研究室。主要从事计算机硬件的销售代理和林业调查、规划软件的研发、推广应用。

1991年，新技术应用研究室分出了新技术室和广州科林新技术发展公司（简称科林公司），新技术室主要负责对内林业项目的软件开发、数据分析、内业处理等。科林公司主要负责对外电脑销售，为全省各县、市（区）林业局提供软、硬件服务。在此期间购买了SUN工作站。

1997年新技术室归并到林业分院。主要从事微电脑销售代理、MS-DOS下的软件开发与数据处理等工作，在此期间开发了广东省林地地籍电脑管理系统，并在全省各县、市（区）林业局推广应用。

2002年，资源分院成立，信息室是其下设科室。主要从事遥感、地理信息系统在林业调查、规划、设计中的应用研究，及在全省各县、市（区）林业局的推广应用。在此期间采集了全省森林资源空间及属性数据，开发了一些林业专题信息系统。

2008年，信息技术分院成立。主要从事高新技术在林业调查、规划、设计中的科学研究，及在全省各县、市（区）林业局的推广应用。在此期间开发了基于"3S"的森林资源与生态状况年度监测信息系统、广东省林地林权地理信息系统、森林防火扑救指挥信息管理系统等。

二、主要业务方向

（一）遥感技术应用

1991年，我院派出5名技术人员赴南京林业大学，进行了为期1年半的遥感技术培训。

自2000年开始，我院利用计算机处理各种遥感影像（如LandsatTM、SPOT、ASTER等，包括几何纠正、正射纠正、融合、增强、空间分析、制图等处理流程），为一些林业调查、规划、设计项目提供空间信息服务。

2002年，购买了正版的ERDASImagine、PCI、Geoimage等专业遥感影像处理软件，以便为森林资源连续清查遥感判读及新一轮二类调查工作提供技术服务。

2002年5月，SPOT5遥感卫星发射上天，经过几个月的数据测试后，2002年9月，我院即开始订购全省SPOT5遥感影像，并独立承担全省近100景影像的正射纠正、融合、增强、制图、按标准图幅出图等处理，成为全国最早应用SPOT5遥感影像在较大区域内进行二类调查的省份。在这期间，对实际工作中碰到的问题进行了专题研究（例如：SPOT5物理模型，短波红外波段条带噪声的去除，多源多时相遥感影像融合等）。

近几年，在森林资源连续清查、石漠化、沙化调查监测、湿地调查监测、林地征占用与森林采伐限额检查等林业调查、监测、规划、设计工作中，广泛应用了遥感技术，提高了工作效率。目前，根据各项目应用目的不同，我院已储备了多源、多分辨率、多时相、海量的遥感数据。

(二)地理信息系统应用

自90年代中期，我院开始逐渐应用地理信息系统技术辅助进行林业规划设计，这段时间，我院主要应用的平台是中国林业科学研究院资源信息研究所唐小明研究员开发的WinGIS、ViewGIS，基于该平台，我院逐步建立了广州市白云区、天河区、从化市、增城市、惠州市博罗县、梅州市蕉岭县、深圳市龙岗区等县、区地理信息系统。在此期间，主要是应用GIS技术将地形图、林地地籍小班等资料进行矢量化、制图等。

自2002年起，随着技术的不断发展，我院开始逐渐将GIS平台转移到MapInfo、ArcGIS上来，进行一些复杂的空间数据分析与处理。2003年，我院购买了正版的ArcGIS、Geoway、SuperMap等地理信息系统软件，之后又陆续购买了ArcSDE、ArcEngine、ArcIMS等模块，为林业规划设计的空间信息高级应用提供了科技支撑。在这期间，我院利用GIS组件技术，以.Net平台为基础，以大中型数据库管理系统为后台数据库，开发了一些B/S或C/S模式的专题信息系统，为不同业务的管理提供信息化平台。

(三)卫星定位导航系统应用

2002年，我院开始在第六次全省森林资源连续清查(第五次复查)工作中应用GPS技术，之后，我院陆续购买了多种手持式GPS(如eTrex系列产品、GPS72、GPS76等)在各项林业外业工作中，得到了广泛应用。这一时期GPS应用的主要目的是定位、导航等简单应用。

2007年，我院在第七次全省森林资源连续清查(第六次复查)工作中应用VRS(虚拟参考站)技术，采用基于广东连续卫星跟踪系统(GDCORS)技术，使用DGPS-PDA方法进行森林资源连续清查固定样地的定位和数据采集，定位精度达0.3米，这在当时全国林业调查工作中尚属首次，可将精确定位、数据采集融为一体。

2011年，我院为实现第八次全省森林资源连续清查(第七次复查)的无纸化调查，结合现代信息技术的发展，研究开发了基于平板电脑的森林资源连续清查无纸化调查技术，该研究针对PDA屏幕较小的缺点，以iPad2平板电脑为载体，设计开发森林资源连续清查固定样地定位、导航和数据采集系统，真正实现外业调查数据采集易操作、易推广。

(四)林业数据库建设

1992年开始至1995年全省第一次二类调查结束后，我院逐步建立了全省各县、市(区)的森林资源属性数据库。开始时，数据库管理软件是用 DBASE Ⅲ，后升级为 FoxBase、FoxPro。在此平台上，又针对多个项目进行了专题开发(如生态公益林区划、林地征占用信息管理等)。

2001 年，全省进行了生态公益林核定区划工作，以 FoxPro 为开发平台，建立了生态公益林信息管理系统，并在后续的生态公益林调整、补充、核定工作中得到广泛应用。

2005 年全省第二次二类调查结束后，我院不仅建立了全省的森林资源属性数据库，而且采集了空间数据，以 *. shp 格式存贮。在此基础上，开发了基于 3S 的森林资源与生态状况年度监测信息系统，在全省多个县、市(区)进行了推广应用。

2005 年全省进行了第一次石漠化、沙化土地监测，并将监测结果落实到了山头地块，建立了全省石漠化、沙化监测数据库。

2010 年全省进行了湿地监测，建立了全省湿地监测数据库。

SQLServer 数据库应用情况。在广东省县、市(区)林地林权地理信息系统、森林资源年度监测管理系统中，采用了 SQLServer 作为后台数据库。该系统已在全省 122 个涉及林改工作的县、市(区)进行推广应用。

大型数据库管理系统 Oracle 应用情况。在 2010 年我院中标的中山市林业地理信息系统一期建设项目中，采用了 Oracle11g 作为后台数据库管理系统。

三、典型项目简介

(一)广东省林地地籍电脑管理系统

该成果主要为 1993 – 1995 年全省第一次二类调查提供数据分析、统计报表的操作平台。该系统采用 FoxBase 进行开发，为全省各县、市(区)建立了林地地籍数据库，为全省各级管理部门掌握森林资源基本情况提供了技术支撑。1997 年，该成果荣获广东省科技进步三等奖。

(二)广东省森林资源与生态规划设计监测信息管理系统

该成果主要为 2003 – 2005 年新一轮二类调查提供数据分析、信息处理服务。根据专家鉴定意见：一是该成果以森林资源规划设计调查为基础，将森林资源、森林生物量和生态因子综合集成运用，为实现林业信息化管理和科学决策提供了基础资料。二是改进了林分形高表、森林生物量模型、林分生长过程模型，提高了林分蓄积量、森林生物量等系统数据信息的预测精度；归纳分析了广东省 19 种林地台账的资源状况、生态因子等信息数据的动态变化，确保了森林资源与生态规划设计基础调查数据的及时、有效更新。三是系统基于 WINDOWS 平台，采用 VISUALFOXPRO6. 0 开发，通过了严格的软件测试，已在广东省 250 多个县(市、区)林业局和林场的森林资源与生态规划设计调查和监测中广泛使用，效益明显；系统功能齐全，运行稳定。该成果总体达到国内同类研究的领先水平，并荣获广东省农业技术推广二等奖。

（三）基于“3S”的森林资源与生态状况年度监测信息系统

该系统主要针对森林资源小班空间及㑇改数据更新提供信息化操作平台。根据专家鉴定意见：一是采用 C/S 和 B/S 混合架构，开发了森林资源年度监测信息系统，对基础地理信息、森林资源信息、遥感影像等数据进行高效组织和管理，解决了年度森林资源监测技术落后、成果产出困难的问题，满足了各级林业主管部门对每年出数、每年出图和数据共享的现实需要，对推动森林资源管理和监测的数字化、自动化、网络化和智能化具有重要意义。二是以 ArcGISEngine 为组件，开发了 C/S 架构的信息系统，基于空间信息技术，实现了森林资源变化信息的自动检测和提取，集成应用 RS、GIS、决策树、神经网络、生长模型、专家系统等技术，在空间数据动态更新方面有所突破。三是以 ArcGISServer 为组件，开发了 B/S 架构的森林资源二维信息平台；以 ManagedDirectX 为三维图形开发接口，采用基于 LOD 技术的切片金字塔数据组织方式，开发了 B/S 架构的森林资源三维信息平台，实现了森林资源空间分布的计算机仿真模拟。四是该系统已通过专业机构软件测试，并在广东省森林资源与生态状况年度监测工作中推广应用，每年产出全省各县（市、区）林业局（林场）所有小班的年度空间数据、属性数据及统计报表，为林业生态状况公报发布提供了科学数据，为生产经营管理提供了决策依据，提高了监测成果的时效性和时态化管理水平。该成果总体达到国内同类研究的领先水平，取得计算机软件著作权 2 项，并荣获广东省优秀工程勘察设计“计算机软件”一等奖，国家林业局优秀工程勘察设计二等奖，广东省农业技术推广二等奖。

（四）基于“3S”的森林资源与生态状况年度监测技术研究

该成果为二类调查结束后，林地小班信息更新提供了理论依据和实现方法。根据专家鉴定意见：一是首次实现了以空间信息技术为主要手段的森林资源与生态状况年度监测系统框架、技术流程与方法，解决了年度森林资源与生态状况监测技术落后、成果产出困难的问题，满足了各级林业主管部门对每年出数、每年出图的现实需要，对推动森林资源管理和监测的数字化、自动化和智能化具有重要意义。二是应用空间信息技术，研发了森林资源变化遥感监测及空间数据动态更新方法；集成应用 RS、GIS、决策树、神经网络、生长模型、专家系统等技术，改进了传统的森林资源属性信息更新方法，实现了森林资源属性信息的智能监测；以 ManagedDirectX 为三维图形开发接口，采用基于 LOD 技术的切片金字塔数据组织方式，实现了森林资源空间分布的计算机仿真模拟。三是在国内首次以二类调查数据为基础，采用基于广东连续卫星跟踪系统（GDCORS）技术，使用DGPS－PDA方法进行森林资源年度监测，并将基于大尺度遥感信息的森林生态宏观监测方法纳入到年度监测体系中，在森林资源空间信息提取和数据管理方面取得了突破。四是自主研发了基于“3S”的森林资源与生态状况年度监测信息系统，已在广东省森林资源与生态状况年度监测工作中推广应用，为森林资源管理提供了高效的操作平台，显著地提高了森林资源管理水平和工作效率。该成果总体达到国内同类研究的领先水平，并荣获广东省科学技术三等奖。

第五节　园林景观设计

一、业务发展历程

自建院至90年代初期，林业规划设计主要思路是侧重于生态功能，注重纯粹意义上的绿化，较少考虑景观功能，因此，与园林景观规划设计相关的项目较少，在绿化设计及森林公园规划设计等方面只是开始了一些初步尝试。

90年代中期至今，广东省通过组织形式多样的义务植树活动、着力建设生态公益林体系、加大宜林荒山造林力度、加快城乡绿化一体化和绿色通道工程建设等，同时，在全省范围内深入开展全民义务植树运动，创建林业生态县、林业生态省，建设林业重点生态工程，实现城乡绿化一体化，推动全社会投身国土绿化，加快植树造林工作步伐等工作，在全省掀起了造林绿化新高潮，国土绿化事业取得了显著成绩，进一步保护和改善了人居生活环境质量，这一阶段，林业相关项目的规划设计不仅仅是只注重绿化，而是逐渐将景观学、美学的理论引入其中，园林的设计理念得到了充分利用，所完成的项目涵盖森林景观改造规划设计、园林绿化规划设计、绿色通道规划设计、景观林带规划设计，以及森林公园、自然保护区和湿地公园等规划设计项目，项目数量在逐年增多，项目的规模和范围均不断扩大，范围基本涵盖了全省各市、县（区）。

2002年7月，院内设机构中有生态规划分院，因园林设计理念在林业规划设计中的应用逐渐增多，其作用和地位也日显重要，因此，院决定在生态规划分院下设园林室。

2003年4月，生态规划分院分成规划设计分院和生态监测分院，园林室划归为规划设计分院。

2008年5月，园林美学、生态景观学等理论在林业项目规划设计中的应用越来越广泛，园林方面的业务范围拓展很快，业务量也在日益扩大，当时的园林设计人员和专业范围已难适用业务量日益增长的需要，在此情况下，院成立园林设计分院（湿地监测中心），主要负责园林绿化、森林公园、自然保护区、景区、湿地等项目的调查与规划设计，以及湿地监测等。

二、主要业务方向

园林景观业务发展方向主要包括森林公园、自然保护区和湿地公园等森林生态旅游规划设计，城镇绿化景观营造。

（一）森林公园、自然保护区和湿地公园等森林生态旅游规划设计

从90年代中末期开始，广东省大力推进林业生态省、生态县建设，并加快实施林业重点生态工程，强化野生动植物、湿地和红树林资源保护，建立起以森林生态系统为主体的生态屏障，维护区域生态安全与生态平衡，促进人口、资源、环境的协调发展。将森林公园、自然保护区等纳入广东国土绿化的目标当中，这大大地提升了全省各地对森林公园、自然保护区等相关项目的建设热情，因此，这些项目大量发展，建设数量大增。至目前为止，我院已承担了全省绝大部分已批建森林公园的规划设计任务。同时，也开展了全省部分自然保护区、生态公园和森林旅游等规划设计。在森林公园、自然保护区和森林旅游等相关项目的规划设计中，其林分改造规划设计也由一般意义上森林的林分改造规划设计过渡到森林生态景观的营造。湿地公园及与湿地相关项目的规划设计在我省起步较晚，我院是从2005年才开始承担湿地相关的规划设计工作，目前该技术处于探索提高阶段。

（二）城镇绿化景观营造

20世纪90年代末、21世纪初，广东林业已进入由木材生产为主导向生态建设为主导的历史性转变，这是经济社会快速发展和人民生活不断改善对新世纪广东林业提出的新的更高要求。随着国民经济的发展，国家可持续发展战略的实施，国民生态意识的增强，生态建设已成为新世纪广东林业可持续发展的主旋律。为实现全省国土绿化工作目标，实现城乡绿化一体化，同时，也为实现已纳入了《广东林业生态省建设规划》中的城镇绿化覆盖率、城镇人均公共绿地面积和村庄绿化覆盖率等建设目标，广东在全省大部分市县范围内开展了城镇绿地系统规划和相关的园林绿化规划与设计；在珠三角如中山市、广州市、珠海市和南海市等几个城市进行了城市林业规划等。

三、典型项目简介

（一）广东南岭国家级自然保护区总体规划

广东南岭国家级自然保护区位于广东北部，北以省界为界，与湖南莽山国家级自然保护区相邻，区内有广东省最高峰石坑崆海拔1902米及原生植被群落广东松群系，规划总面积5.84万公顷，下辖乳阳、大顶山、秤架、龙潭

角和大东山等5个管理站。其规划性质是集生态保护、科研教育、生态旅游和可持续利用等多功能于一体的综合性自然保护区，也是我国生物多样性保护的关键性地区和开展生态系统就地保护的重要基地。其保护对象是亚热带常绿阔叶林和珍稀濒危动植物，并保持区内生物的自然性、多样性和典型性，兼水源涵养和水土保持等功能。1999年4月，广东省林业厅委托我院承担了《广东南岭国家级自然保护区总体规划》的工作。

（二）广东省森林旅游发展规划

根据《国家林业局关于编制全国森林旅游发展有关问题的通知》（林规发〔2011〕133号）的精神，我院组织编制了《广东省森林旅游发展规划》。规划确定了广东省森林旅游总体形象定位为："绿海明珠休闲南粤"、"生态文化幸福广东"；区域旅游形象定位为："珠三角区域——都市森林享受绿道生活"、"粤北区域——林莽山幽细品原味自然"、"粤东区域——茶林禅钟领略潮客风情"、"粤西区域——琪琳海韵观鸟胜地"。总体布局为：构建"三个梯度游憩圈（珠三角核心森林旅游圈、中部森林生态游憩圈和外围山地生态游憩圈）、四个特色建设区（粤北丹山碧水森林旅游区、粤西滨海湿地生态旅游区、粤东潮客风情森林旅游区和珠三角城市森林旅游区）、六条重点发展轴（在主干道沿线—广湛高速、深汕高速、广惠高速—惠河高速—梅河高速、京珠高速、广清高速—清连高速、广肇高速），重点发展一批具有较高森林旅游开发潜力和具备较好旅游资源条件的森林旅游景区"的网络化森林旅游战略格局。规划的编制适应了广东省全面建设小康社会进程，满足了人们渴望与自然和谐相处的生态需求，促进了生态文明建设，同时带动了林业资源利用方式转变，积极推进现代林业建设进程，对于我国森林旅游产业健康快速发展发挥了积极作用。

（三）广州市帽峰山森林公园工程设计

工程设计性质定位为：以一山（帽峰山）两带（太和至九佛公路休闲游览景观带，狮岭至沙田公路山林游览景观带）三湖（铜锣湾水库、沙田水库、和龙水库）自然景观资源为主体，以生态、科普旅游为重点，是一处集休闲、健身、科普、度假于一体的城区生态型森林公园。该项目是一个集森林公园工程设计、项目策划、项目研究于一体的高水平设计，在针对当时设计市场管理不规范，设计质量不高的情况下，为广东省森林公园的规划设计创立了品牌，树立了样板和形象。

（四）珠海淇澳红树林湿地公园规划

淇澳红树林湿地公园位于淇澳岛的西北部，在淇澳岛的淇澳环路到淇澳红树林自然保护区之间，公园总面积为370.3公顷，其中湿地面积254.2公顷，占湿地公园面积的68.6%。规划将湿地公园的性质定位为：在有效保护湿地资源和生态资源的前提下，展现湿地公园的景观风貌，将其营造成省内乃至全国领先的城郊生态型湿地公园，使之成为珠三角地区最佳的生态休闲、湿地观光、科普教育的旅游度假胜地。规划总体上区划为五大功能区，即生态保育区、管理服务区、湿地科普教育展示区、湿地景观游赏区和湿地探索游览区等。公园建设的总目标是以生态保护为目的，以湿地文化为特色，全面保护、科学利用，努力打造符合"生态湿地、人文湿地、科技湿地"的红树林湿地公园，把珠海淇澳红树林湿地公园建设成为广东省乃至全国的最有特色、最有影响力的红树林湿地公园。2009年，我院对已列入2009年珠海市政府十大重点建设工程之一淇澳红树林湿地公园进行了规划。

（五）中山市城市林业规划

城市林业在我国是一个新领域，它是现代化建设的一次探索，是在总结中山市现代化建设经验的基础上，以人为主体优势，融合城市栖息劳作环境、区域生态环境乃至文化社会环境于一体，优化耦合成一个新的共生系统。也是将现行体制下的林业、园林、环境三个系统融合，形成中山市复合生态系统。《中山市城市林业规划》是由中山市主持、省市联合在中山进行的试点，这也是在全国首次的试点市。

（六）广州岭南花园住宅区生态绿地规划的研究

课题主要的研究内容包括：专业基础理论的研究、住宅区生态绿地规划理论与方法的研究、广州岭南花园住宅区生态绿地规划方案等。课题研究成果有：广州岭南花园住宅区生态绿地规划、城市住宅区生态绿地规划理论与方法的研究、住宅区绿化植物在空气碳氧平衡中作用的初步研究、住宅区绿化与空气负离子及空气清洁度关系的研究、住宅区生态绿地植物减（隔）噪声的调查与研究等。研究课题是为住宅区环境绿化设计、城市的园林建设、减少环境的污染提供新的理论指导，为房地产开发、住宅区环境质量评价提供量化的科学依据。

（七）中山市三乡镇绿地系统规划

为提高镇区的绿化水平，使中山市的生态环境得到全面改善，2006年，我院承担了中山市三乡镇绿地系统规划工作。规划人员根据中山市三乡镇的现状情况，规划思路定为：以全镇为规划范畴，提出"大绿地"的概念；建设防护林带和生物廊道，提高生态通道的通达性，降低生态破碎度，提高区域生态系统的完整性和稳定性；建造"镇肺"——两个大型的综合性公园，提升三乡城镇建设水平和档次，增强人文关怀；重视乡土植物的应用和保护，提高生物多样性；突出古树名木的保护。规划首次把镇域内的林地、农田湿地、四旁绿化等生态绿地作为城镇绿地的组成部分，切实保护各类绿地，改善城镇的生态状况，提升城镇的综合竞争力。这有利于政府相关职能部门对全镇绿化情况的掌握，并提供一条在城乡一体化下的管理新思路。该规划承担起三乡镇绿色开敞空间（镇域范围）总的建设指引职能，为城镇内非建设用地的建设和管理提供一个技术支撑平台。

（八）东莞市森林公园绿道网工程设计

东莞市森林公园绿道网包括大岭山森林公园和大屏障森林公园的绿道，全长35公里，遵循“生态优先、亲近自然、文化休闲”的设计理念，结合景点水系、植被等要素，合理布局，实现了景观、休闲、文化与运动的有机统一。

第六节　林产工业设计

一、业务发展历程

1959－1960年，我院成立了工程设计中队。主要进行木材采运设计。这阶段完成木材水运河绠设计83座，索道、平车道、滑道设计7349公里，贮木场设计11处，纤维板车间设计3处，房建设计3366平方米等。

1961－1974年，工程设计中队更名为森工中队。这阶段主要进行房建设计，另外在60年代前期木材采运设计较多，60年代后期木材加工设计开始兴起。这期间完成房建设计共计50402平方米，木材水运河绠设计9座，木材过坝、贮木场设计各一处，木材加工厂设计4处、小型纤维板厂设计8处等。

1975－1978年，我院成立了工民建室。除了进行房建设计、木材采运设计和木材加工设计外，还介入了林化设计。这期间完成房建设计33518平方米、木材过坝设计3座、贮木场设计3处、年产2000吨纤维板厂设计2个、年产1000吨松香厂1个、贮木场装卸桥设计1个等。

1979－1980年，工民建室更名为林化设计室。完成栲胶厂设计1个、房建设计38074平方米，木材过坝设计1座等。

1981－1983年，林化设计室改为工民建室。完成房建设计59895平方米、木材厂除尘通风工程设计4项。

1984－1990年，成立工业民用建筑设计室。主要进行房建设计，同时木材加工设计得到较快发展。这期间完成房建设计131600平方米，4个胶合板厂[2个年产1万立方米，1个年产5万立方米，1个年产12万立方米（当时是全国生产规模最大的胶合板厂）]、1个中密度纤维板厂（年产3万立方米）的设计。并参与开发研究第一套国产燃木锅炉燃烧技术。

1991－1994年，成立林产工业设计室。木材加工工程设计业务得到快速发展。1993 年为开展高层建筑设计另外成立建筑设计室。这阶段开始使用电脑和计算机辅助设计软件进行设计。期间完成 3 个胶合板厂(年产 5 万、8 万和 9 万立方米)、6 个中密度纤维板厂(4 个年产 3 万,2 个年产 1.5 万立方米)、1 个木材厂通风除尘项目、1 个纸厂的设计;完成 16 项可研报告;完成房建设计 143689 平方米,房建初步设计 110492 平方米。与上海人造板机器厂合作成功开发国产第一套中密度纤维板成套生产设备。

1995 –2000 年,成立林产工业设计分院、建筑设计分院。木材加工和民用建筑工程设计蓬勃发展。这期间普及使用电脑和计算机辅助设计软件进行设计,配备了绘图仪,全面淘汰手工绘图,使设计和作图效率成几十倍的增长。期间完成 10 项中密度纤维板厂设计,其他刨花板厂、家具厂、防火板厂设计等 15 项;完成 25 项可研报告;房建初步设计 416000 平方米,施工图设计 130600 平方米。进行了 2 个五星级酒店设计。与镇江林机厂合作开发国产第一套石膏刨花板成套生产设备。1998 年和 1999 年全国的林产工业发展陷入低谷,我院林产工业业务也不例外,直到 2000 年才逐渐复苏。

2001 年 1 月,建筑设计分院合并为林产工业设计分院。2003 年 4 月,更名为林产设计分院,2001 –2008 年期间完成广东省林业产业发展规划(2008 –2020 年),开始创建广东省林业产业基础数据库;编制广东省林业产业基础信息监测报告(2008 年),完成 36 个人造板厂设计;17 个民用建筑项目;100 多项可研报告。

2008 年 5 月至今,林产设计分院更名为产业设计分院。更新了一批电脑和计算机辅助设计软件,绘图仪。期间完成 4 项地级市林业产业发展规划(2011 –2020 年),2 个年度广东省林业产业基础信息监测报告(2009 年及 2010 年),完成 10 项人造板厂设计;4 个民用建筑项目设计;66 项可研报告。

二、主要业务方向

(一)广东省林业产业基础数据库和信息监测建设

林业产业基础数据库是林业产业最权威、最全面的信息载体,也是加强林业产业信息系统建设的重要基础工作,更是科学指导林业产业发展的体系依据。我院按照省厅主管部门的要求,依靠自身技术实力和各县市林业主管部门的协助,组织力量做好林业产业资料、数据的收集、填报整理工作,确保内容全面,数据准确,真实全面地反映各地林业产业发展、林产品生产的实际情况,真实反映林业经济发展情况,为加强对林业产业工作的指导和管理,促进广东省林业产业平稳快速发展做贡献。从 2008 年开始,我院初步建立了全省林业产业基础数据库。使用广东省林业产业基础数据库管理系统进行管理。同时每年更新一次林业产业基础数据库数据,编制广东省林业产业基础信息年度监测报告。

(二)广东省林业产业发展规划

2008年，我院编制了《广东省林业产业发展规划(2008－2020年)》，从广东省林业产业发展现状、资源状况、市场状况、环境影响等方面进行了系统的分析，提出了影响环境、市场和可持续发展的突出问题和解决问题的办法、措施。提出了林业产业发展的总体目标，用以指导广东省林业产业健康稳步的发展。目前我院根据省内各市的需求，依靠自身技术力量的优势，组织力量，深入基层，对各市辖区内的林业产业企业进行调查，收集基础数据，做好与省、市规划的衔接，帮助多个市编制市级林业产业发展规划。规划将帮助市各级主管部门全面地认识当地林业产业的现状，理清发展思路，明确发展目标和重点，统筹资源配置，做优以森林培育业为主的第一产业，做强以木材加工业为主的第二产业，做活以森林旅游业为主的第三产业。

(三)林业产业工程设计

随着木材加工工程设计业务快速发展，林业产业各项工程项目的设计也随之拓展，主要包括纤维板厂、中密度纤维板厂及胶合板厂加工项目可行性研究、项目工程设计等。

(四)民用建筑工程设计

多年来我院设计了各种民用建筑项目，其中包括广东省森林资源与生态环境监测中心实验楼、厚街富盈酒店、厚街珊瑚大酒店、明轩大酒店、喜来登大酒店等四、五星级酒店。

三、典型项目简介

(一)封开县威利邦木业有限公司年产22万立方米中高密度纤维板厂设计

建设地点位于广东省封开县内，总投资41000万元，其中引进国外生产设备约2197万欧元。厂区规划面积552.14亩，总建筑面积38532平方米。项目引进具有世界先进水平的德国年产22万立方米中高密度纤维板生产线，采用环保型能源工厂，可生产厚度2.5～40毫米的各种规格板，用于室内装修、地板基材、家具等。

(二)广东佛山年产8万立方米木质废料循环利用环保型中密度纤维板厂设计

建设地点位于广东省佛山市禅城区南庄镇河滘工业园内，是我国第一个规模化的木质废料循环利用环保型中密度纤维板厂项目。项目需要根据不同木质废料的特性选择不同的加工工艺，改进了传统的中密度纤维板生产工艺，最大限度地节约能源并符合环保的要求。项目的建设为珠江三角洲地区的城市木质废料，如建筑装修的木质废料、废旧家具、家具下脚料及其他木材加工剩余物找到了一条循环利用新途径，实现了木材资源的循环利用，符合我国发展循环型林产工业的现代林业的要求，对于促进林业的可持续发展具有重要意义。获2008年度国家林业局优秀工程勘察设计一等奖。

(三)广州南洋合板有限公司年产5万立方米胶合板厂工程设计

建设地点位于广州市经济技术开发区内，总投资1300万美元。采用引进台湾设备的大型胶合板生产线，利用引进的燃木锅炉供热，建设大跨度轻钢结构现代化厂房。获1991年度广东省优秀工程设计三等奖。

(四)木材加工粉尘治理技术与综合利用研究

木材工业的高速发展，大量生产性粉尘排放给环境造成了严重的污染，易引起火灾隐患，直接威胁安全生产。由于生产性粉尘具有黏附、爆炸等特殊性质，给治理和利用带来很大的困难。本研究提出了"粉尘连续化治理工艺"等技术思路，通过试验研究解决了长期困扰设计人员的粉尘过程理论问题、连续化供排料技术疑难问题、粉尘连续化治理工艺和粉尘作为生物质能燃烧利用等一系列技术问题，具有重要的学术价值和广泛的推广应用价值。获2007年度广东省科学技术奖三等奖、梁希林业科学技术奖三等奖、广东省农业技术推广二等奖。

(五)木质废料中密度纤维板工艺技术研究

本研究技术针对我国城镇大量木质废料不能有效利用而人造板企业又原料资源紧缺的实际情况，对木质废料制造中密度纤维板进行了大量的探索实践和试验研究，通过建立废弃木材的回收利用系统，使林产品废弃物实现再生资源化，变废弃物为制造同类产品的再生原料资源，为木材工业的可持续发展提供资源支撑。获2010年度梁希林业科学技术奖三等奖和广东省科学技术奖三等奖。

(六)降低人造板生产原料消耗比技术推广

为了持续、合理利用森林资源，使人造板生产企业有可靠的木材原料供应，对人造板生产企业进行了木材原料实耗的调研和测定，进行了降低木材原料消耗比的生产实验和测试，为降低生产成本，采用新工艺新技术提供依据。获2002年度广东省农业技术推广三等奖。

(七)广东省森林资源与生态环境监测中心实验楼设计

项目地处广州市天河区龙洞，总用地面积13457平方米，总建筑面积为10238平方米，为九层高层建筑。项目设计方案吸取岭南传统建筑"竹筒屋"的布局特点，在南北狭长地块中以"U"形的布局，沿建筑主轴线设置前广场、中庭绿地和后院三大空间序列。总平面布局应对岭南的气候特征采取生态对策，将各个功能单元集中，通过室内走道和架空通透廊道连接在一起。建筑在水平方向有序发展，形成亚热带建筑群体。获2010年国家林业局优秀工程勘察设计一等奖。

第七节　配套工程设计

一、业务发展历程

建院以后，鉴于当时形势和本系统、行业的需要，院的专业结构开始由单一的林业调查规划，逐步向综合性勘测设计转变，林区配套工程设计包括林区公路、森林铁路、林区水电站勘测设计等专业也由此应运而生。

1958 年 7 月，设立公路专业后，定名为森林经理队。本年完成的项目主要有：乳阳林业局龙溪至五指山公路、五指山至老蓬坑公路以及维修、改造等公路勘测设计约 45 公里，同时派出四位队员参与铁道部完成五指山至梅花森铁的勘测设计，全长 54.77 公里。

1959 年 2 月，原森林经理队更改为森工中队。从 1959 年至 1973 年期间，完成林区公路 1420 公里、森林铁路勘设 31 公里及森林铁路踏勘 577 公里的勘察设计。

1974 年 4 月，林业部西南林业勘察设计总队第三大队 117 人从云南并入广东林业勘测设计大队，这批大多毕业于同济大学、兰州铁路学院、成都工学院、重庆交通学院等的本科生，大部分人安排搞公路专业，技术力量相当雄厚，主要完成全省林区公路和交通公路的勘察设计工作。

1987 年，由原公路勘测设计室，改名为工程勘测设计室，业务逐步由林区公路的设计转向公路施工监理工作，派出技术人员与省高速公路公司合作，参加广东高速公路监理工作。参与完成的项目主要有：江门市外海大桥(2.2 公里)、广佛高速公路(15 公里)、广深高速公路(15.5 公里)、惠深高速公路(28 公里)等。1993 年 12 月，成立了广东省粤通工程建设监理公司，归口工程勘测设计室管理。

1995 年从工程勘测设计室改为工程勘察设计分院，内设道桥室、水电设计室、地质钻探室。在工程监理工作中，主要完成了 107 国道清连一级公路(31 公里)、广花高速公路(19.5 公里)、电湛高速公路(39.5 公里)、S263 线连山二期公路改建工程(28 公里)等十多项的工程施工监理业务。在 107 国道清连一级公路监理工作中，被清远市政府评为先进监理单位。监理资质经省建委批准由乙级提升至暂定甲级。

2001 年 9 月后，业务由公路工程监理全面转向交通公路的勘察设计工作。2003 年 4 月，工程勘察设计分院更名为总体设计分院。完成的项目主要有：大埔三河坝至梅县松口二级公路新建工程(36.17 公里)、蕉岭县石窟河堤西线公路改建工程(29.2 公里)、梅县扶大至五华县大坝段二级公路新建工程(62.6 公里)、平远县大柘至梅县白渡段二级公路新建工程(21.38 公里)、蕉岭县西环一级公路(12.1 公里)、国道 G206 线梅县机场至兴宁松陂段改造工程(43.8 公里)、东莞市大岭山森林公园工程综合集成设计(88.9 公里)等几十条公路的勘察设计。

2008 年后，配套工程设计业务得到更进一步发展，尤其在公园景区配套工程，林业附属工程等方面。完成的项目主要有：东莞市大岭山、大屏嶂森林公园项目设计、广东韩山森林公园生态旅游公路新建公路及步行道勘察设计、东莞市森林公园绿道网工程设计、梅县梅花山公园环山公路设计、白江湖森林公园建设项目等。

二、主要业务方向

(一)公路桥梁勘察设计

我院在公路勘察设计方面，已有 50 多年公路工程勘察设计资历。自建院至今从事林区公路、森林铁路、矿山公路、交通公路的勘察设计共完成设计里程约 5000 多公里。完成的项目主要有：大埔三河坝至梅县松口二级公路新建工程、梅县扶大至五华县大坝段二级公路新建工程、蕉岭县西环一级公路、蕉岭县世纪大桥、国道 G206 线梅县机场至兴宁松陂段改造工程、东莞市大岭山森林公园工程综合集成设计等项目的勘察设计。

(二)公路桥梁施工监理

1988 年 7 月，业务方向逐步由林区公路的设计转向公路施工监理工作，主要完成项目有：广深高速公路广州段、107 国道清连一级公路(31 公里)、广花高速公路(19.5 公里)、电湛高速公路(39.5 公里)、S263 线连山二期公路改建工程(28 公里)等十多项工程的施工监理业务。

(三)水电勘测设计

成立于 1958 年的水电勘测设计专业队伍，主要承担广东省林区内的中小型水电站的勘察设计任务。1995 年实行分院制后，由于归口管理和业务的转型而并入工程勘察设计分院。几十年来，完成的主要项目有：曲江县樟源水电站、南雄帽子峰梯级电站、乳源林业局龙溪一级电站、龙溪四级电站、连州市石灰坳电站、乳源天井山电站、乳源鸭麻湖至天井山高压线路勘测、乐昌甲水电站等 50 多座水电勘察设计，为我省林区水电的开发利用作出了很大贡献。

(四)工程地质勘探

我院工程地质勘探专业队伍成立于 1974 年，主要承担广东省林业系统工业与民用建筑、桥梁等基础工程的勘探任务。设施配套有土工试(化)验室，30 米、100 米钻机等设备。1995 年实行分院制后，由于归口管理和业务的转型而并入工程勘察设计分院。专业设立近 20 年来，承担完成的主要项目有：广东省林业勘测设计院(龙洞原院址)办公楼地质勘探、广州鱼珠木材厂厂房及职工宿舍楼工程地质勘探、广州经济开发区南洋胶合板厂总体地质勘探、广州海关洲头嘴 32 层职工宿舍地质勘探、广东佛山大学总体地质勘探、广东省林业局办公大楼及职工宿舍楼地质勘探、深圳市布吉公路立交地质勘探、广州市西村西场公路立交地质勘探、广东省林业科学研究所科研主楼及职工宿舍楼地质勘探等上百项，近 3 万钻探标准米的工程地质勘探任务。为我省林业系统部分工业与民用建筑、桥梁等基础工程建设及人民生命财产安全作出了积极贡献。

三、典型项目简介

(一)梅县扶大至五华县大坝段二级公路新建工程设计

梅州市梅县扶大至五华县大坝公路起点位于梅县扶大镇，与国道 G205 相接，经荷泗镇、太阳村、新圩镇，终点于五华县大坝镇五金路口，与省道 S228 线相接。线路全长 62.667 公里，工程投资预算为 16077.8 万元，项目采用山岭重丘区二级公路标准。这条快速道对进一步改善梅州投资环境，实现地区优势互补，加快“四个梅州”发展战略，对加快推进沿线各县(市)特别是五华的县域经济发展，全面实现梅州到各县(市)城区一小时生活圈的目标具有重要意义。

(二)东莞市大岭山森林公园工程综合集成设计

大岭山森林公园园区道路工作环山道路和对外交通连接线共长 54.509 公里。全线路基土石方数量挖方 1539.2 万立方米，填方 227.6 万立方米。排水、防护浆砌片石 127098 立方米、中桥 126.5 延米/2 座、小桥 141.84 延米/7 座、涵洞 299 道。工程投资预算为 19339.5 万元。大岭山森林公园园区主干道采用交通公路山岭重丘四级标准(相当于国家林区公路三级标准)。大岭山森林公园园区道路项目竣工投入使用以来，已有数万人登山游憩，得到了东莞市领导和社会各界的好评，使大岭山地区生态观光初显雏形，成为东莞市市民和周边城镇居民康体健身、休闲远足、登高望远的理想选择，对东莞市城市建设、精神文明建设、绿化建设、和谐社会建设起到了重要的作用。

(三)国道 G206 线梅县机场至兴宁松陂段改造工程设计

国道 G206 线梅县机场至兴宁松陂段改造工程是梅州市连接丰顺县以及揭阳、潮州等地重要交通要道，在梅州市的经济建设中起着极为重要的作用。起点位于梅县机场路口，接市政路梅塘东路，经梅江区长沙镇、梅县梅南镇、水车镇、畲江镇，终点位于兴宁市下堡镇松林坝，项目全长 43.823 公里，工程投资预算为 254921361 元，项目采用二级公路标准。

(四)蕉岭县世纪大桥

世纪大桥为蕉岭县西外环公路工程中的一座大桥，起讫桩号为 K10 + 885.685 ~ K11 + 170.265，全桥长 284.458 米，全桥 14 孔 20 米跨。该桥位于蕉岭县县城附近，均横跨石窟河。根据水利部门有关资料，河床最大冲刷深度为 2.5 米，河床坡降约为 0.06%。全桥工程量：桩基、承台 C25 砼 3990 立方米，墩柱盖梁 C30 砼 1090 立方米，桥面铺装 C40 砼 3438 立方米。技术标准：通航净空，无通航要求。桥梁纵坡：±0.3%。设计荷载：汽车 - 20 级。验算荷载：挂车 - 100 级，桥面宽度：1.75(人行道) + 8.25(行车道) + 0.5 米(防撞墙) + 0.5(分隔带) + 0.5 米(防撞墙) + 8.25(行车道) + 1.75(人行道)，设计洪水频率：1/100。设计行车速度：60 公里/小时。地震烈度：地震烈度 6 度。

(五)107 国道清连一级公路施工监理

107 国道清连一级公路工程阳山段，路线起点位于阳山县阳城，终点位于阳山县阳山关。里程桩号为 K2183 + 600 ~ K2223 + 500。路线全长 32.355 公里，总投资 3.25 亿元。杜步特大桥，全长 823 米，单跨 30 米预应力 T 梁，墩高 48 米，工程造价 5450 万元。阳山互通立交，工程造价 2650 万元。该项目于 1994 年 12 月开工，1998 年 11 月建成通车。该项目施工监理工作圆满完成合同及相关要求，真正做到了为业主负责、为施工单位负责、为国家和人民负责，树立了我院监理工作的良好形象。在 107 国道清连一级公路施工监理工作中，被清远市政府评为先进监理单位。

(六)电湛高速公路施工监理

电(白)湛(江)高速公路工程，路线起点于茂名市化州塘缀镇，终点于湛江市遂溪县源水镇。里程桩号为 K353 + 933 ~ K393 + 433。路线全长 39.5 公里。总投资 8 亿元。该项目于 1997 年 10 月 25 日开工，2000 年 12 月建成通车。该项目施工监理自始至终，做到业主满意，也体现了我院长期坚持的“用户至上，质量第一；一项成果，一份信誉”质量方针。

第八节　院属公司

为了发展院的经济，参与市场竞争，解决富余人员就业问题，先后创办了一批经济实体和公司，对院的经济发展进行了有益的尝试。主要有：

一、广东省林业勘测设计院科技服务公司

1984 年 6 月由省林业厅批准成立“广东省林业勘测设计院劳动服务公司”，属集体经济性质。1990 年 10 月更名为“广东省林业勘测设计院科技服务公司”，转为全民所有制，公司以一个印刷厂为主体，兼营一个为院职工服务的小卖部，解决了部分待业青年、职工家属和富余人员的就业问题，属院内部科室建制，从业人员约 30 人。建厂初期一段时间主要设备有对开铅印机、四开铅印机、铸字机、对开切纸机等，主要承印出版社出版物及社会一些业务。1990 年建立电脑排版系统，转为轻印刷，逐渐淘汰铅印设备，2000 年后全部进入胶印时代，购置了六开、四开胶印机、胶订机等设备，大大提高了工作效率，为省林业厅及社会各界提供了又快又好的服务，解决了一大批富余人员的就业问题，为院的发展作出了一定的历史贡献。

二、广东省林业工程咨询公司

1985 年，为便于对外开展经济技术合作，我院成立了“广东省工程咨询公司”。当时省属各专业设计院也相应成立了有关专业的工程咨询公司。公司于 1987 年 2 月正式设置机构，安排人员开展工作。起初是广东省林业勘测设计院借给咨询公司 20 万元作为开办费，申领营业执照。主要业务范围是工程设计、咨询、施工监理、开展经济技术合作等。该公司根据国务院科研设计单位进入大、中型企业和开展横向联合的精神，参与社会市场竞争、探索路子，寻觅可行项目，寻找合作伙伴，外引内联，两年内参与创办了五个合资合营企业。五个联合企业的基本情况见表 5-1。

表 5-1　五个联合企业基本情况表

项目 企业名称	成立时间（年）	企业性质	主要产品（业务范围）	合资单位	总投资	我院投资所占比例	注册地址	结果
省龙洞林场综合加工厂（胶鞋厂）	1987	内联	出口胶鞋（年产 12 万双）	省龙洞林场 省林业学校 省林机厂 省林业工程咨询公司	60 万元人民币	12 万元占 20%	省龙眼洞林场	林场出资全部收购
省五山建筑科技开发公司	1987	内联	新建筑材料推广、中介	省科委服务中心 省建材研究所 省林业工程咨询公司	10 万元人民币	2 万元占 20%	省科委办公楼	撤销

（续）

企业名称＼项目	成立时间	企业性质	主要产品（业务范围）	合资单位	总投资	我院投资所占比例	注册地址	结果
通达竹业有限公司	1988	中外合资	双生竹筷（月产900万双）	香港同兴冷气有限公司 韶关铁路机务段 省林业工程咨询公司	21.5万美元	4.3万美元占20%	韶关铁路机务段内	1993年破产清算
乐昌科林水泥厂	1988	内联	水泥（年产4万吨）	番禺市住宅建设公司 乐昌县北乡镇政府 省林业工程咨询公司	525万元人民币	技术入股占10%	乐昌县北乡镇	1993年转让
南洋胶合板工业有限公司（胶合板厂）	1988	中外合资	胶合板（年产5万立方米）	台商：在新加坡注册的公司、开发区工总、宜发等公司 广州市装饰工程公司 省林业工程咨询公司 中国银行珠江信投公司	1380万美元	138万美元占10%	广州经济技术开发区	1997年破产清算

广东省清理整顿公司领导小组《关于第二批撤销省直机关的一百零三家公司（中心）的通知》（粤清整领发〔1989〕8号）决定撤销我院林业工程咨询公司。根据省清理整顿公司领导小组通知和省林业厅粤林〔1990〕16号文《关于转发第二批撤销省直机关的103家公司（中心）的通知》中规定，广东省林业工程咨询公司属撤销单位，停止一切经营活动。

三、广东省岭南工程建设公司

公司成立于1993年11月，公司性质为全民所有制，具有建设部颁发的甲级工程总承包资格和外经贸经营资格。主要业务：承揽林业工程总承包，城市园林绿化、施工等业务。2002年起不再独立经营。

四、广东省林业勘测设计院电脑培训中心

成立于1992年11月，主要推广微电脑在林业系统各部门的应用和培训电脑操作人员，同时对外开放，为社会培训电脑操作人员，实行自主经营，独立核算，自负盈亏。

五、广州科林新技术发展公司

成立于1992年，原名为“广州天河新技术产业开发区科技计算机系统工程公司”(后改名为广州科林新技术发展公司)。主要业务是开发和推广计算机工程，为林业系统及国内外市场其他用户提供高等技术产品和服务。

六、广东碧水生态工程造林公司

公司成立于1993年4月，主要承揽造林工程施工、绿化服务等业务。

七、广东省粤通工程建设监理公司

公司由原工程勘察设计室组建，成立于1993年2月，1995年实行分院制时归口工程勘察设计分院管理，主要承揽道路、桥梁施工监理等业务，由于市场政策等因素的影响，已于2005年停止经营。

八、广东凌志科技实业有限公司

成立于1995年，为院内设机构，之前名为“广东省岭南综合勘察设计院科技产业公司”，在筹建过程中更改为“广东凌志科技实业有限公司”。主要从事科技实业开发，新技术推广，开拓国外工程设计、咨询等业务，先后完成了对柬埔寨、越南、苏里南等国家多个项目的勘察设计任务。为配合院事业单位改革，该公司已于2001年撤销。

第六章 技术成果

院重视技术创新，积极开展技术创新及推广应用，技术成果无论在数量上，还是在质量上，都在随着时间的推移不断提高，成果丰硕。在20世纪80年代以前，全院每年技术成果都在100项以下；90年代上升到近200项；到了新世纪，每年技术成果数量就达到了近300项；近两年来，更是达到了500项以上，其中不乏高质量的优秀成果。经统计，建院以来，我院获得省部级以上科技成果奖有75个项目、102个奖项。其中：20世纪近50年，获奖成果36个项目、48个奖项；2002年以来，获奖成果39个项目、54个奖项。院出版(或参与出版)了专著11部，编写林业标准(规范)8项。另设立院级优秀成果奖，每年评奖一次，在此章不作统计。

第一节 科技进步奖

建院以来，我院共有31个项目获得了科技进步(类)奖。详见表6-1。

表6-1 科学技术奖、科技进步奖、农业技术推广奖、梁希林业科学技术奖获奖项目

序号	项目名称	获奖名称	颁奖部门	获奖年度
1	利用遥感技术进行全国土地资源调查制图的研究	国家科技攻关奖	全国农业区划委员会	1982
2	广东省林业区划	广东省科技进步三等奖	广东省人民政府	1986
3	海南岛200万亩速生丰产用材林造林总体设计	广东省科技进步三等奖	广东省人民政府	1986
4	中国林业区划	科技进步一等奖	国家林业部	1988
		国家科技进步二等奖	国家科技进步奖评委会	
5	全国杉木、马尾松树种区划研究	科技进步三等奖	国家林业部	1988

（续）

序号	项目名称	获奖名称	颁奖部门	获奖年度
6	阳春县飞播造林成果	科技进步一等奖	广东省林业厅	1988
7	广东省森林资源连续清查体系的研究	科技进步一等奖	广东省林业厅	1989
		广东省科技进步三等奖	广东省人民政府	1990
8	广东省造林典型设计	科技进步三等奖	广东省林业厅	1989
9	群体抽样在建立县级森林资源连续清查体系中的应用	科技进步三等奖	广东省林业厅	1989
10	澳门路环岛造林绿化工程	省科技进步三等奖	广东省人民政府	1989
11	广东省飞机播种造林技术推广应用	科技进步一等奖	广东省林业厅	1989
		科技进步二等奖	国家林业部	1990
		国家科技进步三等奖	国家科技进步奖评委会	1991
12	广东省森林资源电脑信息管理系统	科技进步二等奖	广东省林业厅	1990
		省科技进步三等奖	广东省人民政府	
		科技进步三等奖	国家林业部	
13	全国毛竹生态经济区划与发展研究	科技进步二等奖	国家林业部	1992
14	封山育林是加速广东荒山绿化的一项重要举措调研报告	科技进步成果二等奖	全国林业调查科技情报网中心站	1992
15	广州市白云区森林经营方案	科技进步二等奖	广东省林业厅	1993
16	世界银行贷款广东省“国家造林项目”造林总体设计	科技进步二等奖	广东省林业厅	1993
17	广东绿化达标是森林经营的策略	科技进步成果一等奖	全国林业调查科技情报网中心站	1994
18	《广东森林》	科技进步一等奖	广东省林业厅	1994
19	广东省森林资源二类调查及经营规划技术研究	科技进步一等奖	广东省林业厅	1995
		科学技术进步二等奖	国家林业部	1996
20	中山市城市林业总体规划	科技进步一等奖	广东省林业厅	1996
		科技进步二等奖	国家林业部	1997
21	广东省林地地籍管理系统	科技进步二等奖	广东省林业厅	1997
22	广东省东江、西江、北江、韩江流域生态公益林工程建设总体规划	科技进步一等奖	广东省林业厅	1998
		科技进步三等奖	国家林业局	1999

（续）

序号	项目名称	获奖名称	颁奖部门	获奖年度
23	降低人造板生产原料消耗比技术推广	广东省农业技术推广三等奖	广东省农推奖评委会	2002
24	城郊森林生态景观改造技术的推广应用	广东省农业技术推广二等奖	广东省农推奖评委会	2002
25	广州岭南花园住宅区生态绿地规划的研究	广东省科学技术奖三等奖	广东省人民政府	2003
26	森林生态宏观监测系统研究	广东省科学技术奖三等奖	广东省人民政府	2004
27	广东省森林资源与生态规划设计监测信息管理系统	广东省农业技术推广二等奖	广东省农推奖评委会	2007
28	木材加工粉尘治理技术与综合利用研究	广东省科学技术奖三等奖	广东省人民政府	2006
		梁希林业科学技术奖三等奖	中国林学会	2007
		广东省农业技术推广二等奖	广东省农推奖评委会	2007
29	木质废料中密度纤维板工艺技术	梁希林业科学技术奖三等奖	中国林学会	2009
		广东省科学技术奖三等奖	广东省人民政府	2009
30	木质废料循环利用中纤板工艺技术推广	广东省农业技术推广二等奖	广东省农推奖评委会	2009
31	基于“3S”的森林资源与生态状况年度监测信息管理系统	广东省农业技术推广二等奖	广东省农推奖评委会	2010
		广东省科学技术奖三等奖	广东省人民政府	2010

第二节　工程设计奖

建院以来，共有22个项目获得了工程设计(规划)奖。详见表6-2。

表6-2　工程设计奖获奖项目

序号	项目名称	获奖名称	颁奖部门	获奖年度
1	广宁县上林拱桥	70年代优秀工程设计二等奖	国家林业部	1972
2	广东省综合农业区划	广东省农业区划优秀成果一等奖	广东省农业区划办公室	1985
		全国农业区划优秀成果二等奖	全国林业区划办公室	
3	广东省林业区划	全国林业调查设计优秀成果二等奖	国家林业部	1987
		广东省农业区划优秀成果二等奖	广东省农业区划办公室	1985

（续）

序号	项目名称	获奖名称	颁奖部门	获奖年度
4	中国林业区划	全国林业调查优秀成果一等奖	国家林业部	1987
5	海南岛200万亩速生丰产用材林造林总体设计	全国林业调查设计优秀成果二等奖	国家林业部	1987
6	广东省森林资源连续清查体系	全国林业调查设计优秀成果三等奖	国家林业部	1987
7	广东省森林资源二类调查成果	林业部全国林业调查设计优秀成果荣誉奖	国家林业部	1987
8	澳门路环岛造林绿化工程	优秀工程项目三等奖	广东省建委	1990
9	全国桉树树种区划研究	全国农业区划优秀成果二等奖	全国林业区划办公室	1991
10	广州南洋合板有限公司年产5万立方米胶合板厂工程设计	省优秀工程设计三等奖	广东省建委	1991
11	广东省沿海防护林建设情况及效益	全国林业调查规划科技情报网优秀成果奖	全国林业调查规划科技情报网中心站	1991
12	世界银行贷款广东省“国家造林项目”造林总体设计	国家优秀工程设计银质奖	全国优秀勘察设计奖评委会	1993
13	封开新江纤维板有限公司年产3万立方米中密度纤维板厂设计	省优秀工程设计三等奖	广东省建委	1993
14	广东省林地地籍管理系统	优秀设计三等奖	国家林业局	1998
15	广州市帽峰山森林公园工程设计	全国优秀工程设计银质奖	全国优秀勘察设计奖评委会	2003
		优秀工程设计一等奖	国家林业局	2003
16	中山市主要公路绿化景观改造工程设计	优秀工程设计三等奖	国家林业局	2003
17	广东增城威华年产5万立方米中密度纤维板厂设计	局级优秀工程设计三等奖	国家林业局	2003
18	梅州市梅县扶大至五华大坝公路工程设计	优秀工程设计三等奖	国家林业局	2005
19	东莞市大岭山森林公园工程综合集成设计	全国优秀工程设计银质奖	全国优秀勘察设计奖评委会	2009
		优秀工程设计一等奖	国家林业局	2008

（续）

序号	项目名称	获奖名称	颁奖部门	获奖年度
20	广东佛山年产8万立方米木质废料中密度纤维板项目设计	优秀工程设计一等奖	国家林业局	2008
21	广东省森林生态与环境监测中心实验楼工程设计	优秀工程设计一等奖	国家林业局	2010
22	基于“3S”的森林资源与生态状况年度监测信息管理系统	优秀工程设计二等奖	国家林业局	2010
		广东省优秀计算机软件一等奖	广东省工程勘察设计行业协会	2011
		全国工程优秀工程勘察设计行业计算机软件二等奖	中国勘察设计协会	2011

第三节 优秀工程咨询成果奖

自从2006年国家有关部门开展优秀咨询成果奖评奖活动以来，我院共有22个项目获得了优秀工程咨询成果奖。详见表6-3。

表6-3 优秀工程咨询成果奖获奖项目

序号	项目名称	获奖名称	颁奖部门	获奖年度
1	金地集团增城项目基地生态资源调查报告	全国林业优秀工程咨询成果一等奖	中国林业工程建设协会	2006
		全国优秀工程咨询成果二等奖	中国工程咨询协会	2006
2	广东省主要树种二元立木材积模型及相对树高曲线模型研建	全国林业优秀工程咨询成果二等奖	中国林业工程建设协会	2006
		全国优秀工程咨询成果三等奖	中国工程咨询协会	2006
3	惠州市隆瀚经济林开发有限公司40万亩速生丰产林基地项目可行性研究报告	全国林业优秀工程咨询成果二等奖	中国林业工程建设协会	2006
		全国优秀工程咨询成果三等奖	中国工程咨询协会	2006
4	广东省森林资源与生态规划设计监测信息管理系统	全国林业优秀工程咨询成果三等奖	中国林业工程建设协会	2006

（续）

序号	项目名称	获奖名称	颁奖部门	获奖年度
5	佛山市林业生态发展规划(2006－2020年)	全国林业优秀工程咨询成果一等奖	中国林业工程建设协会	2007
		全国优秀工程咨询成果三等奖	中国工程咨询协会	2007
6	广东省林分改造工程建设规划(2007－2020年)	全国林业优秀工程咨询成果二等奖	中国林业工程建设协会	2007
		全国优秀工程咨询成果三等奖	中国工程咨询协会	2007
7	梅州市现代林业建设规划(2008－2020年)	全国优秀工程咨询成果二等奖	中国工程咨询协会	2008
		全国林业优秀工程咨询成果一等奖	中国林业工程建设协会	2008
8	广东清远抽水蓄能电站生态环境现状调查与评价专题报告	全国林业优秀工程咨询成果二等奖	中国林业工程建设协会	2008
9	清远市自然生态区(市肺)总体规划	全国林业优秀工程咨询成果三等奖	中国林业工程建设协会	2008
10	广东省珍贵树种发展工程建设规划(第一期工程)	全国林业优秀工程咨询成果三等奖	中国林业工程建设协会	2008
11	国家森林资源与生态状况综合监测广东试点报告	全国林业优秀工程咨询成果一等奖	中国林业工程建设协会	2009
12	木质废料循环利用制造中密度纤维板技术研究报告	全国林业优秀工程咨询成果一等奖	中国林业工程建设协会	2009
13	广东省林业产业发展规划(2008－2020年)	全国林业优秀工程咨询成果二等奖	中国林业工程建设协会	2009
14	南方珍贵树种良种选育与扩繁中心(基地)第一期工程可行性研究报告	全国林业优秀工程咨询成果二等奖	中国林业工程建设协会	2009
15	广东省乐昌市岩溶地区石漠化综合治理县级试点工程建设规划(2008－2010年)	全国林业优秀工程咨询成果二等奖	中国林业工程建设协会	2009

（续）

序号	项目名称	获奖名称	颁奖部门	获奖年度
16	广东省雨雪冰冻灾害地区森林生态修复工程规划	全国林业优秀工程咨询成果二等奖	中国林业工程建设协会	2009
17	广东省生物防火林带工程建设规划（2009－2012年）	全国林业优秀工程咨询成果三等奖	中国林业工程建设协会	2009
18	基于“3S”的森林资源与生态状况年度监测技术研究	全国林业优秀工程咨询成果一等奖	中国林业工程建设协会	2010
		全国优秀工程咨询成果二等奖	中国工程咨询协会	2010
19	广东省油茶产业发展规划（2010－2020年）	全国林业优秀工程咨询成果二等奖	中国林业工程建设协会	2010
		全国优秀工程咨询成果三等奖	中国工程咨询协会	2010
20	广东省林业发展区划	全国林业优秀工程咨询成果二等奖	中国林业工程建设协会	2010
21	珠江三角洲地区林业生态建设一体化规划	全国林业优秀工程咨询成果三等奖	中国林业工程建设协会	2010
22	广东省“十二五”生态林业发展战略研究	全国林业优秀工程咨询成果三等奖	中国林业工程建设协会	2010

第四节　主要专著

近年来，我院出版（或参与出版）了11部专著，详见表6-4。

表6-4　院近年来出版的专著一览表

序号	名称	主编	院主要编写人员	出版社	出版时间
1	城市林业	梁星权	李茂深　林俊钦　王登锋　邓鉴锋　叶渭贤　刘志武	中国林业出版社	2001.8
2	森林分类经营	梁星权	邓鉴锋　李茂深	中国林业出版社	2001.8
3	广州岭南花园住宅区生态绿地规划的研究	刘志武	林俊钦　吴焕忠　李茂深　江建发	华南理工大学出版社	2002.6
4	森林生态宏观监测系统研究	林俊钦	邓鉴锋　林寿明　刘志武　薛春泉　叶金盛　李茂深　王登峰　刘凯昌　郑镜明	中国林业出版社	2004.6

（续）

序号	名称	主编	副主编	出版社	出版时间
5	广东省森林生态状况监测报告(2002年)	王登峰	薛春泉　刘志武　林俊钦 叶金盛　郑镜明　邓鉴锋	中国林业出版社	2004.6
6	中密度纤维板工艺技术	潘淑清 周玉申		华南理工大学出版社	2004.8
7	木材加工粉尘治理技术与综合利用研究	周玉申	潘淑清　刘志武　陈雄伟 罗发明　彭福坦　马延军	中国林业出版社	2006.3
8	广东现代林业发展区划	邓鉴锋	林中大　战国强 杨沅志　郭彦青	中国林业出版社	2010.3
9	基于“3S”的森林资源与生态状况年度监测技术研究	魏安世	肖智慧　叶金盛　李伟	中国林业出版社	2010.8
10	广东城市森林公园工程综合集成设计研究	刘志武	肖智慧　陈汉坤　叶金盛 吴焕忠　郭盛才　陈钰皓	中国林业出版社	2011.2
11	广东省生态景观林带植物选择指引	肖智慧 吴焕忠 邓鉴锋 战国强	陈传国　华国栋 江运仁　刘周全	中国林业出版社	2011.12

第五节　林业标准化建设

根据业务发展的需要，我院积极参与林业标准（规范）的起草和制订工作，2004年以来，我院专业技术人员共编写（起草）了8项省或地方标准（规范），详见表6-5。

表 6-5 院近年来编写(起草)的标准(规范)一览表

序号	标准号	标准名称	编写人(排名)	发布机关(机构)	发布日期
1	DB44/T 195.1 -2004	生物防火林带建设导则	李志洪(1) 林寿明(2) 林中大(7) 叶渭贤(8)	广东省质量技术监督局	2004.8.23
2	DB44/T 195.2 -2004	生物防火林带建设规划设计通则	李志洪(1) 林寿明(2) 林中大(7) 叶渭贤(8)	广东省质量技术监督局	2004.8.23
3	DB44/T 195.3 -2004	生物防火林带建设技术规程	李志洪(1) 林寿明(2) 林中大(7) 叶渭贤(8)	广东省质量技术监督局	2004.8.23
4	DB44.T 195.4 -2004	生物防火林带建设检查验收	李志洪(1) 林寿明(2) 林中大(7) 叶渭贤(8)	广东省质量技术监督局	2004.8.23
5	DB44/T 553 -2008	森林资源管理术语	刘凯昌(1) 林俊钦(5) 林寿明(6) 李志洪(7) 魏安世(8) 余松柏(9) 谭文雄(10)	广东省质量技术监督局	2008.7.11
	DB44/T 772 -2010	营造林工程档案管理规范	刘凯昌(1) 严玉莲(3) 肖智慧(5) 刘志武(7)	广东省质量技术监督局	2010.7.26
7	DB44/T 773 -2010	广东省营造林工程定额与造价	林中大(2) 叶渭贤(5) 叶雪凌(6)	广东省质量技术监督局	2010.7.26
8	DB44/T 901 -2011	广东省林地勘界测量技术规范	刘志武(1) 陈汉坤(2) 雷庆祥(4) 彭词清(5) 容友鹏(6) 钟小山(7) 刘建明(10) 刘飞鹏(11)	广东省质量技术监督局	2011.9.8

第七章 文化建设

第一节 建设内容

一、文化理念

院在振兴经济建设的同时，注重职工的思想建设，通过精神文化层面潜移默化的感召力，使团队与职工建立了共同愿景，统一了价值观，提升了团队的凝聚力，为院的稳步持续发展奠定了坚实的和谐文化基础。具体理念包括：

总体目标：创建全国一流的林业调查规划院。

建院方针：科学发展、和谐立院、人才强院、科技兴院。

质量方针：用户至上，质量第一；一项成果，一份信誉。

核心价值理念：敬业、务实、和谐、诚信。

二、建设内容

（一）职业道德教育

院重视职业道德教育，制订了《广东省林业调查规划院职业道德建设实施方案》，组织全院职工学习《公民道德建设实施方案》、《八荣八耻职工读本》，通过倡导以“八荣八耻”为主要内容的社会主义荣辱观，经常以市场经济体制在完善过程中出现的不良现象作警示，教育广大干部职工，特别是经常出差在外的职工要树立“责任重于权力”的思想，自觉抵制不良行为，维护单位的荣誉，提升全院干部职工的思想道德水平。同时，组织全院干部职工开展林业系统普法考试、开展《实施纲要》知识竞赛活动、参与《中国绿色时报》有奖答题等一系列活动，提高了全院干部职工的职业道德修养。全院干部职工始终保持良好的精神状态和工作作风，树立科学发展观、正确政绩观和人才观，勤政爱岗，团结进取，单位的社会知名度和影响力不断扩大，职工队伍和技术力量都有了实质性的变化。

（二）规范服务

完善的管理制度是一个集体发展的重要保证。近年来我院不断健全和完善各级部门的规章制度，制订并不断完善了《院内部会计控制制度》、《院生产经营管理办法》、《院技术管理办法》、《分院内部管理规定》等有关制度。院党委通过每年的纪律教育学习月活动和机关作风建设年活动，使干部职工受到良好的作风教育，还建立了监察员、特邀监察员制度，设置了“群众信箱”，严明纪律，完善监督机制。

（三）营造和谐

院树立以人为本意识，努力为职工办实事，营造和谐氛围。一是果断决策，完成了龙洞院区的建设和办公大院整体搬迁；二是抓住机遇，妥善解决了历史遗留的南洋厂债务问题；三是想方设法，顺利办理了广园东职工住户产权历史遗留问题；四是以人为本，逐步改善职工的居住条件及解决职工后顾之忧，如购置京溪山庄及云景花园商住用房解决职工居住条件、为职工子女及家属提供就业机会等。

（四）综合治理

院在抓好经济建设的同时，院着力提高广大职工遵纪守法的意识，组织了各类学习和考试。近年来，本院干部职工中没有出现“黄、赌、毒”等违法乱纪现象，无出现“法轮功”邪教活动和有害气功活动，计生工作连年达标，连年被评为“广州市消防工作先进集体”、街道“综合治理先进单位”。

（五）文体卫生

院认真贯彻落实省委关于建设文化大省的有关精神，重视和谐文化建设，加大对职工文化生活的软硬件投入。党委、各党支部、工会等团体每年都组织形式多样的文体活动，无论是庆“七一”的大型活动、迎新年的登山活动，还是共青团、妇女、离退休人员的各类活动，都组织得有声有色，寓教于乐，为广大职工所喜爱。

（六）创先争优

院在制订《五年发展规划》中明确提出了争创省级先进基层党组织、全国文明单位及全国一流林业调查规划院的奋斗目标，并相应制订了具体的实施方案。围绕创建全国文明单位的“五好”标准，即“两个文明协调好”、“工作实绩效益好”、“思想道德廉政好”、“文化建设环境好”和“法制教育综合治理好”，院制订了评比表彰规定（办法），先后制定了《创先争优若干规定》、《创“文明集体”、评“十佳职工”若干规定》、《文明楼、文明户评选实施办法》等，每年拿出一定的奖励基金奖励先进、积极分子，为创建全国文明单位打下了扎实基础。通过“创先争优”载体，不断创新激励机制，使文明单位创建活动深入人心，形成了单位的发展与行业的发展结合、与个人的发展相结合的良好局面。

第二节 主要荣誉

通过近几年艰苦的努力，全院职工走上新的发展道路。全院的年生产总值从原来的几百万元增加到6000多万元，平均每年增长10%以上；2007年7月，投资3000多万元，建筑面积近9000平方米的新办公楼落成。全院职工喜迎新迁，拥有了构筑我省森林资源与生态状况综合监测的高科技平台，提升了单位核心竞争力，院的综合实力已跃升于全国同行业前列！

院在发展经济的同时，积极优化人才队伍结构，引进高端技术人才，培养提升在职人员；提升改造、美化绿化大院环境，夯实基础设施；每年组织工、青、妇和离退休老同志外出参观学习，拓宽员工视野，促进员工之间的沟通和交流；尽力创造就业机会安置职工家属，解决职工的后顾之忧等等。扎实有效的和谐文化建设举措，极大地凝聚了团队的合力，创造了和谐的人文环境，成就了团队和个人。

经济建设和文化建设的齐头并进，使本院“两个文明”建设发生了质的变化。院先后获得了省直系统文明单位、全省林业系统创建文明行业先进单位、省直属机关先进基层党组织、全国模范职工之家、广东省先进集体、广东省文明单位、全国林业系统先进单位、全国优秀勘察设计院及全省第三次森林资源二类调查先进集体等光荣称号。有个人荣获省先进企业文化工作者称号、省五一劳动奖章、全国五一劳动奖章等荣誉。集体荣誉详见表7-1。个人荣誉详见表7-2。

表7-1 1990－2012年广东省林业调查规划院获得荣誉统计表

年份	颁奖单位	所获荣誉
1990	广东省建设委员会	1990年度广东省建设系统科学技术进步奖三等奖
1991	全国林业调查规划科技情报网	中南大区站先进单位
1991	共青团广东省人民政府直属机关委员会	1990年度省府直属机关先进团总支
1992	广东省林业厅	厅直属机关计划生育先进集体
1992	广东省林业厅直属机关团委	省林业厅直属机关团委1991年度先进团总支
1992	广东省林业工会委员会	职工之家

（续）

年份	颁奖单位	所获荣誉
1993	国家工程建设质量奖审定委员会	1993 年全国工程建设优秀质量管理小组
1994	广东省人民政府	绿化广东贡献突出单位
1994	中共广东省林业厅直属机关委员会	1992－1993 年度先进基层党组织（人保党支部）
1995	广东省林业厅	广东省林业系统电脑应用先进单位
1995	广东省林业厅	广东省林业系统“八五”期间林业教育先进单位
1996	林业部、国家计委、财政部、航空总局、解放军空军	全国飞机播种造林先进单位
1996	天河区委区政府	安全文明小区
1997	广东省林业厅	林业行业思想政治工作优秀单位
1997	中共广东省林业厅直属机关委员会	1994－1996 年度先进基层党组织（人保党支部）
1997	广东省林业工会	先进职工之家
1997	清远市人民政府	先进监理单位
1998	广东省林业厅直属机关委员会	省林业厅直属机关文明单位（至今，每两年复审一次）
1998	中共广东省林业厅直属机关委员会	广东省林业厅直属机关先进党组织
1998	共青团广东省林业厅直属机关委员会	广东省林业厅直属机关先进基层团组织
1999	国家林业局	全国森林资源林政管理先进集体（林业分院）
1999	广东省林业厅	厅直属机关安全生产先进单位
1999	广东省林业厅	保密工作目标管理责任制优秀单位
1999	广州市交通防火安全委员会	1998 年广州市消防工作先进集体
2000	广州市交通防火安全委员会	1999 年广州市消防工作先进集体
2000	广东省林业厅	厅直属机关 1997－1999 年度计划生育先进集体
2000	广东省林业厅	全省林业教育先进集体
2000	共青团广东省林业局直属机关委员会	广东省林业局直属机关先进基层团组织
2000	广东省林业厅计划生育工作领导小组	广东省林业厅直属机关 1997－1999 年度计划生育先进集体
2001	中共广东省直属机关工作委员会	广东省直属机关先进基层党组织
2001	广东省人民政府	广东省造林绿化先进单位
2001	广东省林业局	直属机关安全生产一等奖
2001	广东省直属机关工委	省直系统文明单位
2002	广东省直属机关工委	广东省直属机关先进基层党组织（林业分院党支部）
2002	广东省林业局	全省林业系统创建文明行业先进单位
2003	广东省委、省政府	广东省先进集体
2003	国家人事部、国家林业局	全国林业系统先进集体
2003	中国勘察设计协会	全国优秀勘察设计院
2003	广东省总工会	先进职工之家

（续）

年份	颁奖单位	所获荣誉
2003	广东省林业局	安全生产先进单位
2003	天河区爱卫委会	天河区 2003 年度爱国卫生工作先进单位
2003	广东省林业局直属机关党委	2001－2002 年度先进基层党组织（管理党支部）
2003	广东省总工会、省科技厅、省劳保厅	广东省职工技术创新成果优秀奖
2004	广东省委、省政府	绿化广东贡献突出单位
2004	广州市天河区沙东街	无偿献血工作先进单位
2004	广东省直属机关工委	2000－2004 年连续 5 年省直系统文明单位
2004	广东省总工会、省科技厅、省劳保厅	广东省职工技术创新成果优秀奖
2005	国家林业局	全国第六次森林资源清查工作先进单位
2005	国家林业局防沙治沙办	第三次全国荒漠化和沙化监测先进单位（生态监测分院）
2005	广东省林业局	全省林业系统创建文明行业（2003－2005 年度）先进单位
2005	广东省林业局	自然保护区建设管理工作先进单位
2005	广东省林业局	全省林地林权登记换证工作先进单位（资源监测分院）
2005	中共广东省直属机关工作委员会	2002－2004 年度省直属机关文明单位
2006	中国勘察设计协会	全国优秀勘察设计院（广东省岭南综合勘察设计院）
2006	广东省林业局	全省森林资源保护和林政管理先进单位
2006	中共广东省林业局直属机关委员会	2003－2005 年度广东省林业局直属机关先进党支部（生态监测分院党支部）
2006	中共广东省林业局直属机关委员会	2003－2005 年度广东省林业局直属机关先进党支部（资源监测分院党支部）
2006	广东省总工会	全省企业班组安全建设亮点演示大奖赛优秀奖
2006	广东省林业局	全省第三次森林资源二类调查先进集体
2007	广东省总工会	第十届广东省职工职业道德建设先进单位
2007	中国林业产业协会	全国林业突出贡献奖先进单位（产业设计分院）
2007	广东省总工会	广东省厂务公开民主管理工作先进单位
2007	广东省林业局	2006 年度安全生产先进单位
2007	中共广东省直属机关工作委员会	2005－2007 年度文明单位
2008	中共广东省直属机关工作委员会	2005－2007 年度广东省直属机关精神文明创建先进单位
2008	广东省总工会	广东省"工人先锋号"（资源监测分院）
2008	中华全国总工会	全国模范职工之家

（续）

年份	颁奖单位	所获荣誉
2008	广东省委、省政府	广东省文明单位
2008	广东省林业局	2007 年度安全生产先进单位
2008	中共广东省林业局直属机关委员会	2006－2007 年度广东省林业局直属机关先进党支部（院办党支部）
2008	中共广东省林业局直属机关委员会	2006－2007 年度广东省林业局直属机关先进党支部（规划设计分院党支部）
2008	广东省林业局	全省林业宣传先进单位（生态监测分院）
2009	广东省人民政府	2007 年度广东省节能先进单位
2009	全国总工会	全国“工人先锋号”（资源监测分院）
2009	广东省林业局	2008 年度安全生产先进单位
2009	广东省林业工会	直属单位造林工职业技能竞赛第一名（生态监测分院）
2009	广东科技厅	广东省重大科技专项实施单位
2009	广州市天河区龙洞街道办	第四届文化艺术节健美操比赛二等奖
2009	中共广东省林业局直属机关委员会	省林业局庆祝建国 60 周年“祖国在我心中”歌咏演唱会铜奖
2010	中共广州市天河区龙洞街工作委员会	2010 年度龙洞街城市管理工作先进集体
2010	广东省林业局	2010 年度老干部工作先进单位
2010	广东省总工会	全国“安康杯”竞赛广东省优胜班组（生态监测分院）
2010	广东省林业局	2009 年度安全生产先进单位
2011	广东省林业局	2010 年度安全生产优秀单位
2011	广州市公安局交警支队安全教育处	2010 年度交通安全宣传教育先进单位
2011	广州市公安局交警支队安全教育处	2010 年度交通安全先进单位
2011	广州市天河区龙洞街道办	2010 年度龙洞街先进城市管理工作先进单位
2011	中共广东省林业局直属机关委员会	2008－2011 年度广东省林业局直属机关先进党支部（产业设计分院党支部）
2011	中共广东省林业局直属机关委员会	2008－2011 年度广东省林业局直属机关先进党支部（信息技术分院党支部）
2011	共青团广东省直属（机关工作委员会）	2009－2010 年度五四红旗团委
2011	中共广州市天河区龙洞街工作委员会	2011 年度龙洞街人口和计划生育工作先进集体
2011	广东省质量协会 广东省总工会 共青团广东省委员会 广东省妇女联合会	广东省用户满意服务明星班组（信息技术分院）
2012	广东省集体林权制度改革领导小组	全省集体林权制度改革先进集体
2012	广东省林业厅	2011 年度安全生产先进单位
2012	广东省林业厅	全省林业科技工作先进集体
2012	中共广东省直属机关工作委员会	广东省直属机关创先争优活动先进基层党组织

表 7-2　1963－2012 年广东省林业调查规划院职工获奖情况统计表

年份	奖　项	颁奖单位	获奖者姓名
1963	广东省直属机关青年社会主义建设积极分子	共青团广东省直属机关委员会	江振铎
1963	广东省工交、基建、农业社会主义建设先进生产者		马自玉
1963	广东省工交、基建、农业社会主义建设先进生产者		林庆祥
1985	广东省农业区划先进工作者	广东省农业区划办公室	江振铎
1985	广东省农业区划先进工作者	广东省农业区划办公室	冯文炳
1986	全国林业调查规划设计先进个人	国家林业部	江振铎
1986	全国林业调查规划设计先进个人	国家林业部	区庄葵
1986	全国林业调查规划设计先进个人	国家林业部	王兴茂
1986	全国林业调查规划设计先进个人	国家林业部	任松欢
1987	1987 年省林业厅直属单位乒乓球选拔赛女子单打第二名	广东省林业工会委员会	陈舜卿
1989	首届丁颖科技奖	广东省科学技术协会	江振铎
1990	1990 年度优秀团干部	共青团广东省林业厅直属机关委员会	肖志慧
1990	1990 年度优秀团干部	共青团广东省林业厅直属机关委员会	赖广梅
1990	1990 年度优秀团员	共青团广东省林业厅直属机关委员会	张海文
1991	1991 年度优秀团干部	共青团广东省林业厅直属机关委员会	赖广梅
1992	1991 年优秀共产党员	中共广东省林业厅直属机关委员会	赖广梅
1993	全国优秀勘察设计院院长	国家建设部	李茂深
1994	绿化广东先进生产者	广东省人民政府	黎启泓
1994	1993 年度优秀共产党员	中共广东省林业厅直属机关委员会	冯少卿
1994	广东省林业厅直属机关优秀党务工作者	中共广东省林业厅直属机关委员会	赖广梅
1995	广东省森林资源二类调查先进个人	广东省林业厅	江振铎
1995	全国先进建设监理工作者	国家建设部	李希武
1995	1994 年度文明家庭	广州市沙河街妇联	刘培兴
1995	首届广东省林业厅直属机关“十优青年”称号	共青团广东省林业厅直属机关委员会	肖志慧

（续）

年份	奖 项	颁奖单位	获奖者姓名
1995	先进女职工	广东林业工会委员会	潘淑清
1995	广东省森林资源二类调查先进个人	广东省林业厅	余松柏
1996	1995 年度全省人事系统先进工作者	广东省人事厅	冯少卿
1996	广东省职工自学成才奖	广东省总工会、省职工自学成才评审委员会	江振铎
1996	1995 年度广东省林业厅直属机关优秀团干部	共青团广东省林业厅直属机关委员会	肖志慧
1996	广东省林业厅直属机关优秀党务工作者	中共广东省林业厅直属机关委员会	肖志慧
1996	广东省林业厅直属机关优秀党务工作者	中共广东省林业厅直属机关委员会	林俊钦
1996	论文“林业改革的关键在于思想观念的转变”获西南、中南地区林业思想政治工作研讨会论文评选二等奖	中国林业职工思想政治工作研究会	肖志慧
1996	优秀职工之友	广东省林业工会委员会	彭 达
1997	1995－1996 年度广东省林业厅直属机关优秀共产党员	中共广东省林业厅直属机关委员会	冯少卿
1997	全国自学成才先进分子	全国总工会、国家教委、国家科技委、国家人事部、国家劳动部、全国职工自学成才奖评审委员会	江振铎
1998	1997 年度全省森林资源档案管理先进工作者	广东省林业厅	余松柏
1998	广东省林业厅直属机关优秀团干部	共青团广东省林业厅直属机关委员会	彭 达
1998	广东省林业厅直属机关优秀党务工作者	中共广东省林业厅直属机关委员会	肖志慧
1998	广东省林业厅直属机关优秀共产党员	中共广东省林业厅直属机关委员会	林俊钦
1998	广东省林业厅直属机关优秀共产党员	中共广东省林业厅直属机关委员会	冯少卿
1998	广东省直属机关优秀党务工作者	中共广东省直属机关工作委员会	肖志慧
1998	林业厅直属机关职业道德先进个人	中共广东省林业厅直属机关委员会	叶渭贤
1999	1997－1998 年度广东省林业行业思想政治工作优秀工作者	广东省林业厅	肖志慧
2000	1997－1999 年度计划生育先进工作者	广东省林业厅	冯少卿
2000	2000 年度广东省林业局直属机关优秀共产党员	中共广东省林业局直属机关委员会	邓鉴锋
2000	2000 年度省林业局直属机关优秀团干部	广东省林业局直属机关团委	刘飞鹏
2001	2001 年广东省林业局直属机关优秀共青团员	广东省林业局直属机关团委	李大锋
2001	全国农林系统工会先进女职工工作者	中国农林工会全国委员会	冯少卿

（续）

年份	奖　项	颁奖单位	获奖者姓名
2001	在1998－2000年度“创先争优”活动中被评为优秀党务工作者	中共广东省林业局直属机关委员会	肖志慧
2001	在1998－2000年度“创先争优”活动中被评为优秀共产党员	中共广东省林业局直属机关委员会	林俊钦
2001	在1998－2000年度“创先争优”活动中被评为优秀党务工作者	中共广东省林业局直属机关委员会	黄俊泽
2001	在1998－2000年度“创先争优”活动中被评为优秀共产党员	中共广东省林业局直属机关委员会	李纪友
2001	2001年度省林业局直属机关优秀团干部	广东省林业局直属机关团委	刘飞鹏
2001	全省林业科技先进工作者	广东省林业局	刘凯昌
2003	广东省林业系统优秀工会工作者	广东省林业工会委员会	冯少卿
2003	2003年度省林业局直属机关优秀团干部	广东省林业局直属机关团委	刘飞鹏
2003	2001－2002年度广东省林业局直属机关优秀党务工作者	中共广东省林业局直属机关委员会	陈汉坤
2003	2001－2002年度广东省林业局直属机关优秀党务工作者	中共广东省林业局直属机关委员会	赖广梅
2003	2001－2002年度广东省林业局直属机关优秀共产党员	中共广东省林业局直属机关委员会	魏安世
2003	2001－2002年度广东省林业局直属机关优秀共产党员	中共广东省林业局直属机关委员会	苏树权
2003	全国治沙暨沙产业先进科技工作者	中国治沙暨沙业学会	薛春泉
2003	2000－2002年度广东省企业文化建设先进工作者	广东职工思想政治工作研究会 广东企业文化建设协会	肖志慧
2003	全面建设小康社会与建设林业生态省研讨会优秀论文	广东省林学会	郑镜明
2004	广东省2003年度安全生产先进个人	广东省人事厅、省安全生产监督管理局	陈汉坤
2004	广东省林业工作先进个人	广东省人民政府	林寿明
2004	2004年度省林业系统职工羽毛球选拔赛男子单打第二名	广东省林业工会委员会	李大锋
2004	广州市2004年度无偿献血三等奖		周玉申
2004	广东职工技术创新成果优秀奖	广东省总工会、省科学技术厅、省劳动和社会保障厅	薛春泉
2004	广东职工技术创新成果优秀奖	广东省总工会、省科学技术厅、省劳动和社会保障厅	刘凯昌
2004	广东职工技术创新成果优秀奖	广东省总工会、省科学技术厅、省劳动和社会保障厅	潘淑清

（续）

年份	奖 项	颁奖单位	获奖者姓名
2004	广东职工技术创新成果优秀奖	广东省总工会、省科学技术厅、省劳动和社会保障厅	李迪荣
2004	广东职工技术创新成果优秀奖	广东省总工会、省科学技术厅、省劳动和社会保障厅	王喜平
2004	广东职工技术创新成果优秀奖	广东省总工会、省科学技术厅、省劳动和社会保障厅	练 丽
2004	全省荒山造林绿化先进个人	广东省人民政府	刘凯昌
2005	全国第六次森林资源清查工作先进个人	国家林业局	邓鉴锋
2005	2004 年广东省林业优秀学术论文一等奖	广东省林学会	薛春泉
2005	广东省五一劳动奖章	广东省总工会	林俊钦
2005	第三届全国优秀设备工作者	中国设备管理协会	陈雄伟
2005	全省林业教育工作先进个人	广东省林业局	刘飞鹏
2005	全省林业科技工作先进个人	广东省林业局	刘志武
2005	全省林业科技工作先进个人	广东省林业局	薛春泉
2005	全省林地林权登记换发证工作先进个人	广东省林业局	李志洪
2005	优秀共青团员	广东省林业局直属机关团委	梅 盛
2006	广东省直属机关优秀党支部书记	中共广东省直属机关委员会	林寿明
2006	广东省优秀团支部书记	共青团广东省委员会	刘飞鹏
2006	民盟广东省委员会先进个人	民盟广东省委	郑镜明
2006	全省第三次森林资源二类调查先进个人	广东省林业局	魏安世
2006	2003－2005 年度广东省林业局直属机关优秀党务工作者	中共广东省林业局直属机关委员会	林寿明
2006	2003－2005 年度广东省林业局直属机关优秀党务工作者	中共广东省林业局直属机关委员会	蔡晓燕
2006	2003－2005 年度广东省林业局直属机关优秀共产党员	中共广东省林业局直属机关委员会	薛春泉
2006	2003－2005 年度广东省林业局直属机关优秀共产党员	中共广东省林业局直属机关委员会	胡喻华
2006	2001－2006 年度广东省林业局关心下一代工作先进工作者	广东省林业局关工委	江振铎
2006	安全生产亮点展示 PPT 竞赛组织奖	广东省直属机关工委	郑洁玮
2006	2006 年度“中国农学会优秀论文”一等奖	中国林学会中国期刊协会农业期刊分会	魏安世

（续）

年份	奖　项	颁奖单位	获奖者姓名
2006	2006年度“中国农学会优秀论文”一等奖	中国林学会中国期刊协会农业期刊分会	李　伟
2006	2006年度“中国农学会优秀论文”一等奖	中国林学会中国期刊协会农业期刊分会	陈　鑫
2006	职工优秀个人奖	广东省林业工会委员会	梅　盛
2006	职工优秀个人奖	广东省林业工会委员会	陈晓军
2007	岗位排头兵	广东省直机关排头兵实践活动领导小组	魏安世
2007	2004－2006年度广东省林业局直属机关优秀团干部	广东省林业局直属机关团委	李大锋
2007	2004－2006年度广东省林业局直属机关优秀团员	广东省林业局直属机关团委	张　亮
2007	2003－2007年度广东省林业系统优秀工会工作者	广东省林业工会委员会	江建发
2008	全国五一劳动奖章	中华全国总工会	林俊钦
2008	全国绿化奖章	全国绿化委员会	吴焕忠
2008	2006－2007年度广东省林业局直属机关优秀共产党员	中共广东省林业局直属机关委员会	肖志慧
2008	2006－2007年度广东省林业局直属机关优秀共产党员	中共广东省林业局直属机关委员会	蔡晓燕
2008	2006－2007年度广东省林业局直属机关优秀共产党员	中共广东省林业局直属机关委员会	李爱英
2008	2006－2007年度广东省林业局直属机关优秀共产党员	中共广东省林业局直属机关委员会	刘培兴
2008	2006－2007年度广东省林业局直属机关优秀共产党员	中共广东省林业局直属机关委员会	叶金盛
2008	2006－2007年度广东省林业局直属机关优秀共产党员	中共广东省林业局直属机关委员会	江振铎
2009	全国第七次森林资源清查工作先进个人	国家林业局	林寿明
2009	全国第七次森林资源清查工作先进个人	国家林业局	李志洪
2009	全国第七次森林资源清查工作先进个人	国家林业局	魏安世
2009	全国第七次森林资源清查工作先进个人	国家林业局	叶金盛
2009	2007年度广东省节能先进个人	广东省人民政府	陈雄伟

（续）

年份	奖 项	颁奖单位	获奖者姓名
2009	第二届中国林业学术大会"森林经理与林业信息化的新使命"分会场优秀论文一等奖	中国林学会	魏安世
2009	第二届中国林业学术大会"森林经理与林业信息化的新使命"分会场优秀论文三等奖	中国林学会	汪求来
2009	第十届中国林业青年科技奖	国家林业局	叶金盛
2010	第二届中国绿化博览会先进工作者	第二届中国绿化博览会组委会	杨佐兵
2010	广东省林业局直属机关三八红旗手	广东省林业局	蔡晓燕
2010	广东省第四届职工运动会体育道德风尚奖	广东省总工会	江建发
2010	广东省五一劳动奖章	广东省总工会	肖智慧
2010	先进个人	民盟广东省委	郑镜明
2010	第九届中国林业青年学术年会优秀论文奖	中国林学会	魏安世
2010	广东省省直机关"青年岗位能手"	共青团广东省省直机关工作委员会	叶金盛
2011	保护森林和野生动植物资源先进个人荣誉称号	国家林业局	肖智慧
2011	先进个人	中国民主同盟中央委员会	郑镜明
2011	2008－2011 年度广东省林业局直属机关优秀党务工作者	中共广东省林业局直属机关委员会	陈雄伟
2011	2008－2011 年度广东省林业局直属机关优秀共产党员	中共广东省林业局直属机关委员会	肖智慧
2011	2008－2011 年度广东省林业局直属机关优秀共产党员	中共广东省林业局直属机关委员会	薛春泉
2011	2008－2011 年度广东省林业局直属机关优秀共产党员	中共广东省林业局直属机关委员会	许文安
2011	2008－2011 年度广东省林业局直属机关优秀共产党员	中共广东省林业局直属机关委员会	刘飞鹏
2011	2008－2011 年度广东省林业局直属机关优秀共产党员	中共广东省林业局直属机关委员会	战国强
2011	2008－2011 年度广东省林业局直属机关优秀共产党员	中共广东省林业局直属机关委员会	廖业佳
2011	2008－2011 年度广东省林业局直属机关优秀共产党员	中共广东省林业局直属机关委员会	黄少辉
2011	2008－2011 年度广东省林业局直属机关优秀共产党员	中共广东省林业局直属机关委员会	杨志刚
2011	第十一届中国林业青年科技奖	国家林业局	魏安世

（续）

年份	奖　项	颁奖单位	获奖者姓名
2011	广东省林业局关心下一代先进工作者	广东省林业局关心下一代工作委员会	李茂深
2012	广东省直机关优秀共青团干部	共青团广东省直属机关工作委员会	郑洁玮
2012	全省集体林权制度改革工作先进个人	广东省集体林权制度改革领导小组	陈黄礼
2012	全省集体林权制度改革工作先进个人	广东省集体林权制度改革领导小组	丁　胜
2012	全省林业科技先进工作者	广东省林业厅	肖智慧
2012	全省林业科技先进工作者	广东省林业厅	刘凯昌

第八章 人物简介

广东省林业调查规划院成立 60 年来，人才辈出，涌现出许多为广东林业建设发展作出了贡献的代表人物。本章分别以简介的形式予以记载，主要收录在广东省林业调查规划院工作过、时限自第一届院党委成立时起算的历任正职、现仍健在的院领导（按出生年月排序）、现任院领导正副职（按上级批文排序）、获得教授级高级工程师技术职称及享受国务院政府特殊津贴的专家（按出生年月排序）。

第一节 现任院领导简介

根据广东省事业单位分类改革及省林业厅党组文件，现有院长、党委书记各 1 名、副院长 3 名、总工程师 1 名及工会主席（兼纪委书记）1 名。

肖智慧

曾用名肖志慧，男，1963 年 4 月生，广东和平人，中共党员，研究生学历，林业高级工程师、高级企业文化师，省林业厅第一届、第二届直属机关党委委员。1983 年毕业于广东省林业学校采运专业，同年分配到我院工作至今。先后在华南农业大学林学系（函授专科）、省社科院政治经济学专业（在职研究生）、中山大学 EMBA 进修班、省委党校中青一班、法国国家行政学院学习，中央党校培训、2010 年率团到美国进行湿地管理培训等。曾任院团总支书记，院党委办公室主任（兼党委秘书），院工会主席，院党委副书记、书记等职务，2009年5月至今任院长兼广东省岭南综合勘察设计院院长、法人代表。先后获得省林业厅十大优秀青年、省直机关优秀党务工作者及省企业文化建设先进工作者、全国保护森林和野生动植物资源先进工作者及广东省五一劳动奖章等荣誉称号。

主持完成了全省十多个重大项目的专题调研、报告及规划的编写工作。其中“基于‘3S’的森林资源与生态状况年度监测技术研究”获2011年度广东省科学技术奖三等奖（排名第2）；“广东省油茶产业发展规划（2010–2020年）”获2010年度全国林业优秀工程咨询成果奖二等奖（排名第2）；“广东省林业产业发展规划（2008–2020年）”获2010年度全国林业优秀工程咨询成果奖二等奖（排名第3）；“广东省‘十二五’生态林业发展战略研究”获2010年度全国林业优秀工程咨询成果奖三等奖（排名第1）；“珠江三角洲地区林业生态建设一体化规划”获2010年度全国林业优秀工程咨询成果奖三等奖（排名第2）；“木质废料循环利用制造中密度纤维板技术研究报告”获2009年度全国林业优秀工程咨询成果奖一等奖（排名第2）等。

主编完成了《基于“3S”的森林资源与生态状况年度监测技术研究》、《广东省城市森林公园工程综合集成设计研究》、《广东省生态景观林带植物选择指引》等著作，并在《林业建设》、《中南林业调查规划》、《广东林业科技》等多个核心刊物上发表了多篇具有独立见解的学术论文。工作期间先后随团考察访问过日本、欧洲、南非、美国等十多个国家，发表《日本考察散记》、《以人为本的企业文化建设》、《反腐败的若干哲学思考》等文章及论文十多篇，曾获全国中南西南行业思想政治工作优秀论文二等奖，邓小平反腐败理论研究优秀论文。

邓鉴锋

男，1969年12月生，广东高州人，中共党员，农业推广硕士，林业教授级高工。1992年毕业于北京林业大学林学专业，同年分配到院工作至今。先后参加过华南农业大学森林经理研究生班、省委党校中青班、德国近自然林业建设及美国森林防火等考察培训班的学习。曾任林业分院新技术室主任，林业分院副院长、院长，生态规划分院院长，院办公室主任，院副院长，2009年6月任院党委书记。曾获得省林业局“优秀共产党员”、国家林业局“全国第六次森林资源清查工作先进个人”等荣誉称号。

主要从事森林生态监测评估、林业发展区划、森林景观规划设计等业务工作，主持完成了全省性（或大中型）项目有20多项，如森林生态宏观监测系统研究、广东现代林业发展区划、珠江三角洲地区林业生态建设一体化规划、深圳市生态风景林建设工程设计、广东省生态景观林带建设规划和珠江三角洲生态风景林造林效果调查研究等。其中有多个项目获得省部级以上奖，如“森林生态宏观监测系统研究”获广东省科学技术三等奖（排名第2）、“城郊森林生态景观改造技术的推广应用”获广东省农业推广应用二等奖（排名第1）、“广东省林业发展区划”获全国林业优秀工程咨询成果二等奖（排名第1）、“珠江三角洲地区林业生态建设一体化规划”获全国林业优秀工程咨询成果三等奖（排名第1）等。

主持或参加编写了《广东现代林业发展区划》、《森林生态宏观监测系统研究》、《广东省森林生态状况监测报告》、《广东省生态景观林带植物选择指引》、《城市林业》、《森林分类经营》等著作。在国内重要刊物上发表了《构建珠江三角洲地区稳定森林生态安全体系的思考》及《新形势下广东森林资源监测体系建设的探讨》等20多篇具有较高学术价值的论文。

陈汉坤

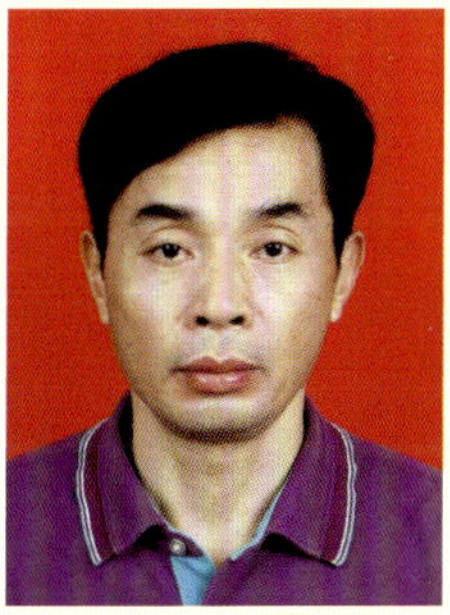

男，1961年生，广东惠来人，中共党员，研究生学历，林业教授级高工。1984年7月毕业于广东省林业学校，同年分配到院工作至今。1986年以后先后就读于广东成人科技大学、广东省社会科学院、中山大学等院校。曾任院工程勘测设计室副主任，工程勘测设计分院副院长、院长，广东省粤通工程建设监理公司总经理等职务，1999年2月任院副院长。曾获得省林业局直属机关优秀党务工作者、省安全生产先进个人等荣誉称号。2008年3月获得中国施工企业高级职业经理人资格。

主要从事工程勘察设计、工程施工监理、工程测量、林产工业设计和研究、林业调查规划、森林公园规划设计等工作。主持或主要参加完成的工程项目有：全省林区20多座水电站、地方公路1300多公里、大中桥80多座的勘察设计；广深珠高速公路东莞北段22公里特大高架连续桥的平面和高程控制测量；《广东省林地勘界测量技术规范》编制；龙洞院区的规划建设和院址的搬迁；组建了广东省粤通工程建设监理公司，并使其成为广东省早期高等级公路建设的具有一定社会影响力的最早的监理企业之一，取得了良好的社会效益和经济效益。其中：“梅州市梅县扶大至五华大坝公路工程”获国家林业局2005

年度优秀设计三等奖（排名第 1）；“广东佛山年产 8 万立方米木质废料中密度纤维板设计”获国家林业局 2008 年度优秀设计一等奖（排名第 4）；“木质废料循环利用中纤板工艺技术推广”获广东省农业技术推广二等奖（排名第 4）；“东莞市大岭山森林公园工程综合集成设计”获国家林业局 2008 年度优秀设计一等奖、2008 年度国家优秀工程勘察设计银奖（排名第 2）及“木质废料中密度纤维板工艺技术”2010 年 3 月获广东省科学技术三等奖（排名第 3）等。

在《林业建设》、《广东土木建筑》、《森林工程》及《山东林业科技》等有关刊物上独立发表论文十多篇，作为副主编出版著作一部，主要有《以大工程带动林业的跨越式发展》、《桥梁设计和施工中存在的有关问题和建议》及《广东城市森林公园工程综合集成设计研究》（副主编，排名第 3）等。

林寿明

男，1968 年 8 月生，广东高州人，中共党员，林业教授级高工。1992 年 7 月毕业于南京林业大学并分配到院工作至今。2003 年获得农业推广硕士学位。曾任林业分院副院长，资源监测分院院长，2007 年 12 月任院副院长至今。2004 年被广东省人民政府授予“广东省林业先进个人荣誉称号”、2006 年被中共广东省直属机关工作委员会授予“优秀党支部书记”、2006 年被广东省林业局直属机关委员会授予“2003-2005 年度省林业局直属机关优秀党务工作者荣誉称号”等。

主持或主要负责的大中型项目有：国家森林资源与生态状况综合监测广东省试点（2007 年），国家森林资源连续清查广东省第五次、第六次复查，广东省森林资源二类调查与森林生态状况调查（2004—2005 年），广东省林地保护利用总体规划（2010—2020 年），广东省主要树种二元立木材积模型及相对树高曲线模型研建，森林生态宏观监测系统研究等工作；同时，主持或负责编写了二十多个项目的操作细则、技术方案或工作方案等。其中，“国家森林资源与生态状况综合监测广东省试点（2007 年）”获得 2009 年度全国优秀工程咨询成果一等奖，“森林生态宏观监测系统研究”获 2004 年省科学技术三等奖；“广东省主要树种二元立木材积模型及相对树高曲线模型研建”获 2006 年度中国林业工程咨询成果二等奖等。

参与出版的专著有《森林生态宏观监测系统研究》、《广东省森林生态状况监测报告（2002 年）》等。

陈富强

男，1967年6月生，广东梅县人，中共党员，农业推广硕士，高级经济师，高级会计师，注册咨询工程师（投资），企业法律顾问。1989年7月毕业于中南林学院林学专业，同年分配到院工作至今。曾任院财务科副科长、科长，2009年10月至今任院副院长。

1989年7月至1994年10月在院资源调查室从事森林资源调查规划、森林资源连续清查、森林资源二类调查、生态公益林区划、造林检查、绿化达标检查验收等业务工作。1994年11月调入院办财务组，在管理部门期间，承担过花都、白云二区的森林资源连续清查复查，东源县、源城区森林宏观监测调查，金光集团森林经营方案编制等业务工作。其中参加完成的"木质废料中密度纤维板工艺技术研究"获2009年广东省科学技术三等奖。

从事院财务管理工作期间，编写了《院财务管理办法》及《院内部会计控制制度》等，规范了院财务会计工作，为院的经济快速发展提供了基础保障。

薛春泉

男，1968年11月生，广东五华人，中共党员，农业推广硕士，林业教授级高工。1992年7月毕业于华南农业大学林学专业，同年分配到院工作至今。先后任院粤森评估事务所评估部副经理、院林业分院园林室主任、院生态规划分院生态室主任及院生态监测分院院长，2011年5月任院总工程师至今。曾获得省林业局直属机关优秀共产党员、全省林业科技工作先进个人及全国治沙暨沙产业先进科技工作者等荣誉称号。

主要从事森林资源调查、森林生态监测评估、林业生态专题规划及林业生态工程成效核查等工作。主持或主要参与的成果或课题获广东省科学技术奖1项、广东省农业科学技术推广奖1项、国家林业局优秀工程设计奖1项、全国优秀工程咨询成果奖4项、全国林业优秀工程咨询成果奖8项。其中："中山市主要公路绿化景观改造工程设计"获国家林业局2003年度优秀工程设计三等奖（排名第1）；"广东省森林生态状况监测报告（2002年）"获2004年度全国优秀工程咨询成果一等奖（排名第2）；"森林生态宏观监测系统研究技术应用”获2005年广东省农业科学技术推广奖二等奖（排名第2）；“佛山市林业生态发展规划”获2007年度全国林业优秀工程咨询成果一等奖、全国优秀工程咨询成果三等奖（排名第1）；“广东省林分改造工程建设规划”获2007年度全国林业优秀工程咨询成果二等奖、全国优秀工程咨询成果三等奖（排名第1）；“梅州市现代林业建设规划”获2008年度全国林业优秀工程咨询成果一等奖、全国优秀工程咨询成果二等奖（排名第3）；“南方珍贵树种良种选育与扩繁中心（基地）第一期工程可行性研究报告”获2009年度全国林业优秀工程咨询成果二等奖（排名第3）等。

出版著作2部，包括《森林生态宏观监测系统研究》（排名第5）及《广东省森林生态状况监测报告（2002年）》（排名第2）。其中在《中国城市林业》、《华南农业大学学报》、《世界林业研究》和《中南林业调查规划》等共发表论文20余篇。

赖广梅

男，1963年4月生，广东紫金人，中共党员，大学本科，高级政工师。1983年8月毕业于广东省林业学校，同年分配到院工作至今。先后在华南农业大学林学院函授专科、省委党校经济管理专业函授本科、中国人民大学商学院研修工商管理硕士（MBA）课程班学习。曾被省林业厅直属机关团委授予“1990年优秀团干”、“1991优秀团干”，被省林业厅（局）直属机关党委授予“1991年优秀共产党员”，“1994年省林业厅直属机关优秀党务工作者”，“2001-2002年省林业局直属机关优秀党务工作者”，1990年广州市第四次全国人口普查办公室授予“广州市第四次全国人口普查先进指导员”，天河区委、区政府授予“1995年度社会治安综合治理先进个人”和天河公安分局授予“1996年度内部保卫工作先进个人”等荣誉称号。

参加工作以来，主要从事林业调查规划、共青团、行政管理、支部党务、院纪检监察和工会等工作。曾任院团总支专职书记、人事保卫科副科长、保卫科科长（人保党支部书记）、院长助理、院办公室主任（管理部门党支部书记），院行政（基建）科科长（行政党支部书记），现任院工会主席（兼院纪委书记、后勤服务中心主任）。

先后参加了广东省森林资源连续清查1988年的第二次（广州地区）、1992年的第三次（广州地区）、2002年的第五次（广州地区）、2007年第六次（广州地区）复查及广东省森林资源连续清查海南副总体样点第一次复查（1987 年），广宁县竹子资源（1988 年）调查、广东省森林资源生态监测、国家级重点生态林核定及乳源县速生丰产林总体设计（1985 年）、梅州地区七县市、信宜县森林资源二类调查（1983–1985 年）及番禺区、开平市森林资源二类调查（2003–2005 年）等业务工作。

第二节　历任院领导简介

60 年来，院历任领导承上启下，继往开来，在不同时期为院的建设、发展立下了显赫的功绩。

吴子岭

男，1926 年 8 月生，山东莱芜人，1945 年参加革命工作，同年加入中国共产党。曾任广东省林业勘测设计院副院长、第一届院党委书记。1985 年任正处级巡视员，1987 年离休。

1946 年在鲁中区党委青联做群众工作。1947 年春调华东局机要训练班学习，结业后分配到华东局统战部做机要工作。1949 年 6 月调上海情报局，同年底派往香港做地下工作。1952 年调回上海情报局，后经军委联络部分配到中央林业部做机要秘书。1958 年调内蒙古牙克石栲胶厂（后更名为内蒙古牙克石木材综合加工厂）曾任人事科长、组织部长、厂党委办公室主任等职。1964 年 1 月调往西北林业设计院，为总体设计室负责人，同年组织完成了宁陕林业局总体勘察设计任务。1965 年调林业部西南林业勘察设计总队第三大队，参加云南林区开发大会战。1966 年奉命参加“四清”工作队第二大队，任工作队队长。1974 年从林业部西南林业勘察设计总队第三大队（云南）调来广东省林业勘测设计院，分配到林业室任主任兼支部书记。1976–1978 年 8 月，任广东省林业局林业勘测设计大队革委会副主任，1978 年 8 月至 1979 年 7 月，任广东省林业勘测设计院副院长，1979 年 7 月至 1982 年 3 月，任广东省林业勘测设计院党委副书记，1982 年 4 月至 1985 年 2 月，任广东省林业勘测设计院党委书记。

余文嵩

男，1932年2月生，广东开平县（市）人，中共党员，1953年毕业于华南工学院（现华南理工大学）土木工程系。毕业后先后在原国家林业部设计公司、采运设计院任技术负责人，1978年5月至1979年12月任内蒙古自治区牙克石林业设计院副院长，1979年末调来广东省林业勘测设计院工作。1980年1月至1982年3月任副院长，1982年4月至1987年9月任院长。1986年1月至1987年9月兼任院总工程师。1992年退休。

1980年11月至1982年1月，随中国林业进出口总公司代表团前往巴布亚新几内亚考察林业生产，寻求合资开发该国森林资源可行性。1983年2月、1985年5月先后两次组织广东省木材公司赴所罗门群岛考察，寻求合资开发该国森林资源可行性。1987年10月至1992年2月，在所罗门群岛首都霍尼亚拉成立兴林木材投资公司，任总经理。

1982年晋升为高级工程师，是广东省第二批晋升为高级工程师的高级专家，1984年受聘为广东省林业厅第一届林业科学技术委员会委员，1986年至1987年受聘为广东省农业科技人员高级职务评委会委员。1981年，广东省林业厅直属机关授予“优秀共产党员”荣誉称号。

主编著作有：《林区公路容许弯沉值与车辆换算》（1981年）及《所罗门群岛瓜省林区开发森林可行性研究报告》、《最新出国指南》（2010年）等。

李茂深

男，1939年12月生，广西陆川人，中共党员，林业教授级高工，享受国务院政府特殊津贴。1964年毕业于南京林学院林学系（现南京林业大学），毕业后先后在林业部西北林业勘察设计院、西南林业勘察设计总队三大队工作，1974年调来广东省林业勘测设计院工作。1983年11月至1987年9月任副院长（1985-1986年兼任省林业系统微电脑应用联合开发中心主任），1987年10月至1991年10月任院长，1991年10月至1999年1月任院长、党委书记。1993年被国家建设部授予“全国优秀勘测设计院院长”荣誉称号，被广东省科学技术委员会聘为广东省科技发展专家顾问委员会第一届委员。

2000年退休，现被聘为院专家顾问。

主持或参加完成了大型林业调查、规划设计和研究项目有：肇庆、茂名、湛江三地区各县、佛冈县和海南岛文昌县森林资源抽样调查，广东省大陆及海南岛森林资源连续清查初查，海南岛热带林总体规划设计等，自1983年担任院级领导后，主管林业调查规划设计工作。

曾获省、部级科技进步二等奖一项、三等奖四项、科学技术三等奖二项、省部级优秀成果二等奖一项、三等奖一项。其中“广东省森林资源连续清查体系”获广东省科技进步三等奖和国家林业部优秀成果三等奖；“海南岛二百万亩速生丰产用材林造林总体设计”获国家林业部优秀成果二等奖；1996年“广东省森林资源二类调查及经营规划技术研究”获国家林业部科技进步二等奖等奖项。

参与编写并出版《城市林业》、《森林分类经营》、《广州岭南花园住宅区生态绿化地规划研究》、《森林生态宏观监测系统研究》等著作，发表论文14篇，其中《2008年广东发展森林资源的目标与对策分析》一文获广东省林学会优秀论文一等奖。

林俊钦

男，1961年5月生，广东揭阳人，中共党员，林业教授级高工，享受国务院政府特殊津贴，第十届广东省政协委员。1982年7月毕业于华南农业大学林业专业，同年分配到院工作，曾任院资源调查室副主任、林业分院院长、院副院长，1999年2月至2009年5月任院长，2009年6月调任广东省林业局营林处处长。被国家林业局聘为全国森林资源和生态状况综合监测体系建设研究专家；被广东省林业局聘为“自然保护区”专家委员会委员、广东省林业标准化专家、广东省林业产业协会专家委员会委员等。1999年被国家林业局授予“全国森林资源林政管理先进个人”称号，2005年广东省总工会授予“广东省五一劳动奖章”，2008年中华全国总工会授予“全国五一劳动奖章”荣誉称号。

主持或参与完成的大中型林业调查规划设计及科研项目有30多项，如“广东省中山市城市林业总体规划”获1997年国家林业部科技进步二等奖（排名第4）；“森林生态宏观监测系统研究”获2004年广东省科学技术三等奖（排名第1）；“广州岭南花园住宅区生态绿地规划的研究”获2002年广东省科学技术三等奖（排名第4）；“广东省森林生态状况监测报告（2002年）”获2004年中国工程咨询协会“全国优秀工程咨询成果一等奖”（排名第4）；“森林生态宏观监测系统研究技术应用”获2005年广东省农业技术推广二等奖（排名第5）；“佛山市林业生态发展规划”获2007年中国林业工程建设协会优秀工程咨询成果一等奖（排名第6）；“广东省林分改造工程建设规划”获2007年中国林业工程建设协会优秀工程咨询成果二等奖（排名第3）；“广东省珍贵树种发展工程建设规划”获2008年中国林业工程建设协会优秀工程咨询成果三等奖（排名第4）；“梅州市现代林业建设规划”获2008年中国工程咨询协会全国优秀工程咨询成果二等奖（排名第6）；提高森林资源连清效率QC小组被评为广东省建设厅“工程建设（勘察设计）优秀QC小组一等奖”（排名第2）等。

主编和参编出版了《森林生态宏观监测系统研究》、《广东省森林生态状况监测报告》、《城市林业》、《广州岭南花园住宅区生态绿地规划的研究》等著作。在《林业资源管理》、《中南林业调查规划》、《广东林业科技》等刊物上发表了多篇具有独立见解的论文，其中《基于CFI的森林生态宏观监测体系方法》获广东省林学会广东省林业优秀学术论文一等奖、《论广东生态公益林建设对生态环境的贡献》获第五届中国北京国际科技产业博览会—国际保护环境大会优秀论文二等奖。

第三节　教授（专家）简介

60年来，我院人才辈出，是广东林业建设的主力军，肩负着在不同时期广东林业调查规划的重任，为广东林业建设作出了重要贡献。

江振铎

男，1936年3月生，福建连城人，中共党员，毕业于林业部干部学校，林业教授级高工，享受国务院政府特殊津贴。曾任森工调查队副分队长、林业中队副中队长、生产技术科副科长、广东省林业区划办公室副主任、规划设计室主任、新技术应用研究室主任、1987-1991年兼广东省林业系统微电脑应用联合开发中心主任、院副总工程师，中国林业区划研究会理事、广东省林学会常务理事、广东省农业区划学会常务理事、广东省林学会森

林经理学会秘书长、《中南林业调查规划》杂志副主编，《广东林业科技》杂志编委等。1985 年被国家农牧渔业部聘为全国土地利用现状调查技术指导组成员、1985 年被广东省农业区划办公室、广东省农村发展研究中心聘为广东省农业区划优秀成果评审小组成员、1991–1995 年被广东省林业厅聘为广东省林业厅每年度科技进步奖评审委员会委员。1985 年被评为广东省农业区划先进工作者，1986 年被林业部评为全国林业调查设计先进工作者，1989 年获广东省首届“丁颖科技奖”，1995 年评为广东省森林资源二类调查先进个人，其事迹和业绩被编入《中华当代名人辞典》、《世界名人录》(中国卷)、《世界科技名人录》等三十多部典籍中。1996 年退休。

1953 年参加林业调查设计工作以来，主持或参加完成了大型林业调查、规划设计研究项目有:全省林业“三化”(即基地化、林场化、丰产化)规划设计，广东省 2000 万亩用材林基地规划，中国林业区划、广东省林业区划，广东省“四五”时期全省森林资源调查，广东省森林资源连续清查体系方案设计和实施及二次复查，广东省东江、西江、北江、韩江流域生态公益林工程建设总体规划等 40 余项。获国家级科技进步奖二等奖一项，省部级一等奖一项、二等奖二项、三等奖四项，获国家级优秀成果奖二等奖二项，省部级一等奖二项、二等奖三项、三等奖四项。如 :“中国林业区划”获国家科技进步二等奖、“中国毛竹生态经济区划与发展战略研究”获林业部科技进步二等奖、“全国桉树区划研究”获全国农业区划优秀成果二等奖、“广东省东江、西江、北江、韩江流域生态公益林工程建设总体规划”获国家林业局科技进步三等奖等奖项。

参加撰写已出版著作有《中国林业区划》、《广东森林》等九部。在省级以上刊物发表论文 40 多篇，其中 : 有 3 篇获全国林业调查规划情报科技进步成果一、二等奖和优秀奖，有 9 篇入选《中华优秀论文选》、《中国科技文库》和《中国经济文库》等十余个文库，有 2 篇被国际经济评价(香港)中心评为世界华人重大学术成果，编入《世界华人重大学术成果公报》。

冯国华

男，1938 年 5 月生，吉林长春市人，林业教授级高工。1962 年毕业于东北林学院采运机械化专业(现东北林业大学)。毕业后先后在林业部九大队、六大队、西南林业勘察设计总队三大队，1974 年调来广东省林业勘测设计院工作。曾任规划室主任工程师、广东省林学会及省森林经理学会理事、省农委林业系统高级职称评委、省林业厅中级职称评委及省林业厅科学技术进步奖评审委员会委员等。1998年退休后仍在参与全省森林公园的评审工作。

几十年来，主持或参加完成的大型规划设计项目有：北江、西江、雷州三大片国有林场商品林基地总体设计，广东省高要市“全国科技兴林示范市”总体规划，广东省封开县山区综合开发规划设计，广东省湛江市50万吨浆纸项目森林资源条件可行性研究报告，广东省木（竹）浆纸项目“十一五”发展规划等几十项。其中“广州市白云区森林经营方案”获省林业厅林业科技进步二等奖，曾被推荐到全国林业会议上介绍经验，“广州市帽峰山森林公园工程设计”获国家林业局2003年度优秀勘察设计项目一等奖、2004年获建设部国家优秀工程设计银质奖等奖项。

参加过多次全国性的路网理论研讨会，发表过多篇论文，其成果由林业部网研究领导小组统一编入《中国林道网研究》。

叶渭贤

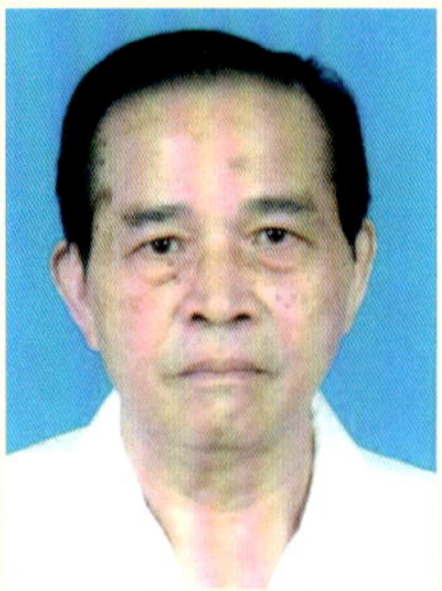

男，1938年6月生，广东郁南人，中共党员，林业教授级高工，享受国务院政府特殊津贴。1963年毕业于华南农学院林学系（现华南农业大学林学院）。毕业后先后在林业部调查规划局第九大队、西南林业勘察设计总队五大队工作，1976年调入广东省林业勘测设计院工作。曾任林业规划室副主任、主任，林业分院副院长等职务，1998年退休，现聘为院专家顾问。个人事迹和业绩被收录于《科学中国人》、《稻花香》中。

主持或参加完成大型项目有：澳门路环岛造林绿化设计、海南岛200万亩速生丰产用材林造林总体设计、广东省中山市城市林业总体规划、西樵山森林景观改造总体规划设计、白云山森林防火林带设计等几十项。其中获省部级科技进步二等奖一项、三等奖二项、优秀成果二等奖一项。其中“海南岛200万亩速生丰产用材林造林总体设计”获广东省科技进步三等奖、林业部优秀设计成果二等奖；“广东省森林资源连续清查技术研究”获广东省科技进步二等奖；“广东省中山市城市林业总体规划”获林业部科技进步三等奖等奖项。

主编或参与出版专著有《广东省造林典型设计》、《广东省森林资源连续清查技术研究》、《城市林业》，并先后在《云南林业科技》、《中南林业调查规划》等专业刊物上发表论文30余篇。

罗玉洪

男，1945 年 1 月生，四川人，中共党员，林业教授级高工。1969 年毕业于重庆邮电学院有线电通信工程系电话电报专业。曾任新技术应用研究室主任。中国林学会林业计算机应用分会第三届理事、广东省林业微机电脑应用中心顾问。2005 年退休。

主要从事过铁路通信线路工程、林区公路的勘测设计、仪器修理、林业地理信息系统推广应用等工作。1984 年转入林业计算机应用软件的开发研制，参与 S09 机“广东省林业二类调查数据处理软件包”的开发研制，其成果于 1986 年获广东省科技进步奖；主持开发的“广东省森林资源电脑管理信息系统”获林业部科技进步三等奖。

主要论文有《小水电水文计算及机组选型系统》、《ACAD 图形属性应用介绍》、《系统分析方法》、《广东省林业地理信息系统的回顾与展望》。

潘淑清

女，1949 年 12 月生，广东梅县人，中共党员，木材机械加工教授级高工，注册监理工程师。1981 年底毕业于北京林业大学森工系木材机械加工专业，获工学士学位，同年分配到院工作。2005 年退休。

主要从事林业产业工程的咨询，林业产业工程项目可行性研究报告和申请报告、林业产业规划的编制，林业产业工艺设计和理论研究，具有 30 年的林业产业咨询和设计工作经验。主持过 30 多项大型林业产业的工程设计和 80 多项大型林业产业的可行性研究报告的编制，主要有年产 9 万立方米福建南亚胶合板厂工程设计、年产 10 万立方米中外合资广东嘉耀木业发展有限公司刨花板厂工程设计、年产 15 万立方米清远市威利邦高密度纤维板厂工程设计、江苏新粤家具工业园（年产 16 万立方米中密度纤维板，年产 30 万立方米中高密度纤维板，200 万套家具工业园）可行性研究报告等项目。

主持设计的“广东省增城市威华年产 5 万立方米中密度纤维板厂设计工程”被国家林业局评为 2003 年度国家林业局优秀勘察设计工程项目三等奖，

负责“木材加工粉尘治理技术与综合利用研究”获2007年度梁希林业科学技术奖三等奖，参与“广东佛山年产8万立方米木质废料中密度纤维板设计”获2008年度国家林业局优秀勘察设计工程项目一等奖，参与“新江纤维板有限公司新江纤维板厂工程设计”获2003年度广东省优秀设计三等奖等。

主编出版的专著有《中密度纤维板工艺设计》（第一作者）及《木材加工粉尘治理技术与综合利用研究》（第二作者），发表了《超薄高密度纤维板生产工艺特点》、《高密度纤维板连续平压生产线工艺设计》、《蔗渣石膏刨花板生产工艺特点》等学术论文10多篇。

刘志武

男，1951年2月生，湖北武汉人，中共党员，华南理工大学硕士研究生毕业，林业研究员，建筑教授级高工，享受国务院政府特殊津贴。曾任院建筑设计分院院长、院总工程师。现为中国林业专业标准化技术委员会委员。曾被广东省林业局授予“全省林业科技工作先进个人”荣誉称号。2011年退休，现聘为院专家顾问。

主要从事林业工程设计与研究，主持或参与完成的项目有：广东省林木种苗示范基地、高要林木良种繁育高新技术基地工程设计、广东省林业高科技园区可行性研究报告、国家森林资源与生态状况综合监测广东试点报告、广东省森林生态状况监测报告（2002年）、广东省林地勘界测量技术规范及东莞喜来登五星级酒店、东莞富盈五星级酒店等项目，其中有12项获得省部级林业科学技术奖、全国林业优秀工程咨询成果奖、广东省农业技术推广奖等奖项。包括“东莞市大岭山森林公园工程综合集成设计”获2008年国家优秀工程设计银奖、国家林业局优秀工程设计一等奖；“广州岭南花园住宅区生态绿地的研究”获2003年广东省科学技术三等奖；“广东省森林资源与生态监测中心设计”获2010年国家林业局优秀工程设计一等奖；参加“木材加工粉尘治理技术与综合利用研究”，获2007年广东省科学技术三等奖；梁希林业科学技术三等奖等。

主编出版著作2部，规范1部，副主编出版著作3部，其他著作3部。2011年出版了《广东城市森林公园工程综合集成设计研究》成果，受到全国林学界的专家高度评价，扩展了我院在全国林业界的影响。倡导多学科“综合集成”的思维方法，倡导林业生态工程设计的研究。

周玉申

男，1956年12月生，湖南嘉禾人，中共党员，林业机械教授级高工。1981年12月毕业于中南林学院，分配到吉林省林业调查规划院工作，1985年6月调入我院工作至今，1994年公派日本研修学习。曾任院属广东凌志科技实业有限公司总经理、广东省林业工程咨询公司总经理、广东省岭南工程建设公司总经理、院聘副院长等职务，现任院副总工程师。广东省林业产业协会专家组成员，广东省木材行业协会专家组成员。

主要从事林业工程和林产工业项目的勘察设计，主持完成大中型勘察设计项目60余项。1990年对悬索结构的设计计算提出许用荷重设计法理论，成为架空索道设计的基础理论之一，被列为高校教材；1991年起研究探索国产化大型人造板生产设备和技术，开发出全国第一套木质废料燃烧技术等一系列实用成果；1995年起开展橡胶木利用与工业化技术研究，开发出橡胶木单板及指接材制造技术；1996年以所拥有的技术带队赴国外探索国际设计市场，先后主持完成了柬埔寨、越南、苏里南等国家多个项目的勘察设计，在同行业中产生了较大的影响；2001年起针对广东林业产业高速发展中所存在的问题，开展林业产业生产技术装备和林业产业发展规划研究，为行业和主管部门提供了多项产业生产技术、环境保护技术和行业发展规划。开发出实用技术成果15项；取得专利3项；获广东省科学技术三等奖2项，梁希科学技术三等奖2项；省部级优秀勘察设计一等奖1项，三等奖2项；省级农业科学技术推广二等奖2项；省级以上工程咨询成果奖3项。项目的推广，给企业带来了可观的经济效益和良好的社会效益。

出版学术著作5部（其中第一作者4部，第二作者1部）；在《林业科学》、《林产工业》等学术刊物发表学术论文49篇。

陈雄伟

男，1959年6月生，广东高州人，中共党员，木材加工教授级高工。1983年7月毕业于中南林学院木材加工专业，获工学学士学位。1983年7月至1988年5月分配在湖北省木材公司白沙洲贮木场工作，历任技术员，胶合板车间筹建办副主任、车间主任。从事胶合板筹建、进口设备招标咨询、设备安装调试、生产工人培训、生产管理等技术管理工作。1988年5月调来广东省林业勘测设计院工作。曾任林产工业设计分院工厂室主任、分院副院长，现任产业设计分院院长，兼任广东省林业产业协会副秘书长、专家。

从事林业产业规划设计技术咨询，曾主持30多个大中型木材加工、森林公园项目的规划设计工作、30多个林业产业项目的可研报告、10多个林业产业项目的科研工作，主要包括广东清远威利邦年产15万立方米、广东封开威利邦年产22万立方米中密度纤维板厂工程设计、主持增城小楼人家森林生态度假区总体规划设计、肇庆市林业产业发展规划（2011-2020年）编制等，其中“东莞大岭山森林公园综合集成设计”获国家级优秀设计银质奖（2008年）、“广东佛山生产8万立方米木质废料中纤板项目”获国家林业局优秀设计工程一等奖（2009年）、“木材加工粉尘治理技术”获国家林业局梁希林业科学技术奖三等奖（2007年）、“木质废料人造板技术研究”获广东省科学技术三等奖（2009年）、“广州市增城中纤板厂工程设计”获国家林业局优秀设计工程三等奖（2003年）及“木材加工粉尘治理技术”获广东省科学技术进步奖三等奖（2007年）。

在国家级、省级刊物上发表10多篇文章，出版专著有《木质材料界面与界面力学》、《木材加工粉尘治理技术与综合利用研究》。

刘凯昌

男，1963年7月生，广东大埔人，中共党员，硕士研究生，林业教授级高工。1988年毕业于华南农业大学，同年分配到院工作至今。先后任新技术应用研究室副主任、主任，林业分院生态设计室主任，林业分院副院长，规划设计分院院长等职务，现任院副总工程师。2001年起兼任广东省省级自然保护区评审委员会委员；2002年起兼任华南农业大学硕士研究生校外导师，《广东林勘设计》编委；2004年起任广东省林学会造林专业委员；2008年被聘为广东省自然保护区研究中心学术委员会委员；2009年起任全国林业专业标准化技术委员会森林公园标准化技术委员会委员。2001年被广东省林业局授予“全省林业科技先进工作者”称号，2004年获广东省工会、广东省科委、广东省劳动和社会保障局颁发的广东省职工技术创新成果优秀奖。2004年广东省人民政府授予全省荒山造林绿化工作先进个人荣誉称号。

主持起草《森林资源管理术语》和《营造林工程档案管理规范》两项广东省地方标准；主持完成《广东省分类经营区划操作细则》和《广东省森林资源连续清查第五次复查生态监测外业操作细则》等；参与完成森林生态宏观监测系统研究、广州岭南花园住宅区生态绿地规划的研究 、广东城市森林公园工程综合集成设计等科研课题。获得国家级优秀工程设计银质奖二项，国家林业局科技进步奖三等奖一项，省林业厅科技进步奖一等奖二项、三等奖一项，全国优秀工程咨询成果一等奖一项、二等奖一项，省农业推广奖二等奖二项，全国林业优秀工程设计一等奖二项以及全国林业优秀工程咨询成果一等奖一项、二等奖二项。

撰写发表论文20余篇，获广东省科协评为广东省自然科学优秀学术论文三等奖一项，参编出版著作6部。

郑镜明

男，1963年8月生，广东五华人，中国民主同盟盟员，硕士研究生，林业教授级高工。1988年毕业于华南农业大学造林学专业，同年分配到院工作至今。曾任院规划设计室副主任、生态规划分院副总工程师，现任院副总工程师，总工办主任。2003–2008年任省政协九届委员，2004年6～12月挂职紫金县县长助理。民盟省林业调查规划院支部主委，《广东林勘设计》副主编、责任编辑。2008年和2010年获得民盟广东省委授予的“先进个人”、2011年获民盟中央授予的“先进个人”称号。

主持或参加完成的大中型规划调查、研究项目有：广东省林木种苗示范基地工程建设可行研究及工程初步设计、国家兰科植物种质资源保存中心（深圳）项目建设可行性研究、江门林业高新技术示范区可行性研究、广东省新丰江水库生态林示范区森林景观改造规划设计、广东省博罗东山省级森林公园总体规划、广东河源新港省级自然保护区总体规划等。获国家级优秀工程设计银质奖一项、优秀工程咨询奖一等奖二项、三等奖一项；获省部级科技进步奖二等奖一项、三等奖一项，优秀工程咨询奖一等奖三项、二等奖三项、三等奖二项，农业技术推广奖二等奖二项。其中“广州市帽峰山森林公园工程设计”获国家林业局2003年度优秀工程设计一等奖、全国第十一届优秀工程设计银质奖，“国家森林资源与生态状况综合监测广东试点报告”获2009年全国林业优秀工程咨询成果一等奖、全国优秀工程咨询成果一等奖等。

发表或参与的论文、著作有：《市场经济下广东林业可持续发展的探讨》、《遥感技术在林业中的应用》、《广东省林地土壤监测研究报告》、《森林生态宏观监测系统研究》、《广东城市森林公园工程综合集成设计研究》等20多篇（部）。

吴焕忠

男，1963年12月生，揭阳人，中共党员，林业教授级高工，农业推广硕士，注册监理工程师，注册咨询工程师（投资）。1985年7月毕业于中南林学院，同年分配到院工作至今。曾任院规划设计室副主任、院总工办主任、院副总工，现任规划设计分院副总工程师。全国绿化奖章获得者，广东省林业调查规划院院徽设计者。

一直从事林业、园林、生态工程的规划设计、技术咨询、工程监理、资产评估及相关研究。主持和参加完成了广东省林业发展“十一五”和中长期规划、广东省林业发展“十二五”规划、广东省“十二五”生态林业发展战略研究、广东应对气候变化林业行动方案、广东省生态景观林带建设规划等近百项大、中型林业工程项目。指导深圳市、东莞市成功创建“全国绿化模范城市”，指导广宁县、南澳县、郁南县、乳源县等县市成功创建“全国绿化模范县（市）”。编写了《广东省营造林工程作业设计工作方法》、《广东封山育林规划编制办法》、《广东省营造林综合实绩检查办法》等工作方法。主持或参加了广州岭南花园住宅区生态绿地规划研究、广东省森林资源资产产权变动管理研究、广东省外商投资造林政策研究、石灰岩地区造林绿化研究、住宅区绿化与空气质量关系研究、林业生态监测研究、城市森林公园工程综合集成设计研究等多项研究。有多个项目和论文获奖，其中：“金地集团增城项目生态景观调查研究”获2006

年度全国林业工程咨询优秀成果一等奖，获全国优秀工程咨询成果二等奖；“惠州隆翰经济林开发公司40万亩速生丰产林可行性研究”获2006年度全国林业工程咨询优秀成果二等奖，获全国优秀工程咨询成果三等奖；“清远市自然生态区（市肺）总体规划”获2007年度全国林业工程咨询优秀成果三等奖；“广东省生物防火林带工程建设规划”获2008年度全国林业工程咨询优秀成果三等奖；“广东省‘十二五’生态林业发展战略研究”获2010年度全国林业工程咨询优秀成果三等奖等。

发表了《古树价值计量评价的研究》、《广东省山区林业生态建设的研究》、《森林公园及风景区生物防火林带建设的研究》等50多篇论文。参加编写的著作有《广州岭南花园住宅区生态绿地规划的研究》、《专家教你种花卉——月季》等5部。

李志洪

男，1965年2月生，广东兴宁人，中共党员，农业推广硕士，林业教授级高工。1988年从中南林学院林业专业毕业分配到院工作至今，2002年6月参加了由国家林业局、中国注册会计师协会联合举办的“森林资源资产评估培训”并取得了结业证书。曾任林业分院规划设计室副主任，资源监测分院副院长、副总工，现任资源监测分院院长。曾获全省林地林权登记换发证工作先进个人、全国森林资源第七次连续清查先进个人等荣誉称号。

主要从事林业调查、规划，森林资源资产评估、各种林业工程可行性论证等工作。独立完成的工作技术方案或操作细则等6项，主持完成或任项目负责人的大中型项目28项，主要参加的林业调查与规划等项目48项。获省部级奖7项，其中广东省地方标准DB44“生物防火林带建设标准”、“广东省森林资源与生态规划设计监测信息管理系统”获2007年度广东省农业推广奖二等奖；“城郊森林生态景观改造技术的推广应用”获2002年度广东省农业推广奖二等奖；“广东清远抽水蓄能电站生态环境现状调查与评价专题报告”获国家2008年度林业优秀工程咨询成果二等奖；“广东省森林资源与生态规划设计监测信息管理系统”获国家2006年度林业优秀工程咨询成果三等奖；“森林生态宏观监测系统研究”获广东省科学科技三等奖等。

主持编写广东省地方标准1部（排名第1），参与编写的著作1部，发表相关论文7篇。

余松柏

男，1966年5月生，重庆云阳人，硕士研究生，林业教授级高工。1989年毕业于南京林业大学森林经理专业，同年分配到院工作至今。曾任新技术室副主任、资源监测分院副总工程师，现任资源监测分院副院长。广东省山林纠纷调解专家。曾获广东省林业局森林资源二类调查先进个人、森林资源管理先进工作者等荣誉称号。

主要从事森林资源监测与管理、林业建设项目可行性研究、森林资源资产评估、林业数表编制、林业管理信息系统开发等工作。主持和参与完成大型调查规划、研究项目有：广东省林地地籍管理信息系统、广东省森林资源与生态规划设计监测信息管理系统、广东省主要树种林分形高表、白云区萝岗林地破坏案例鉴定等30多项。其中：主持研究“广东省林地地籍管理信息系统”获广东省科技进步三等奖，“广东省森林资源与生态规划设计监测信息管理系统”获广东省农业技术推广二等奖，参与“广东省主要树种二元立木材积模型及相对树高曲线模型研建”获国家优秀工程咨询成果三等奖等奖项10余次。

主编出版的工具书有《广东省森林资源调查常用数表》，参与编写《基于“3S”的森林资源与生态状况年度监测技术研究》，以及发表《“3S”技术在森林案例鉴定中的应用》、《森林资源档案数据更新模型和方法的探讨》、《编制林分形高表估测林分蓄积量方法的研究》、《森林生态效能资产化与货币化方法探讨》等学术论文30多篇。

王喜平

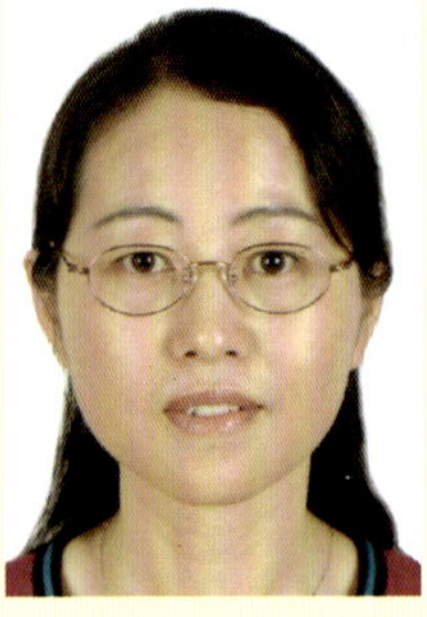

女，1969年5月生，湖南沅江人，中共党员，园林教授级高工。1992年6月毕业于南京林业大学园林专业。1992年7月至1995年4月在山东省东营市规划局工作，1995年5月调来广东省林业勘测设计院工作。曾任规划设计分院园林室副主任、主任，园林设计分院副院长、副总工程师，现任院副总工程师。

主要从事园林绿化设计、森林公园与自然保护区规划设计、湿地调查与规划等技术工作或研究。主持或负责完成的大中型项目有：大王山国家森林公园总体规划、银瓶嘴森林公园总体规划、广州市经济技术开发区永和大道边坡绿化设计方案、施工图设计、中山市三乡镇绿地系统规划等。其中“广州市帽峰山森林公园工程设计”获国家林业局2003年度优秀勘察设计项目一等奖、2004年获全国第十一届优秀工程设计银质奖、广东省职工技术创新成果优秀奖；“广东省帽峰山景观大道绿化规划方案、施工图设计”获我院2006年度优秀成果一等奖；作为课题组负责人之一完成的“深圳市森林公园建设标准指引研究”获院优秀成果一等奖。

参加编写了《广东城市森林公园工程综合集成设计研究》一书，并在全国多家有影响力的刊物上发表文章约10篇。

林中大

男，1969年12月生，广东平远人，中共党员，农业推广硕士，林业教授级高工。1992年6月毕业于华南农业大学林学专业，同年分配到院工作至今。曾任林业分院资源调查室主任、资源监测分院林地监察室主任、规划设计分院院长、生态监测分院副总工程师，现任资源监测分院副总工程师。

主持或参加的大中型项目20多项，主要有：广东省“四江流域”生态林工程总体规划、南岭国家级自然保护区总体规划、龙岗区生物防火林带总体规划、广东省沿海防护林二期工程规划修编、东莞市银瓶山自然保护区总体规划、广东省红树林资源调查、广东省森林资源连续清查第三、四、五、六次复查、广东省林业产业发展“十一五”及中长期规划、广州市白云山风景区生物防火林带总体规划设计、广东省湿地保护工程规划、清远市自然生态区（市肺）总体规划、广东省林业发展区划、深圳市林相改造工程作业设计、珠江三角洲地区林业生态建设一体化规划、广东省林业产业发展“十二五”规划等。

先后发表论文10余篇，获省部级以上奖项6项，合作出版著作2部。在林业专题总体规划、速生丰产林营林设计、生态风景林景观设计、森林资源评估等方面有较深入的研究。

许文安

男，1970 年 7 月生，广东普宁人，中共党员，园林教授级高工，注册咨询工程师（投资）。1994 年 7 月毕业于北京林业大学，同年分配到院工作至今。先后任林业分院园林室副主任、主任；规划设计分院副院长，现任园林设计分院院长。

主要从事森林公园规划设计、城市绿地系统规划、园林规划设计、城市林业规划、湿地规划设计、林业调查规划设计等方面的专业技术工作。主持大中型项目 30 多项，主要参加的项目 50 余项。如：广东省中山市主要公路绿化景观改造工程设计、广东黄岐山森林公园总体规划、石门国家森林公园总体规划（修编）、深圳市羊台山森林公园总体规划、中山市三乡镇绿地系统规划、中山市城市林业建设及评价体系研究与实践、深圳市森林公园建设标准指引研究等。

获国家级优秀工程设计银质奖一项；国家林业局优秀勘察设计项目一等奖一项，三等奖一项；全国林业优秀工程咨询成果一等奖一项，三等奖一项；广东省农业技术推广奖二等奖一项；中山市科技进步一等奖一项。撰写发表论文 11 篇，参编出版著作 2 部。

魏安世

男，1975 年 4 月生，新疆石河子人，中共党员，硕士研究生，林业教授级高工。2000 年毕业于南京林业大学森林经理学林业遥感方向，同年分配到院工作至今。曾任林业分院信息技术室主任工程师、资源监测分院副总工程师，现任信息技术分院（“3S”技术研究中心）院长。2002 年获广东省林业局直属机关优秀共产党员、2006 年全省第三次森林资源二类调查先进个人、2007 年广东省省直机关排头兵实践活动“岗位排头兵”、2009 年全国第七次森林资源连续清查“先进个人”等荣誉称号。第十一届中国林业青年科技奖获得者。

主要从事“3S”高新技术在林业调查、监测、规划、设计中的应用研究。主持完成多项科研、生产项目。其中“基于‘3S’的森林资源与生态状况年度监测技术研究”系列成果获得广东省科学技术三等奖、广东省优秀工程勘察设计一等奖、国家林业局优秀工程勘察设计二等奖、广东省农业技术推广二等奖、全国林业优秀工程咨询成果一等奖、全国优秀工程咨询成果二等奖；"国家森林资源与生态状况综合监测广东试点报告"获得全国优秀工程咨询成果一等奖、全国林业优秀工程咨询成果一等奖等多项省、部级奖励。

主编著作有《基于"3S"的森林资源与生态状况年度监测技术研究》，发表论文20多篇。主持并参与多个林业专题信息系统的设计与开发，获得计算机软件著作权4项。

叶金盛

男，1976年6月生，安徽宿松人，中共党员，硕士研究生，林业教授级高工。2001年毕业于南京林业大学森林经理学专业，同年分配到院工作至今。曾任生态监测分院副总工程师、信息技术分院副院长（兼副总工程师），现任院办公室主任。获2007年广东省林业局直属机关"优秀共产党员"、2009年"全国第七次森林资源连续清查先进个人"、2010年省直机关"青年岗位能手"等荣誉称号，第十届中国林业青年科技奖获得者。

主要从事森林资源调查、生态状况监测、林业数表编制、信息系统研发、监测技术研究等工作，主持或主要参与完成了森林生态宏观监测系统研究、国家森林资源与生态状况综合监测广东试点、森林资源与生态状况年度监测、主要树种材积模型、相对树高曲线模型、主要植物生物量模型与储碳模型编制、全省林地保护利用规划、生态公益林区划调查界定、基于"3S"的森林资源与生态状况年度监测技术研究、集体林权制度改革林权管理信息系统开发、全国第八次森林资源连续清查实施方案编制、第七次全国森林资源清查汇总等30多项国家级和省级大中型项目。

主持或主要参与完成的项目获广东省科学技术奖二项，广东省优秀工程勘察设计奖一项，广东省农业技术推广奖二项，国家林业局优秀勘察设计奖一项，全国优秀工程咨询成果奖四项，全国林业优秀工程咨询成果一等奖六项。主编著作4部，发表论文20余篇。

第九章 图片展示

建院 60 年来，我院贮存了丰富的图片资料，留下了历代林勘人艰辛创业，自强不息的身影，见证了我院从无到有、从弱到强的发展历程。

广东省农林厅农林技术培训班第十一期森林科调查班结业留念

2010 年 1 月 25 日，广东省林业局张育文局长率局党组成员为我院绿化广场揭牌

2006 年 9 月 28 日，省林业局邓惠珍局长、中南院周光辉院长等领导参加我院大楼落成庆典

2010 年 11 月，国家林业局张建龙副局长莅临我院

2011 年 2 月，我院新老领导合影

一、领导关怀

1989 年 2 月，华南农业大学教授颜文希（左一）、罗富和（左三）、梁标（左四）参观我院

1990 年，省林业厅梁星权厅长为我院晋升甲级设计院颁发证书

1992 年，省林业厅梁星权厅长（右二）视察我院科技进步

1999 年，省林业厅邓惠珍厅长（右二）到我院检查指导工作

2004 年 8 月，省林业局张育文副局长到我院检查指导工作

2006 年 8 月，省林业局邓惠珍局长视察我院新办公大楼建设工地

2006 年 9 月，省林业局邓惠珍局长、中南院周光辉院长为我院办公大楼揭牌

2007 年 3 月，省林业局徐萍华局长到我院调研

2007 年 7 月，国家林业局王祝雄司长、省林业局郑伟仪副局长、中南院周光辉院长在我院调研

2008 年 4 月，省林业局张育文局长率局机关全体职工丁部来我院参加登山活动

2008 年 6 月，原林业部刘于鹤副部长到我院检查指导工作

2008 年 10 月，省林业局张育文局长到我院检查指导工作

2008 年 11 月，中央、省、局检查组来我院检查落实科学发展观工作

2009 年 6 月，省林业局孟帆副局长到我院检查指导工作

2009 年 7 月，省林业局陈亚广副局长到我院检查指导工作

2009 年 9 月，省林业局党组成员、纪检组长、省林业工会主席肖伟昌同志在我院作专题报告

2010 年 1 月，省林业局陈俊勤巡视员到我院检查指导工作

2010 年 3 月，省直机关工委到我院检查指导工作

2010 年 4 月，中国农林水利工会盛明富主席（右五）莅临我院

2010 年 11 月，国家林业局张建龙副局长来我院参观指导

2011 年 3 月，省林业局党组成员到我院参加植树活动

2011 年 12 月，国家林业局资源司李忠平巡视员（右二）到我院指导工作

2012 年 1 月，省林业厅杨胜强副总指挥在我院职工代表大会上讲话

2012 年 2 月，省林业厅陈俊光副厅长在我院中层管理干部培训班上授课

二、友好往来

1981 年，澳大利亚林业专家霍尔来我院进行技术交流

1988 年，苏联林业调查专家来我院参观考察

1988 年，澳门专家检查我院设计的环岛绿化工程

1991 年 7 月，江振铎（左一）参加国家林业部组织的在甘肃省的治沙考察

1992 年，李茂深（左一）参观考察泰国顺和成集团苗圃

1993 年 2 月，江振铎参加粤台农业、农村经济学术交流会

1995 年 10 月，江振铎（左一）在苏里南共和国林区空中调查

1997 年，我院技术人员在柬埔寨橡胶基地

2001 年 12 月，林俊钦（左二）在美国参加森林生态小流域治理培训

2005 年 1 月，薛春泉（左一）到美国乔治大学参加森林生态监测培训班

2007 年 8 月，广西壮族自治区林业勘测设计院到我院交流

2008 年 5 月，德国专家与我院技术人员就我院设计的广东清远威利邦木业项目进行技术交流

2009 年 7 月，我院技术人员参观中山市林业局苗圃场

2009 年 12 月，邓鉴锋（前排右二）、许文安（后排右二）到美国参加森林林火扑救培训班学习

2010 年 11 月，肖智慧（左三）在美国密西西比州进行技术交流

2010 年 12 月，肖智慧在美国参加生态系统的恢复与重建学习

2011 年 4 月，在浙江省林业调查规划院，我院与浙江院、广西院、贵州院同行进行技术交流

2011 年 6 月，辽宁省林业厅及规划院来我院进行技术交流

三、艰苦奋斗

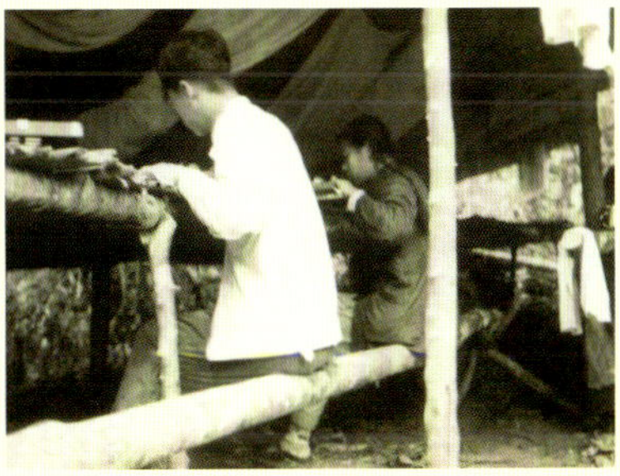

20 世纪五六十年代，我院技术人员在野外作业及内业场景

1985 年我院设计的金坑电站投产

1986 年我院监理的外海大桥落成

1989 年我院技术人员在 205 国道测量

我院技术人员在野外进行森林资源调查

土壤取样

实验室测试

湿地监测

鸟类监测

放射性水平监测

公路测量

四、质量检查

1985 年 7 月，林业部刘于鹤副部长（右三）考察我院在海南坝王岭林区工作现场

1992 年，我院技术人员曹连起（右一）、冯国华（右二）在连清现场检查

2002 年，省林业局邓惠珍局长检查我院二类调查情况

2007 年，省林业局徐萍华局长、国家林业局王祝雄司长现场检查我院连清工作

2007 年 7 月，国家林业局王祝雄司长、广东省林业局张育文局长、中南院周光辉院长检查连清工作

五、技术创新

1985 年，《广东省林业区划》成果鉴定会

1989 年，我院设计的南澳森林公园评审会

1991 年，我院开办全省林业电脑应用培训班

1993 年，我院二类调查培训现场

2006 年，广东省连清复查森林生态状况监测方案评审会

2007 年 5 月，我院召开的连清技术培训班

2008 年 12 月，我院设计的大岭山森林公园评审会

2011 年 9 月，广东省生态景观林带建设规划技术培训班

六、文化建设

2004 年 2 月，我院一届一次职工代表大会

2004 年 7 月，我院党员在延安开展庆“七一”主题党日活动

2008 年 3 月，我院获得全省文明单位称号

2008 年 11 月，我院院办党支部与连平县油溪镇长丰村党支部帮扶共建

2009 年 5 月，我院青年团工作会议

2010 年 1 月，我院新年团拜会为运动会获奖职工颁奖

2010 年 3 月，我院中层干部在增城绿道考察

2012 年 3 月，我院开办“美女私房菜”厨艺大赛

2008 年 1 月，我院首届职工运动会开幕

2008 年 11 月，我院健美操队参加龙洞街道健美操比赛

2009 年 1 月，我院职工元旦集体登山活动

环院跑比赛

拔河比赛

篮球比赛

2009 年 1 月，在省林业局新春联欢晚会上表演

2012 年 1 月，我院“党在我心中”十佳歌手大赛

2012 年 8 月，我院篮球队与省林业厅篮球队友谊赛

2012 年 8 月，院关工委组织中小学生暑期参观活动

附录一　重要文件辑存

中共广东省林业局党组文件

粤林核〔1978〕041号

关于改称勘测设计院问题的通知

省林勘大队：

接省委编制领导小组办公室粤编〔1978〕104号批文："同意省林业勘测设计大队改称广东省林业勘测设计院。"特此通知。

一九七八年八月十七日

（共复打3份）　　　　一九七八年八月十八日发出

广东省机构编制委员会文件

粤机编〔1993〕150号

关于省林业勘测设计院增挂广东省岭南综合勘察设计院牌子的批复

省林业厅：

粤林函〔1993〕243号文收悉。

经研究，同意在省林业勘测设计院增挂“广东省岭南综合勘察设计院”牌子，实行一套机构两块牌子，其机构性质、隶属关系和人员编制不改变。

此复

广东省机构编制委员会办公室

一九九三年五月二十一日

抄送：省委办公厅，省府办公厅，省农委、建委、财政厅、卫生厅、人事局、劳动局，省社会保险事业局

广东省机构编制委员会办公室文件

粤机编办[2002]125号

关于省林业勘测设计院更名的函

省林业局:

粤林[2002]59号文悉。经研究，同意将广东省林业勘测设计院更名为广东省林业调查规划院。该院的主要任务是：负责森林资源调查工作；协助林业主管部门编制林业发展规划；开展森林生态环境监测等工作。更名后，该院机构性质、规格、人员编制、领导职数、经费渠道等不改变。

广东省机构编制委员会办公室

二〇〇二年七月二十六日

广东省林业局

粤林函〔2002〕299号

关于省林业调查规划院挂省森林资源与生态环境监测中心牌子的批复

省林业调查规划院：

粤林调[2002]1 号文收悉。经研究，同意你院挂省森林资源与生态环境监测中心牌子。

广东省林业局

二〇〇二年九月十六日

主题词：林业　机构　批复

广东省机构编制委员会办公室文件

粤机编办〔2012〕1号

印发广东省林业厅所属事业单位分类改革方案的通知

省林业厅：

《广东省林业厅所属事业单位分类改革方案》已经省编委领导批准，现予印发。

二〇一二年一月五日

广东省林业厅所属事业单位分类改革方案

根据中共广东省委、广东省人民政府《关于印发〈广东省事业单位分类改革的意见〉的通知》（粤发〔2010〕6 号），广东省林业厅所属事业单位分类改革方案确定如下：

一、任务调整

（一）将省林业厅机关承担的林业系统自然保护区建设管理、行政审批受理、电子政务、政务公开、档案管理、重大林业科学研究和技术推广职能交由所属事业单位承担。

（二）将原由事业单位承担的全省野生动植物保护管理、重点林业工程的监督检查、林业工程造价管理和监督、后勤行政管理职能划归省林业厅机关。

（三）将原由事业单位承担的开展行业调研、统计分析、决策论证、资产项目评估等技术服务工作；拟订林业行业技术质量标准的调研、论证前期工作；系统内教育培训的具体组织实施、技术工人技能考核与鉴定事项的组织实施工作；林业专业高、中级专业技术资格评审委员会日常工作等任务逐步交给社会组织承担。

二、改革内容

（一）广东省森林病虫害防治与检疫总站更名为**广东省林业有害生物防治检疫管理办公室**，正处级。主要任务：承担林业有害生物防治的具体组织工作，开展林业有害生物监测预警，定期发布林

（十一）保留**广东省林业调查规划院**，取消广东省岭南综合勘察设计院的牌子，公益一类，正处级。主要任务：承担森林资源调查、森林生态环境监测工作；协助林业行政主管部门编制重点林业工程项目发展规划；承担林业建设的技术指导及造林绿化成效核查工作。核定事业编制 170 名，其中院长 1 名、副院长 3 名、总工程师 1 名。经费按财政补助一类拨付。

附录二　近十年完成的主要项目

序号	项目名称	项目类型	完成时间（年）
1	广东省红树林资源调查	森林资源调查	2001
2	东莞市大岭山森林公园总体规划	园林景观设计	2001
3	S263 线施工监理	林业配套工程设计	2001
4	大埔三河坝至梅县松口二级公路	林业配套工程设计	2001
5	广东省森林资源连续清查第五次复查	森林资源调查	2002
6	广东省绿色通道工程建设规划(2002－2010 年)	园林景观设计	2002
7	江苏新粤家具工业园(年产 16 万立方米中密度纤维板，年产 30 万立方米中高密度纤维板，200 万套家具工业园)可行性研究报告	林产工业设计	2002
8	喜来登大酒店设计	林产工业设计	2002
9	蕉岭县长潭至布心二级公路工程	林业配套工程设计	2002
10	平远 X039 线热柘至坝头段三级公路改建工程	林业配套工程设计	2002
11	广东省珠江流域综合治理防护林体系建设二期工程规划	林业规划设计	2003
12	广州市森林公园、自然保护区建设与发展规划(2002－2010 年)	园林景观设计	2003
13	广州市帽峰山森林公园工程设计(2003－2010 年)	园林景观设计	2003
14	广东梧桐山森林公园保护项目初步设计	园林景观设计	2003
15	东莞市二类调查及地理信息系统等项目	数字林业建设	2003
16	东莞市林权证发放及林地林权信息管理系统	数字林业建设	2003
17	蕉岭县西环一级公路	林业配套工程设计	2003
18	东莞市大岭山森林公园工程综合集成设计	园林景观设计	2004
19	东莞大岭山森林公园大岭山镇、虎门镇、厚街镇和长安镇入口园林景观设计	园林景观设计	2004
20	广东湛江红树林国家级自然保护区建设工程初步设计	园林景观设计	2004
21	深圳市羊台山森林公园总体规划(2004－2010 年)	园林景观设计	2004
22	台山市威利邦木业有限公司年产 20 万立方米中高密度纤维板厂工程设计	林产工业设计	2004
23	广东省森林资源二类调查	森林资源调查	2005
24	广东省沿海防护林体系建设二期工程规划(2006－2015 年)	林业规划设计	2005
25	广东省红树林保护和发展规划(2006－2015 年)	林业规划设计	2005
26	佛山市农林业生态发展规划	林业规划设计	2005
27	广东省沿海湿地保护和恢复规划	园林景观设计	2005
28	东莞市银瓶嘴森林公园总体规划(2005－2020 年)	园林景观设计	2005

（续）

序号	项目名称	项目类型	完成时间（年）
29	广州市增城石滩镇麻车、增城市小楼镇盘龙古藤森林围村绿化工程	园林景观设计	2005
30	贺州市嘉和木业（集团）有限公司中密度纤维板技改项目一期工程可行性研究报告	林产工业设计	2005
31	蕉岭暂恒至高乾三级公路工程	林业配套工程设计	2005
32	广东省林分改造工程建设规划（2007－2020年）	林业规划设计	2006
33	广东省天然林工程保护发展规划（2007－2016年）	林业规划设计	2006
34	广东省林业“十一五”规划和中长期发展规划	林业规划设计	2006
35	厦深铁路使用林地可研（广东省境内）	森林资源调查	2006
36	广州市恒发石场首期绿化恢复设计方案	园林景观设计	2006
37	中山市三乡镇绿地系统规划	园林景观设计	2006
38	龙岗区创建林业生态区自查工作	森林生态监测	2006
39	广东省林业产业“十一五”及中长期发展规划	林产工业设计	2006
40	广东省森林资源与生态环境监测中心实验楼工程设计	林产工业设计	2006
41	宝安区2005年度生态风景林施工监理	林业配套工程设计	2006
42	广东省森林资源连续清查第六次复查	森林资源调查	2007
43	广东省珍贵树种发展工程建设规划（第一期工程）	林业规划设计	2007
44	广东省商品用材林基地建设规划（2007－2020年）	林业规划设计	2007
45	广西长林木业有限公司家具厂和胶合板厂项目设计	林产工业设计	2007
46	浙江亚厦装饰股份有限公司装饰部品部件（木制品）、建筑幕墙和节能门窗投资项目申请报告	林产工业设计	2007
47	国道G206线梅县机场至兴宁松陂段改造工程	林业配套工程设计	2007
48	中山市森林防火网络体系建设工程总体规划（2008－2015年）	林业规划设计	2008
49	广东省矿区植被保护与生态恢复工程规划（2008－2020年）	林业规划设计	2008
50	广东省雨雪冰冻灾害地区森林生态修复工程规划（2008－2012）	林业规划设计	2008
51	广东省林业发展区划	林业规划设计	2008
52	编制清远市十二个国营林场森林经营方案	林业规划设计	2008
53	广州市森林公园、自然保护区建设与发展规划（修编）（2008－2015年）	园林景观设计	2008
54	从化市旺城大道园林绿化工程设计	园林景观设计	2008
55	广东省林业产业发展规划（2008－2020年）	林产工业设计	2008
56	树人木业（兴宁）有限公司茶油加工厂项目设计	林产工业设计	2008
57	梅州客天旅游道路工程	林业配套工程设计	2008
58	西气东输二线管道（广东段）工程使用林地可研	森林资源调查	2009

（续）

序号	项目名称	项目类型	完成时间（年）
59	广东省油茶产业发展规划(2010－2020年)	林业规划设计	2009
60	珠江三角洲地区林业生态建设一体化规划(2009－2020年)	林业规划设计	2009
61	广东省封山育林工程建设规划(2009－2013年)	林业规划设计	2009
62	日照森博林业开发有限责任公司梅州分公司50万亩原料林森林经营方案	林业规划设计	2009
63	金光集团广东省事业区工业原料林森林经营方案	林业规划设计	2009
64	金清远丰产林(纸材)基地有限公司速生丰产林年度森林采伐计划	林业规划设计	2009
65	金韶关第一丰产林(纸材)基地有限公司速生丰产林年度森林采伐计划	林业规划设计	2009
66	东莞市湿地资源调查与规划(2009－2030年)	园林景观设计	2009
67	北兴立交绿化景观改造升级工程	园林景观设计	2009
68	广东王子山森林公园总体规划(2009－2020年)	园林景观设计	2009
69	广东天鹿湖森林公园重点区域改造工程初步设计	园林景观设计	2009
70	珠海淇澳红树林湿地公园规划	园林景观设计	2009
71	佛山市三水区创建省林业生态区外业调查与建设规划	森林生态监测	2009
72	集体林权宗地勘界质量核查	森林资源调查	2009
73	珠海南海海上天然气陆上终端项目场地平整工程项目使用林地可研	森林资源调查	2009
74	潮州市建成农业综合开发有限公司贷款项目森林资产(橄榄林)评估咨询	森林资源调查	2009
75	集体林权宗地信息系统建设	数字林业建设	2009
76	博罗县林业地理信息系统软件“3S”技术	数字林业建设	2009
77	英德市林业信息管理系统软件	数字林业建设	2009
78	深圳市森林资源档案更新及园地数据核查	数字林业建设	2009
79	广东省森林资源数据采集处理	数字林业建设	2009
80	广东南油经济发展公司原料林综合利用产业发展规划(2010－2014年)	林产工业设计	2009
81	湖北昌兴农林开发有限公司年产10万立方米中(高)密度纤维板厂项目设计	林产工业设计	2009
82	深圳市中林实业发展有限公司利用人工林小径材制造重组木集成材项目可行性研究报告	林产工业设计	2009
83	平远县南台山至大河背旅游公路勘察设计	林业配套工程设计	2009
84	广州至乐昌高速公路坪石至樟市段项目使用林地可研	森林资源调查	2010
85	东莞市集体林权制度改革工作	森林资源调查	2010
86	从莞高速公路东莞段(含清溪支线)工程项目林研	森林资源调查	2010

（续）

序号	项目名称	项目类型	完成时间（年）
87	广东省集体林权制度改革外业勘测	森林资源调查	2010
88	广东省林业发展“十二五”规划	林业规划设计	2010
89	河源市森林围路（城）建设工程总体规划（2010－2013年）	林业规划设计	2010
90	广东省珠江流域综合治理防护林体系建设三期工程规划（2011－2020年）	林业规划设计	2010
91	森林珠海发展规划	林业规划设计	2010
92	广东省岩溶地区石漠化综合治理总体规划（2010－2020年）	林业规划设计	2010
93	广东省生物质能源林发展规划（2009－2020年）	林业规划设计	2010
94	广东省重点生态公益林中幼林抚育建设工程规划	林业规划设计	2010
95	广东省造林绿化规划	林业规划设计	2010
96	广东省应对气候变化林业行动方案	林业规划设计	2010
97	广东省特色经济林产业发展规划（2011－2020年）	林业规划设计	2010
98	广东省碳汇林建设工程总体规划	林业规划设计	2010
99	广东省森林经营现状调查及规划	林业规划设计	2010
100	广东省2011－2020森林抚育规划及实施方案	林业规划设计	2010
101	广东省主干道绿化工程建设规划（2011－2015年）	园林景观设计	2010
102	广东省平原绿化三期工程规划（2010－2020年）	园林景观设计	2010
103	中山市森林公园建设与发展规划（2011－2020年）	园林景观设计	2010
104	从化市流溪河绿道麻村——乌石段景观绿化工程	园林景观设计	2010
105	东莞市森林公园绿道网工程设计	园林景观设计	2010
106	广东省岩溶地区石漠化综合治理总体规划及扩大试点县实施方案	森林生态监测	2010
107	广东省扩大和调整省级生态公益林	森林生态监测	2010
108	中山市林业信息管理系统（一期）建设项目	数字林业建设	2010
109	应用高分辨率遥感影像对广州市南沙区黄山鲁森林公园森林资源现状调查	数字林业建设	2010
110	林业有害生物数据采集与管理信息系统推广应用	数字林业建设	2010
111	巨野沃德森板业有限公司山东省秸秆木材综合循环利用创新技术产业工程项目设计	林产工业设计	2010
112	梅县白渡嵩溪至剑英大桥公路改建工程	林业配套工程设计	2010
113	珠海市高栏岛森林消防道路工程可行性及施工图设计	林业配套工程设计	2010
114	集体林权制度改革省级检查验收	森林资源调查	2011
115	江门至罗定高速公路项目林研	森林资源调查	2011
116	广东省林地保护利用规划	林业规划设计	2011

（续）

序号	项目名称	项目类型	完成时间（年）
117	广东省"十二五"国有林场扶贫规划	林业规划设计	2011
118	广东省林业技术装备提升规划(2011－2020年)	林业规划设计	2011
119	广东省木材战略储备生产基地规划(2011－2020年)	林业规划设计	2011
120	广东省竹产业发展规划(2011－2020年)	林产工业设计	2011
121	广东省碳汇示范林工程建设规划(2011－2015年)	林业规划设计	2011
122	广东省血防林建设工程总体规划(2011－2020年)	林业规划设计	2011
123	广东省木材战略储备基地总体规划(2011－2020年)	林业规划设计	2011
124	广东省生态景观林带建设规划(2011－2020年)	园林景观设计	2011
125	广东省森林公园发展规划	园林景观设计	2011
126	广东省森林旅游发展规划(2011－2020年)	园林景观设计	2011
127	广州市江湖森林公园广场建设项目	园林景观设计	2011
128	白江湖森林公园溯溪游道建设项目设计	园林景观设计	2011
129	珠海大横琴(脑背山)森林公园总体规划	园林景观设计	2011
130	中山市生态景观林带建设总体规划(2011－2020年)	园林景观设计	2011
131	广州市林业和园林产业发展规划(2011－2020年)	林产工业设计	2011
132	乐昌市岩溶地区石漠化综合治理工程实施方案与初步设计	森林生态监测	2011
133	乳源瑶族自治县岩溶地区石漠化综合治理实施方案	森林生态监测	2011
134	深圳市龙岗区数字化森林资源管理信息系统	数字林业建设	2011
135	从化集体林权制度改革林权管理及森林资源管理信息系统项目	数字林业建设	2011
136	佛山市沃德森板业有限公司废弃木质材料综合利用产业化项目设计(年产4万立方米阻燃刨花板线和年产15万立方米纤维刨花板线)	林产工业设计	2011
137	广州好莱客创意家居股份有限公司整体衣柜技术升级扩建项目可行性研究报告	林产工业设计	2011
138	五华县环城大道道路工程设计	林业配套工程设计	2011
139	中国广东客天下旅游产业园(客家小镇段)旅游公路建设工程设计	林业配套工程设计	2011
140	全省森林资源与生态状况监测及评估	森林生态监测	常规项目
141	全省林业综合实绩核查	森林资源调查	常规项目
142	林业重点生态工程及综合管护成效年度核查	森林资源调查	常规项目
143	森林经营方案编制	林业规划设计	常规项目
144	全省林业产业基础信息监测	林产工业设计	常规项目
145	应用遥感技术监测全省湿地资源	数字林业建设	常规项目
146	“3S”技术对森林二类小班档案更新	数字林业建设	常规项目

（续）

序号	项目名称	项目类型	完成时间（年）
147	生态公益林界定资料数字化及档案数据年度更新	数字林业建设	常规项目
148	省级生态公益林综合管护成效年度核查	森林生态监测	常规项目
149	地理信息系统试点建设工作技术指导及汇总	数字林业建设	常规项目
150	林业生态县检查验收	森林生态监测	常规项目
151	国家重点公益林综合管护成效年度核查	森林生态监测	常规项目
152	全省荒漠化（沙化）监测调查	森林生态监测	常规项目

附录三　在职职工名单

序号	姓名	性别	籍贯	所在部门	执业资格	技术职称	参加工作时间	进入本单位时间
1	肖智慧	男	广东和平	院部		高级工程师	1983.08.01	1983.08.01
2	邓鉴锋	男	广东高州	院部		教授级高工	1992.07.07	1992.07.07
3	陈汉坤	男	广东惠来	院部		教授级高工	1984.07.01	1984.07.01
4	林寿明	男	广东高州	院部		教授级高工	1992.07.01	1992.07.01
5	陈富强	男	广东梅县	院部	注册咨询工程师(投资)	高级工程师	1989.07.02	1989.07.02
6	薛春泉	男	广东五华	院部		教授级高工	1992.07.02	1992.07.02
7	赖广梅	男	广东紫金	院部		高级工程师	1983.08.01	1983.08.01
8	叶金盛	男	安徽宿松	院办		教授级高工	2001.07.01	2001.07.01
9	郑洁玮	女	广东饶平	院办		工程师	2005.07.06	2005.07.06
10	谭文雄	男	广东湛江	院办		高级工程师	1991.07.13	1991.07.13
11	林克环	女	广东汕头	院办			1984.11.06	1991.11.01
12	杨佐兵	男	广东翁源	院办		工程师	2000.07.10	2000.07.10
13	梁林才	男	海南琼海	院办			1979.11.29	1993.11.11
14	周添华	男	广东三水	院办		助工	1972.09.28	1977.08.01
15	薛　梅	女	福建福州	院办			1982.12.29	1982.12.29
16	李爱英	女	湖南新宁	党办	注册咨询工程师(投资)	高级工程师	2002.07.01	2002.07.01
17	马延军	男	陕西宜君	党办		高级工程师	2000.07.03	2000.07.03
18	郑镜明	男	广东五华	总工办		教授级高工	1988.07.01	1988.07.01
19	刘凯昌	男	广东大埔	总工办		教授级高工	1983.07.01	1988.07.01
20	周玉申	男	湖南嘉禾	总工办		教授级高工	1982.02.13	1985.07.01
21	王喜平	女	湖南沅江	总工办		教授级高工	1992.07.01	1995.05.01
22	严玉莲	女	广东四会	总工办	注册咨询工程师(投资)	高级工程师	1997.07.03	1997.07.03
23	李彬耀	男	福建仙游	总工办		工程师	1989.07.01	1989.07.01
24	蓝启明	男	广东大埔	总工办		高级工程师	1972.06.01	1997.01.01
25	蔡晓燕	女	广东揭阳	人事科		高级工程师	1985.07.01	1985.07.01
26	丘娟珍	女	广东平远	人事科		高级工程师	1991.07.01	2002.05.20
27	钟海智	男	广东龙川	人事科		工程师	2004.07.07	2009.02.16
28	张海文	男	广东大埔	财务科		助工	1983.08.01	1983.08.01
29	郑小红	女	广东大埔	财务科		工程师	1983.08.23	1988.09.15
30	李　进	男	广西陆川	财务科		助工	1987.09.01	2000.04.01

（续）

序号	姓名	性别	籍贯	所在部门	执业资格	技术职称	参加工作时间	进入本单位时间
31	蔡　墉	女	广东揭阳	财务科		高级工程师	1981.03.13	1996.12.03
32	余灿庆	男	广东开平	财务科		技术员	1981.12.30	1981.12.30
33	许莉蓉	女	广东饶平	财务科			1992.05.01	1999.11.01
34	宋蒙华	女	河北蓟县	财务科		工程师	1980.12.30	2011.10.10
35	杨　城	男	广东电白	信息中心		高级工程师	1986.07.01	1986.07.01
36	廖树东	男	广东五华	离退办		高级工程师	1969.01.01	1976.08.01
37	陈文英	女	广东南海	离退办			1991.10.01	1991.10.01
38	苏　省	男	广东高州	后勤服务中心		工程师	1998.07.01	1998.07.01
39	黄国锋	男	广东梅县	后勤服务中心			1972.11.28	1981.04.07
40	刘彩红	女	湖南安乡	后勤服务中心			1993.09.01	2001.06
41	姚瑞香	女	湖南益阳	后勤服务中心			1987.05.12	2007.04.20
42	林道叁	男	海南文昌	后勤服务中心			1977.01.01	1981.03.01
43	聂其江	男	广东恩平	后勤服务中心			1975.08.01	1977.08.01
44	李宁江	男	江苏淮安	后勤服务中心			1970.10.01	1977.12.25
45	陈希林	男	湖南隆回	后勤服务中心			1982.12.29	1982.12.29
46	何万德	男	广东广州	后勤服务中心			1987.07.29	2000.01.24
47	李志洪	男	广东兴宁	资源监测分院		教授级高工	1988.06.29	1988.06.29
48	余松柏	男	四川云阳	资源监测分院		教授级高工	1989.07.01	1989.07.01
49	李志友	男	广西平南	资源监测分院		工程师	1995.07.14	1995.07.14
50	林中大	男	广东平远	资源监测分院		教授级高工	1992.07.01	1992.07.01
51	张少根	男	广东兴宁	资源监测分院		高级工程师	1981.08.01	1981.08.01
52	黎植权	男	广东封开	资源监测分院		高级工程师	1986.07.01	1986.07.01
53	李运龙	男	湖南宜章	资源监测分院		高级工程师	1989.07.01	1989.07.01
54	何开伦	男	广东海康	资源监测分院	注册咨询工程师(投资)	高级工程师	1992.07.01	1992.07.01
55	陈后东	男	广东廉江	资源监测分院		高级工程师	1980.07.01	1980.07.01
56	夏新丰	男	上海	资源监测分院		工程师	1981.12.01	1981.12.01
57	冯新富	男	广东阳东	资源监测分院		工程师	2001.07.01	2001.07.01
58	李清湖	男	广东陆丰	资源监测分院		助工	2008.08.21	2008.08.21
59	郑文松	男	广东普宁	资源监测分院	注册咨询工程师(投资)	高级工程师	1988.07.01	2008.10.08

（续）

序号	姓名	性别	籍贯	所在部门	执业资格	技术职称	参加工作时间	进入本单位时间
60	陈少彬	男	广东普宁	资源监测分院		助工	2002.06.10	2009.08.01
61	郭玫均	女	广东焦岭	资源监测分院			1996.11.01	2000.11.01
62	刘飞鹏	男	广东台山	生态监测分院		高级工程师	1998.07.01	1998.07.01
63	彭　达	男	广东四会	生态监测分院		高级工程师	1988.07.11	1988.07.11
64	苏树权	男	广东潮州	生态监测分院		高级工程师	1987.07.06	1987.07.06
65	江建发	男	福建连城	生态监测分院		技术员	1981.12.01	1981.12.01
66	姜丹玲	女	山西夏县	生态监测分院		工程师	1984.07.01	1984.07.01
67	黄长宽	男	广东开平	生态监测分院		高级工程师	1986.07.01	1986.07.01
68	伍国清	男	广东兴宁	生态监测分院		助工	1998.07.01	1998.07.01
69	郑全胜	男	广东仁化	生态监测分院		高级工程师	1989.07.01	1989.07.01
70	张　亮	男	河北高阳	生态监测分院		高级工程师	2002.07.01	2002.07.01
71	文昌宇	男	广东乐昌	生态监测分院		高级工程师	2002.07.01	2002.07.01
72	张红爱	女	安徽宿松	生态监测分院		高级工程师	2003.07.01	2003.07.01
73	徐期瑚	男	湖北监利	生态监测分院		高级工程师	1996.07.01	2003.07.01
74	付海真	男	吉林榆树	生态监测分院	注册咨询工程师(投资)	高级工程师	2002.07.01	2002.07.01
75	杨加志	男	广东英德	生态监测分院	注册咨询工程师(投资)	高级工程师	2005.07.06	2005.07.06
76	冯汉华	男	湖北大冶	生态监测分院		工程师	2006.07.10	2006.07.10
77	周命义	男	湖南嘉禾	生态监测分院		工程师	2007.07.02	2007.07.02
78	罗　勇	男	河南信阳	生态监测分院		高级工程师	2007.07.02	2007.07.02
79	孟先进	男	湖北宜城	生态监测分院		助工	2008.07.01	2009.08.24
80	战国强	男	辽宁建平	规划设计分院		高级工程师	2001.07.01	2001.07.01
81	吴焕忠	男	广东揭阳	规划设计分院	注册监理工程师、注册咨询工程师(投资)	教授级高工	1985.07.13	1985.07.13
82	华国栋	男	广东英德	规划设计分院		高级工程师	1990.06.28	1990.06.28
83	陈德昌	男	广东博罗	规划设计分院		高级工程师	1973.03.01	1977.08.01
84	周广玲	女	河南获加	规划设计分院		工程师	1971.11.01	1976.08.01
85	刘周全	男	湖南邵阳	规划设计分院		高级工程师	2001.07.01	2001.07.01
86	邓冬旺	男	广西桂林	规划设计分院		助工	2005.07.06	2005.07.06
87	杨沅志	男	湖南浏阳	规划设计分院		工程师	2006.07.04	2006.07.04
88	郭彦青	男	山西忻州	规划设计分院		高级工程师	2005.07.06	2005.07.06
89	王武敏	男	海南儋州	规划设计分院		助工	2007.07.02	2007.07.02

（续）

序号	姓名	性别	籍贯	所在部门	执业资格	技术职称	参加工作时间	进入本单位时间
90	陈传国	男	江西乐安	规划设计分院		助工	2008.08.21	2008.08.21
91	陈倩倩	女	四川绵阳	规划设计分院		助工	2008.08.01	2010.01.12
92	陈黄礼	男	甘肃张掖	规划设计分院		助工	2005.07.06	2010.01.12
93	姜　杰	男	江苏涟水	规划设计分院		助工	2010.04.01	2010.09.29
94	魏安世	男	河南商水	信息技术分院		教授级高工	2000.08.01	2000.08.01
95	李大锋	男	广东揭西	信息技术分院		高级工程师	2000.07.04	2000.07.04
96	李　伟	男	河北承德	信息技术分院		高级工程师	2000.07.01	2004.07.08
97	宾　峰	男	广西全州	信息技术分院		助工	2001.07.01	2001.07.01
98	黄宁辉	男	广东罗定	信息技术分院		工程师	2002.07.01	2002.07.01
99	秦　琳	女	湖北红安	信息技术分院		高级工程师	2002.07.01	2002.07.01
100	黎颖卿	女	广东乐昌	信息技术分院		高级工程师	2002.07.01	2002.07.01
101	杨志刚	男	山东兖州	信息技术分院		工程师	2006.07.06	2006.07.06
102	丁　胜	男	安徽怀宁	信息技术分院		工程师	2006.07.06	2006.07.06
103	陈　鑫	男	山东济宁	信息技术分院		工程师	2006.07.06	2006.07.06
104	张华英	女	湖北宜昌	信息技术分院		高级工程师	2003.07.01	2003.07.01
105	汪求来	男	安徽巢湖	信息技术分院		助工	2008.08.21	2008.08.21
106	谢　玲	女	湖南邵阳	信息技术分院			2002.10.05	2004.06.28
107	彭展花	女	广东丰顺	信息技术分院			1996.02.01	2005.12.01
108	陈莲好	女	广东广州	信息技术分院			1997.06.01	2007.03.14
109	许文安	男	广东普宁	园林设计分院	注册咨询工程师(投资)	教授级高工	1994.07.01	1994.07.01
110	郭盛才	男	广西平乐	园林设计分院		高级工程师	1992.07.01	1994.05.01
111	罗发民	男	陕西蒲城	园林设计分院		高级工程师	1993.07.01	1993.07.01
112	彭威雄	男	广东化州	园林设计分院		工程师	1999.07.02	1999.07.02
113	练　丽	女	重庆铜梁	园林设计分院		高级工程师	2001.07.01	2001.07.01
114	罗广军	男	湖南衡南	园林设计分院	注册咨询工程师(投资)	高级工程师	1995.08.10	1995.08.10
115	胡喻华	男	湖南双峰	园林设计分院		高级工程师	2003.07.01	2003.07.01
116	黄穗昇	女	广东信宜	园林设计分院		工程师	2003.07.01	2003.07.01
117	陈寿坤	男	广东电白	园林设计分院		工程师	2003.07.01	2003.07.01
118	陈秋菊	女	浙江嘉兴	园林设计分院		助工	2008.08.21	2008.08.21
119	谭志权	男	广东郁南	园林设计分院		助工	2004.07.27	2009.05.22
120	张春霞	女	山西大同	园林设计分院		工程师	2005.07.01	2012.02.20

（续）

序号	姓名	性别	籍贯	所在部门	执业资格	技术职称	参加工作时间	进入本单位时间
121	陈雄伟	男	广东高州	产业设计分院		教授级高工	1977.05.01	1988.05.09
122	刘培兴	男	广东吴川	产业设计分院	注册监理工程师、注册电气工程师	高级工程师	1985.07.13	1985.07.13
123	丁　丹	男	湖南常德	产业设计分院		高级工程师	1994.07.01	1994.07.01
124	李俊英	男	广东潮州	产业设计分院	一级注册结构师、注册监理工程师	高级工程师	1985.07.15	1985.07.15
125	陈钰皓	男	广东陆丰	产业设计分院	注册城市规划师	高级工程师	2000.07.01	2000.07.01
126	詹洲延	男	广东饶平	产业设计分院	二级注册结构师	高级工程师	1983.08.01	1983.08.01
127	陈舜卿	女	广东揭阳	产业设计分院		工程师	1984.07.01	1984.07.01
128	何莹泉	男	广东南雄	产业设计分院	注册公用设备工程师（给水排水）	高级工程师	1988.08.05	1988.08.05
129	陈晓军	男	广东化州	产业设计分院	一级注册结构师	高级工程师	1999.07.05	1999.07.05
130	房仕钢	男	广东梅县	产业设计分院	二级注册建筑师	高级工程师	1999.07.02	1999.07.02
131	丁　敏	男	江西丰城	产业设计分院		工程师	2003.07.01	2003.07.01
132	朱卫东	男	广东和平	产业设计分院		工程师	2006.07.03	2006.07.03
133	刘曼红	女	广东四会	产业设计分院	注册咨询工程师(投资)	高级工程师	1997.07.02	2009.01.04
134	余瑞娟	女	广东澄海	产业设计分院		工程师	2003.08.01	2011.02.14
135	刘　亚	女	湖北武汉	产业设计分院		工程师	2005.08.01	2011.02.14
136	刘建明	男	广东饶平	总体设计分院		高级工程师	1991.07.01	1991.07.01
137	容友鹏	男	广东台山	总体设计分院		高级工程师	1984.07.28	1984.07.28
138	雷庆祥	男	湖南邵阳	总体设计分院	注册监理工程师、注册咨询工程师(投资)	高级工程师	1989.07.12	1989.07.12
139	莫东亮	男	广东郁南	总体设计分院		工程师	1989.06.22	1989.06.22
140	韩培新	男	广东廉江	总体设计分院		工程师	1984.07.01	1984.07.01
141	杨庆局	男	广东丰顺	总体设计分院		高级工程师	1976.08.01	1976.08.01
142	张　杰	男	四川隆昌	总体设计分院		工程师	1988.07.01	1988.07.01

（续）

序号	姓名	性别	籍贯	所在部门	执业资格	技术职称	参加工作时间	进入本单位时间
143	梅　盛	男	广东兴宁	总体设计分院		高级工程师	1994.07.01	1994.07.01
144	钟小山	男	广东饶平	总体设计分院		工程师	1995.07.01	1995.07.01
145	陈昔龙	男	山东梁山	总体设计分院		助工	1997.07.11	1997.07.11
146	李纪友	男	河南商城	总体设计分院	注册咨询工程师(投资)	高级工程师	1998.07.02	1998.07.02
147	吴俩铵	男	广东丰顺	总体设计分院		助工	1999.07.05	1999.07.05
148	聂金生	男	广东恩平	总体设计分院			1978.04.10	1979.05.07
149	黄少辉	男	广东潮阳	总体设计分院		高级工程师	1996.07.08	1996.07.08
150	王　缨	女	广东普宁	总体设计分院		助工	1988.12.31	2008.02.01
151	杨　莉	女	山西秸县	科技服务公司			1991.11.15	1992.12.09
152	黄励明	男	广东广州	科技服务公司			1972.08.01	1972.08.01
153	梁正强	男	广东南海	科技服务公司			1972.08.01	1972.08.01
154	梁道龙	男	广东新兴	科技服务公司			1981.05.16	1981.05.16
155	周志生	男	广东南海	科技服务公司			1972.08.01	1972.08.01
156	张　跃	男	陕西西安	科技服务公司			1986.06.05	1986.06.05
157	戴艳华	女	江苏金坛	科技服务公司			1984.08.01	1984.08.01
158	魏永红	女	四川石棉	科技服务公司			1984.07.01	1984.07.01
159	钟丽珍	女	广东紫金	科技服务公司			1986.04.09	1986.04.09
160	陈裕民	男	广东兴宁	科技服务公司			1985.05.27	1985.05.27
161	陈锦红	女	广东梅州	科技服务公司			2002.11.06	2004.11.02

附录四　在聘职工名单

序号	姓名	性别	籍贯	序号	姓名	性别	籍贯
1	方荣城	男	广东惠来	26	贺炬成	男	广东大埔
2	杨　清	男	广东乳源	27	蔡晓鸿	男	湖北广水
3	巫炳森	男	广东四会	28	丁辉明	男	广东博罗
4	黄少英	女	广东南海	29	林金福	男	广东高州
5	潘孝新	男	海南文昌	30	曾志慧	男	广东连平
6	谢浩明	男	广东广州	31	孔令玉	男	广东封开
7	肖圣昌	男	广东河源	32	许培容	男	广东潮阳
8	林明辉	男	广东中山	33	郑　妍	女	广东电白
9	薛长明	男	湖南常德	34	罗伟其	男	广东台山
10	卢成平	男	广西钟山	35	韩春伟	男	山东齐河
11	郑永铠	男	广东五华	36	何　蕾	男	海南定安
12	林锦龙	男	广东罗定	37	杜谦泰	男	广东广州
13	谭伟德	男	广东罗定	38	钟　凯	男	广东吴川
14	龙岳云	男	广东高州	39	梁思明	男	广西隆林
15	张　健	男	广东五华	40	张　雷	男	湖北枣阳
16	卢金雪	女	海南文昌	41	钟　鸣	男	广东五华
17	邢增旺	男	海南文昌	42	彭剑峰	男	广东梅州
18	张荷花	女	广东大埔	43	马　勇	男	广东兴宁
19	尹仁健	男	广西平南	44	林艺强	男	广东茂名
20	马嘉晖	男	广东台山	45	曾美红	女	广东五华
21	徐增燕	女	广东高州	46	邓　剑	男	广东云浮
22	钟玉玲	女	广东韶关	47	王　云	女	广东梅州
23	何红梅	女	广东河源	48	钟春连	女	广东电白
24	罗俊璇	女	广东丰顺	49	林晓燕	女	广东高州
25	郑奕璇	女	广东汕头	50	吴　莲	女	广东梅州

（续）

序号	姓名	性别	籍贯	序号	姓名	性别	籍贯
51	陈雁清	女	广东台山	78	陈　斐	男	广东惠来
52	肖伟华	女	广东高州	79	姚　超	男	湖南益阳
53	罗静玲	女	广东兴宁	80	边俊景	女	河南新乡
54	李春萍	女	广东揭西	81	陈　盼	男	陕西高陵
55	赖宇燕	女	广东廉江	82	涂作旭	男	广东仁化
56	陈强生	男	广东梅县	83	金国东	男	广东佛山
57	廖森群	男	广东五华	84	黄华蓉	女	广东潮安
58	曾觉安	男	广东河源	85	林伟军	男	广东高明
59	叶雪凌	女	广东蕉岭	86	姚立严	男	安徽石台
60	周于琼	男	广东湛江	87	林文荣	男	广东遂溪
61	杨胜泉	男	广东郁南	88	劳小平	女	广东鹤山
62	刘碧云	男	广东怀集	89	罗　丹	女	贵州
63	陈伟文	男	广东平远	90	李　浩	男	广东梅县
64	李世荣	男	广东大埔	91	黄苑英	男	广东云浮
65	黎荣彬	男	广东从化	92	张启平	男	广东仁化
66	赵瑟敏	女	广东汕头	93	黄妃本	男	广东湛江
67	林浩亮	男	广东平远	94	陈纯秀	女	湖北随州
68	郭梅秀	女	广东蕉岭	95	彭雪辉	男	广东丰顺
69	邓洪涛	男	广东高州	96	朱利永	男	广东高州
70	官捷滔	男	广东普宁	97	苏玉贞	女	广西桂林
71	何金全	男	湖南新田	98	洪丹琳	女	广东汕头
72	梁银凤	女	广东高州	99	陈晓辉	男	广东化州
73	吴欢燕	女	广东连平	100	陈张华	男	江西于都
74	陈汶锋	男	广东增城	101	文　伟	男	湖北天门
75	林银钦	男	广东普宁	102	陆敏健	男	广东肇庆
76	蓝芝顺	男	广东电白	103	唐志斌	男	湖南桂阳
77	陈楚民	男	广东潮阳	104	崔　文	男	湖南益阳

（续）

序号	姓名	性别	籍贯	序号	姓名	性别	籍贯
105	辛成锋	男	广东增城	120	许也娜	女	内蒙古科尔沁
106	彭词清	男	湖南汨罗	121	黄玉娟	女	广东饶平
107	邓洪兰	女	广东高州	122	李锦屏	女	湖北黄石
108	麦焕光	男	广东德庆	123	乐　平	女	湖南岳阳
109	胡辰辉	男	广东清远	124	彭朝阳	男	广东丰顺
110	屈　明	男	河南遂平	125	叶自奋	男	广东和平
111	张宏伟	男	河南三门峡	126	吴爱萍	女	广东阳山
112	张智昌	男	黑龙江哈尔滨	127	卢雅莉	女	广东江门
113	陈小英	女	广东化州	128	李益民	男	广东博罗
114	刘丽玲	女	广东阳春	129	李志华	男	湖南安仁
115	钟亚燕	女	广东电白	130	魏玉晗	女	辽宁大石桥
116	薛超音	女	江苏	131	薛　宁	女	湖南常德
117	帅晓波	男	湖南汉寿	132	刘照程	男	湖南冷水江
118	帅　莉	女	湖北宜昌	133	梁润深	女	广东新会
119	张国兰	女	湖南沅江	134	余建航	男	广东台山

附录五　离退休职工名单

序号	姓名	性别	参加工作时间	离退休时职务(职称)	离退休时间
1	方　向	男	1939.11	副厅(离休)	1982.12
2	聂汉明	男	1952.00		1979.05
3	刘玉林	男	1949.05		1979.05
4	梁修锦	男	1956.00		1981.03
5	江　沛	男	1954.01	技工中级	1982.05
6	何龙顺	男	1954.01	技术员	1982.12
7	罗景娥	女	1949.10	副股	1984.07
8	陈庚庆	男	1950.03		1984.09
9	薛漫天	男	1949.03	副科	1984.11
10	张汉杰	男	1954.07	技术员	1985.02
11	李繳	女	1949.10	科员	1985.12
12	李仕健	男	1950.10	副科	1985.12
13	曾子其	男	1949.10	工程师	1985.12
14	刘远兰	女	1958.01	普工	1985.11
15	劳玉珍	女	1972.01	普工	1985.12
16	许玉容	女	1959.08	技术员	1985.12
17	陈家宽	女	1968.08	助工	1986.11
18	潘永松	女	1955.01	技术员	1986.11
19	温海林	男	1952.09	技工高级	1986.11
20	邱月明	男	1961.03		1986.11
21	孙洪玉	女	1974.05	普工	1987.10
22	郑继友	男	1953.08	助工	1987.12
23	吴子岭	男	1945.12	正处(离休)	1987.05
24	吴　科	男	1952.09	高级工程师	1988.08
25	吴浓桂	女	1954.09	主管药师	1988.09
26	刘汝钊	男	1960.00		1989.02
27	王　兴	男	1952.09	工程师	1988.02
28	张慧芳	女	1960.07	高级小教	1988.12
29	曾文惠	女	1951.07	副主任科员	1989.08
30	张以敬	男	1954.00	助工	1990.06
31	樊淦海	男	1951.04	正科	1990.07

（续）

序号	姓名	性别	参加工作时间	离退休时职务(职称)	离退休时间
32	陈善根	男	1952.07	工程师	1990.10
33	李　华	女	1951.01	副主任科员	1990.01
34	杨文盛	男	1951.03	工程师	1990.01
35	张友礼	男	1952.08	工程师	1990.01
36	余美伦	女	1958.08	工程师	1990.09
37	贺柳芬	女	1961.09	主治医师	1990.09
38	杨秀梅	女	1974.05	普工	1990.11
39	袁丽慈	女	1956.06	科员	1991.03
40	李济林	男	1952.09	副主任科员	1991.01
41	邱富汀	男	1956.03	技工高级	1991.01
42	钟志明	男	1953.09	助工	1991.03
43	邹梦贞	女	1972.02	普工	1991.03
44	翁仁宝	男	1958.09	助工	1991.08
45	毛正中	男	1958.08	工程师	1991.09
46	张炳祥	男	1951.10	副处	1991.10
47	周浩冲	男	1951.10	助工	1991.10
48	陈大华	男	1954.07	工程师	1991.10
49	黄　珊	女	1964.08	助工	1992.02
50	林庆祥	男	1956.03	技工高级	1992.02
51	陈琼芬	女	1962.12	科员	1992.04
52	石少同	男	1952.08	工程师	1992.05
53	余文嵩	男	1953.09	正处	1992.09
54	张金兰	女	1962.09	工程师	1992.09
55	药彩霞	女	1957.09	普工	1992.11
56	刘新权	男	1960.04	助工	1993.01
57	冯文炳	男	1955.02	高级工程师	1993.03
58	陈必成	男	1950.03	正科	1993.07
59	罗在全	女	1959.08	工程师	1993.07
60	卢　忠	男	1961.08	工程师	1993.09
61	徐巧珍	女	1960.07	工程师	1993.09
62	崔文保	女	1964.08	工程师	1993.10
63	谭月坤	女	1965.06	工程师	1993.10

（续）

序号	姓名	性别	参加工作时间	离退休时职务（职称）	离退休时间
64	李孟遥	男	1955.11	副科	1993.11
65	伍祥绮	男	1960.09	工程师	1993.11
66	陈美珍	女	1964.02	会计师	1994.05
67	邓渝卿	女	1963.08	工程师	1994.12
68	夏天林	男	1954.07	高级工程师	1994.12
69	杨素智	女	1962.07	助工	1995.06
70	杨淑德	女	1965.07	工程师	1995.07
71	冯有文	男	1954.09	正科	1995.08
72	邹胜元	男	1965.08	工程师	1995.08
73	宓华达	男	1951.06	高级工	1995.11
74	刘舜贤	女	1960.08	科员	1995.12
75	陈惠芳	女	1966.09	工程师	1996.02
76	凌其明	男	1959.09	高级工程师	1996.02
77	戴春晓	男	1961.08	高级工程师	1996.03
78	江振铎	男	1952.02	高级工程师	1996.03
79	王兴茂	男	1959.08	高级工程师	1996.04
80	骆文靦	男	1959.06	高级工程师	1996.05
81	岑永禄	男	1958.09	高级工程师	1996.06
82	任创立	男	1963.08	高级工程师	1996.07
83	杨耀洸	男	1952.09	副科	1996.07
84	谷云荪	女	1965.08	工程师	1996.08
85	武秉华	女	1960.09	高级工程师	1997.02
86	陆颖群	女	1970.09	高级工程师	1997.02
87	熊荣新	男	1960.09	高级工	1997.04
88	胡道端	女	1974.01	普工	1997.06
89	符　茂	男	1955.12	正处	1997.07
90	黎耀芳	女	1963.07	工程师	1997.08
91	孙淑友	男	1966.06	工程师	1997.09
92	唐宇森	男	1956.06	工程师	1997.07
93	黄宝珍	女	1965.05	高级工	1997.08
94	区丽意	女	1969.02	中级工	1997.09
95	张　汉	男	1963.04	副科	1997.12
96	张振武	男	1963.08	高级工程师	1997.12

（续）

序号	姓名	性别	参加工作时间	离退休时职务（职称）	离退休时间
97	杨佐祥	男	1963. 09	高级工程师	1997. 12
98	张永林	男	1963. 08	高级工程师	1998. 01
99	严俊强	男	1964. 08	高级工程师	1998. 01
100	吴鸿祥	男	1964. 02	副科	1998. 02
101	黄作声	男	1958. 08	中级工	1998. 03
102	吴应盛	男	1962. 09	工程师	1998. 03
103	钟崇杜	男	1959. 08	高级工程师	1998. 03
104	冯国华	男	1962. 09	高级工程师	1998. 05
105	李希武	男	1963. 08	高级工程师	1998. 05
106	叶渭贤	男	1963. 08	高级工程师	1998. 06
107	张金恕	男	1956. 03	高级工程师	1998. 08
108	王以仁	男	1965. 07	高级工程师	1998. 08
109	尹志平	男	1964. 05	高级工程师	1998. 09
110	范钦才	男	1965. 10	主治医师	1998. 10
111	王凌先	女	1963. 09	医师	1998. 10
112	梁富容	女	1970. 09	科员	1999. 04
113	彭德中	男	1963. 08	高级工程师	1999. 08
114	王勋篪	男	1965. 07	高级工程师	1999. 10
115	曹连起	男	1963. 09	高级工程师	1999. 11
116	李茂深	男	1964. 08	正处	2000. 01
117	赖锦泉	男	1963. 08	工程师	2000. 02
118	钟汉城	男	1965. 08	高级工程师	2000. 02
119	何其慧	女	1964. 08	高级工程师	2000. 03
120	吕志明	男	1965. 07	高级工程师	2000. 06
121	李万权	男	1965. 08	高级工程师	2000. 06
122	彭正英	女	1965. 08	高级小教	2000. 06
123	何冠容	女	1970. 08	高级工	2000. 06
124	叶桂兰	女	1973. 02	普工	2000. 06
125	李德雄	男	1965. 07	高级工程师	2000. 08
126	段　旭	男	1965. 07	高级工程师	2000. 08
127	周长炽	男	1965. 07	高级工程师	2000. 09
128	陈荣休	男	1964. 02	工程师	2000. 10
129	王贵阳	男	1962. 07	工程师	2000. 10

（续）

序号	姓名	性别	参加工作时间	离退休时职务(职称)	离退休时间
130	杨伟志	男	1965.08	高级工程师	2000.10
131	李华英	女	1965.07	科员	2000.11
132	黎启泓	男	1965.01	高级工程师	2001.01
133	魏　才	男	1963.08	高级工程师	2001.01
134	施全青	男	1963.09	工程师	2001.04
135	关秀清	女	1972.09	中级工	2001.05
136	黄卡莉	女	1973.04	普工	2001.05
137	罗锦丰	男	1965.08	高级工程师	2001.08
138	曹其中	男	1965.07	高级工程师	2001.11
139	邓汝荣	男	1965.08	高级工程师	2001.12
140	李纪宁	女	1968.11	高级工	2002.02
141	区庄葵	男	1965.08	高级工程师	2002.05
142	邱建大	男	1968.11	助工	2002.09
143	陈　耀	男	1958.11	助工	2003.04
144	李大刚	男	1963.08	高级工程师	2004.01
145	周柳青	女	1971.04	工程师	2004.07
146	王素秋	女	1972.11	高级工	2004.07
147	潘淑清	女	1969.01	高级工程师	2004.12
148	罗玉洪	男	1969.09	教授级高工	2005.01
149	蔡达明	男	1969.09	高级工程师	2005.05
150	陈振兴	男	1969.09	高级工程师	2005.07
151	周铁荣	男	1963.08	工程师	2005.08
152	王建荣	女	1973.03	高级工	2006.05
153	陈健全	男	1972.08	高级工	2007.09
154	雷景仰	男	1968.09	高级工程师	2007.09
155	江运仁	男	1967.12	高级工程师	2007.10
156	江宝莲	女	1976.10	高级工	2008.03
157	梁美丽	女	1981.04	高级工	2008.09
158	冯少卿	女	1970.09	正科	2009.02
159	曾　超	女	1976.10	高级工	2009.04
160	陈锦松	男	1966.03	正科	2010.03
161	叶宪文	男	1968.02	高级工程师	2010.07
162	黄养先	男	1970.11	工程师	2010.10

（续）

序号	姓名	性别	参加工作时间	离退休时职务(职称)	离退休时间
163	许　红	女	1980.03	高级工	2010.12
164	刘志武	男	1970.11	教授级高工	2011.02
165	李迪荣	男	1968.11	高级工程师	2011.04
166	黄俊泽	男	1969.09	高级工程师	2011.04
167	刘秋花	女	1974.10	副科	2011.07
168	曾细勇	男	1969.04	正科	2012.02
169	梁素莲	女	1981.12	高级工	2012.04
170	伍惠球	女	1973.11	高级工程师	2012.07

附录六 曾在本院工作过的职工名单

序号	姓 名	性别	现工作单位	在院工作起止时间	备 注
1	林书宁	男	广东省林业厅林政处(退休)	1954－1974	
2	邓文福	男	海南省林业设计院	1954－1972	
3	何启才	男	广东省水产厅	1956－1961	
4	彭欣昌	男		1951－1961	
5	杨昌顺	男	连州市林业局	1952－1962	
6	苏悦周	男	海南省吊罗山林业局	1954－1972	
7	李赞新	男		1955－1972	
8	叶厚盛	男		1952－1972	
9	黄清江	男	海南省定安林业局	1954－1964	
10	李毓文	男		1954－1960	
11	罗 林	男	西江林业局基建工程公司(退休)	1955－1970	
12	邓德成	男		1954－1964	
13	陈权芳	男		1955－1972	
14	廖伟民	男	广州芳村区政府	1950－1972	
15	钟秀珍	女	信宜市北界农场	1954－1964	
16	林冠英	女	仁化凡口铅锌矿	1955－1971	
17	黎盛启	男		1955－1972	
18	李文淑	女	广东省农机公司	1954－1974	
19	张鲁辉	男	广东省林业厅招待所	1956－1960	
20	叶日友	女		1956－1958	
21	钟伯昌	男	惠州市龙门县工商局	1955－1970	
22	谭侯璋	男		1955－1970	
23	邱国俊	男	广东省林业科学研究院	1955－1969	
24	李振祥	男	广东省林业科学研究院	1955－1962	去美国
25	陈瑞球	男		1955－1962	
26	张树华	男	广东省林业机械厂	1954－1971	
27	王锦标	男	枫树坝水电局	1950－1971	
28	但昭鸾	女		1954－1969	
29	黄锦富	男		1955－1964	调新会
30	凌国锐	男		1955－1972	去香港
31	张敬雄	男	揭西县林业局	1955－1972	

（续）

序号	姓　名	性别	现工作单位	在院工作起止时间	备　注
32	江庚振	男		1955 – 1960	
33	关祖英	男	西江林业局基建工程公司	1955 – 1965	
34	林保泉	男		1956 – 1965	
35	叶其任	男		1954 – 1958	
36	叶树雄	男		1956 – 1960	
37	李超群	男	怀集县林业局	1958 – 1962	
38	张珍凤	男		1955 – 1961	
39	陈君平	男	广东省林业厅	1954 – 1962	
40	陈耀曲	男		1956 – 1962	
41	郑德流	男		1957 – 1963	
42	黄子仁	男		1955 – 1961	
43	王汉春	男		1957 – 1963	
44	程　安	男		1955 – 1962	
45	符国富	男	封开县林业局	1955 – 1960	
46	孔昭傑	男	封开县林业局	1954 – 1962	
47	陈　坚	女		1952 – 1957	赴澳门
48	李文兴	男		1955 – 1961	
49	潘毓衡	男		1956 – 1961	
50	毛泽光	男		1956 – 1961	
51	谢授富	男	怀集县林业局	1954 – 1961	
52	陈高武	男		1957 – 1970	
53	陈泽光	男	信宜市北界农场	1954 – 1961	
54	孔祥佑	男	怀集县林业局	1955 – 1961	
55	石显鉴	男	海南省儋县林业局	1957 – 1961	
56	林丙壬	男	佛山市中山公园	1953 – 1961	
57	容　祈	男	化州县林业局	1955 – 1961	
58	云　驰	男		1955 – 1961	
59	蔡锦盛	男		1955 – 1961	
60	郑仲瑜	男		1956 – 1961	
61	陆尚柏	男		1955 – 1961	
62	雷新华	男		1955 – 1961	
63	吴双喜	男	阳西县糖厂	1955 – 1963	
64	高　吉	男		1956 – 1961	
65	曾庆鹏	男		1956 – 1961	

（续）

序号	姓 名	性别	现工作单位	在院工作起止时间	备 注
66	葛汉英	男		1956－1962	调廉江市
67	谢金声	男		1954－1962	
68	廖茂华	男	广东省人大	1956－1959	
69	林健兴	男	广东省林业厅	1954－1962	
70	钟华伙	男	广东省林业厅物资公司(退休)	1953－1962	
71	罗本源	男	广东省林业厅	1955－1962	
72	彭锦元	男		1956－1961	
73	黄 炎	男		1955－1961	
74	李扬和	男	封开县人民医院	1957－1962	
75	陈朝安	男		1957－1962	
76	黄彩文	男	东莞石龙木材厂	1953－1970	
77	吴芳芦	男	海南省昌江林业局	1954－1964	
78	刘金泉	男		1956－1962	
79	钟玉耀	男		1956－1962	
80	魏邦文	男		1954－1963	
81	廖有初	男		1956－1960	
82	廖声荣	男		1956－1957	
83	赖汉强	男		1956－1960	
84	罗汉茂	男	广东省林业厅木材公司	1956－1961	
85	符国芳	男	封开县林业局	1956－1961	
86	朱英伟	男		1955－1962	
87	刘春乾	男	广东省林业厅	1959－1960	
88	罗平安	男	肇庆市技工学校	1959－1961	
89	程凤桐	男		1956－1957	
90	赖宝宣	男	广东省林业厅(退休)	1955－1979.3	
91	张作歆	男	广东省林业厅(退休)	1953－1959.9	
92	罗汉茂	男	广东省林业厅(退休)	1956－1959.12	
93	关 致	男	广东省林业厅	1956－1973.7	
94	邓柏元	男	广东省森林公安局(退休)	1959－1974.1	
95	林进显	男	广东省林业厅(退休)	1955－1975.4	
96	符祥鉴	男	广东省国营林场经营公司(退休)	1954－1975.4	
97	周仁坊	男	广东省林业厅(退休)	1962－1974	
98	吴石泉	男	广东省林业厅(退休)	1954－1974	
99	熊世芳	女	广东省林业厅(退休)	1959－1970	

（续）

序号	姓　名	性别	现工作单位	在院工作起止时间	备　注
100	谢菊友	女	广东省林业厅（退休）	1951－1974	
101	吴　根	男	广东省林业厅（退休）	1951－1974	
102	徐广榕	男	广东省绿委（退休）	1955－1961	
103	李伟枝	男	广东省国营林场经营公司（退休）	1955－1968	
104	黄德贵	男	广东省林业厅（退休）	1958－1974	
105	马　芸	男	广东省林业厅（退休）	1950 年至 60 年代	
106	李琼方	男	广东省林业厅（退休）	1953－1974	
107	赖炽培	男	广东省林业厅（退休）	1951－1974	
108	谢声信	男	广东省林业厅（退休）	1956－1972	
109	林　峰	男	广东省林业厅（离休）	1954－1960	
110	曾伙森	男	广东省林业厅（退休）	1953－1957	
111	伍炳强	男	广东省林业厅（退休）	1962－1965	
112	胡汝霖	男	广东省林业厅（退休）	1956－1965	
113	罗肇群	女	广东省林业厅（退休）	1959－1974	
114	谢德文	男	广东省林业厅（退休）	1959－1974	
115	陈表都	男	广东省绿委办（退休）	1954－1972	
116	吴桂荣	女	广东省木材公司	1955－1960. 1	
117	钟进才	男		1956－1960. 3	调广东省林业厅
118	王　明	男		1953－1960. 3	调广东省林业厅
119	郑翠英	女	广东省林业学校（退休）	1955－1956	
120	叶佑群	男	广东省林业科学研究院	1959－1960	
121	李义亭	男		1958－1959. 12	
122	吴惠芳	女		1955－1960. 6	调佛山第一人民医院
123	赖学勤	男	惠东县绿化委员会（退休）	1955－1972. 11	
124	陈秀兰	女	海南省海口市		
125	王同印	男	深圳市光明农业集团（退休）	1956－1979. 11	
126	陈灵枢	男	粤林公司（退休）	1959－1972. 12	
127	谢日安	男		1959－1979. 8	调石龙木材厂
128	林辉如	男	平远县林业局（退休）	1959－1979. 9	
129	肖庆堂	男	兴宁县林业局	1959－1979. 11	
130	邱桂芳	男	惠州市罗浮山林场（退休）	1955－1980. 6	
131	周贵明	男	惠阳市林业局（退休）	1955－1981. 4	
132	吕锡源	男	兴宁市林业局（退休）	1961－1981. 9	
133	陆培文	男	高州市马贵林业站（退休）	1959－1980. 12	
134	刘大全	男	信宜县林业局	1954－1985. 4	

（续）

序号	姓　名	性别	现工作单位	在院工作起止时间	备　注
135	何居赞	男	深圳沙头角林场（退休）	1955－1982.1	
136	方汝平	男	饶平县林科所（退休）	1954－1958	
137	张伯希	男	普宁县财政局（退休）	50年代	
138	钟晋丰	男	普宁县后溪供销社（退休）	1959－1960	
139	莫欢兴	男	怀集汽车修理厂（退休）	1956－1985.12	
140	叶启清	男	西江林业局基建工程公司（退休）	1956－1979.3	
141	王静芝	男		1954－1960.2	调海南
142	柯秀英	女	海南省林业厅办公室（退休）	1956－1960.2	
143	王德魁	男		1959－1960.3	调海南国营南田农场
144	符永燕	男	海南省琼海县林业局（退休）	1956－1977.8	
145	肖仁睦	男		1952－1954	
146	张凤楼	男	广东省林业厅	50年代	
147	朱志淞	男	广东省林业科学研究院	50年代	
148	郑光璧	男	广东省林业科学研究院	50年代	
149	张冰明	女	广东省林业科学研究院	1952－1956	去美国
150	林　英	男		1952－1954	
151	张淑君	女	湖北省木材公司	1952－1954	
152	林仰三	男	广东省木材公司	1952－1957	
153	陈仲池	男		1952－1954	
154	江南芦	男		1952－1956	
155	梁扬元	男	西江林业局金鸡坑林场	1953－1963	
156	岑锦成	男		1953－1960	
157	徐生启	男		1953－1957	
158	罗寿山	男		1953－1957	
159	黄　燕	男	雷州林业局	1953－1957	
160	任健民	男		1953－1954	
161	李晨生	男	广东省林业学校	1953－1974	
162	黄首光	男	恩平县房地产公司（退休）	1953－1986.12	
163	吴丕廉	男		1953.8－1961	
164	冯赞荣	男	韶关市林业局	1953－1962	
165	谭　斌	男	封开县食品公司（退休）	1953－1960	
166	陈登保	男	普宁县水利局（退休）	1953－1958	
167	林贤振	男	蕉岭县林业局	1953－1960	
168	张阴棠	男	清新县林业局	1953－1973	

（续）

序号	姓　名	性别	现工作单位	在院工作起止时间	备　注
169	肖　嘉	男	中山市林业局(退休)	1953 – 1958	
170	江道盛	男	怀集县林业局(离休)	1953 – 1962	
171	张养粦	男	怀集县建委(退休)	1953 – 1962	
172	钱煜祺	男	怀集县林业局	1953 – 1962	
173	陈许才	男	广东省林业厅招待所(退休)	1953 – 1957	
174	黄　建	男	福建省连城林业局(退休)	1953 – 1962	
175	吕烈通	男	海南省文昌市林业局(退休)	1953 – 1973	
176	梁维祥	男	曲江林场	1953 – 1954	
177	文桂芳	女	广东省龙眼洞林场(退休)	1953. 5 – 1960	
178	李振祥	男	广东省林业科学研究院	1953. 7 – 1965. 1	移民美国
179	方剑逸	男	紫金县林业局(退休)	1954 – 1960	
180	陈壁棠	男	雷州林业局(退休)	1954 – 1958	
181	韩传俊	男	海南省那大市林业局	1954 – 1958	
182	林书谦	男	海南省尖峰岭林业局(退休)	1954 – 1958	
183	陈汝活	男	海南省林勘院(退休)	1954 – 1973	
184	许朝万	男	海南省林勘院	1954 – 1973	
185	唐星辉	男	连山林业局(退休)	1954. 1 – 1965. 12	
186	张惠群	男	信宜林业局(退休)	1954. 7 – 1971. 12	
187	赖官正	男	信宜林业局(退休)	1954. 7 – 1968. 1	
188	李永福	男	化州市林业局(退休)	1954. 7 – 1960. 12	
189	林秀生	男	信宜市林业局(退休)	1954. 8 – 1978. 11	
190	廖瑞柱	男		1954 – 1955	
191	卜　一	女		1954 – 1956	
192	韩锦光	男	雷州林业局	1954 – 1956	
193	陈定如	男	华南师范大学	1954 – 1956	
194	符国瑗	男	海南省林科所	1954 – 1956	
195	黄良天	男	深圳大学	1954 – 1956	
196	许声鸾	男	北京林业大学	1954 – 1956	
197	林潮佳	男		1954 – 1956	考入兰州大学
198	邢福岸	男	海南省儋县林业局	1954 – 1959	
199	王乘孚	男	封开县林业局	1954 – 1961	去美国
200	陈仁鑑	男	怀集县林业局	1954 – 1962	
201	王明琪	女		1954 – 1958	
202	陈广炳	男		1955 – 1957	

（续）

序号	姓　名	性别	现工作单位	在院工作起止时间	备　注
203	陈有奖	男		1955－1957	
204	赖新芳	女	怀集县公安局	1956－1952	
205	陈瑞昌	男		1955－1957	
206	吴东娇	女		1955－1957	
207	吴耀南	男	广东省龙眼洞林场（退休）	1955－1973. 4	
208	徐和运	男	广东省林业种苗与基地管理总站	1955－1960. 3	
209	石秋泉	男		1955－1960. 3	调广东省林科所
210	伍坚志	男	广州市流溪河林场	1955－1960	
211	李德勇	男	广东省长大公路工程有限公司（退休）	1955－1985. 1	
212	陈炳新	男	西江林业局基建工程公司（退休）	1955－1980. 1	
213	林治强	男	龙门县林业局（退休）	1955－1973	
214	张钦梅	男		1955－1963	
215	吴金树	男	广东省农委	1955－1964	
216	戴　德	男	西江林业局（退休）	1955－1964	
217	陆桑春	男	信宜县侨联会	1955－1962	
218	杨文福	男	广东省林业学校（退休）	1955. 11－1968. 7	
219	陈开淮	男	广东省林业学校（退休）	1955. 11－1974. 7	
220	莫国荣	男	东莞市林业局（退休）	1955. 11－1979. 3	
221	黎万锦	男	新兴县林业局（退休）	1955. 12－1980. 9	
222	李祥喜	男	广东省林业厅（退休）	1955. 11－1980. 6	
223	杨锡源	男	梅州市木材公司（退休）	1955. 9－1981. 3	
224	钟璇飞	女	梅州市委（退休）	1955. 9－1961. 1	
225	谭西霞	女		1956－1960. 4	调广州市铁路局
226	韩宏光	男	广东省农业厅	1956－1973. 3	
227	何国经	男	中央驻特区联络办广州办事处（退休）	1956－1965	
228	张英邦	男	广东省国土厅（退休）	1956－1980. 9	
229	袁　美	男	东莞石龙城建办（退休）	1956－1985. 11	
230	詹前朝	男	汕头市林业局（退休）	1956－1960. 1	
231	梁天松	男	惠州市林业局（退休）	1956－1958	
232	翁书锦	男	珠海市绿委办（退休）	1956－1961	
233	陈玉秀	男	深圳龙岗区统战部（退休）	1956－1973	
234	叶锦芳	男	深圳园林公司（退休）	1956－1961	
235	罗敦谦	男	德庆县林业局（退休）	1956－1959	

（续）

序号	姓　名	性别	现工作单位	在院工作起止时间	备　注
236	葛宗宇	男	韶关市林业局(退休)	1956－1973	
237	李阳和	男	封开县人民医院(退休)	1956－1961	
238	陈　体	男	怀集县林业局	1956－1962	
239	孔祥佑	男	怀集县林业局(退休)	1956－1962	
240	廖茂华	男	广东省人大(退休)	1956－1958	
241	苏淑姿	女	广东中国旅行社(退休)	1956－1959	
242	吴秀琼	女	广东省农业厅	1956－1973	
243	梁义祥	男		1956－1957	调新疆
244	张秀喜	男	阳江市林业局(退休)	1956. 1－1974. 12	
245	植荣坤	男	信宜市林业局	1956. 1－1974. 11	
246	岑　奋	男	广东省林业科学研究院(退休)	1956. 2－1956. 9	
247	曾松泉	男	广东省龙眼洞林场(退休)	1956. 6－1968. 11	
248	练学林	男	广东省龙眼洞林场(退休)	1956. 6－1962. 1	
249	何竟良	男	梅州市林业局(退休)	1956. 6－1973. 12	
250	蔺心荣	男	连南林业局	1956－1957	
251	叶　周	女	连南县粮食局	1956－1957	
252	冯　明	男	广东省林业科学研究院	1956－1957	
253	刘应天	男	乳阳林业局	1956－1957	
254	胡丽珍	女	乳阳林业局	1956－1957	
255	黄洁英	女		1956－1957	调罗定县
256	陈志文	女	广东省林业厅招待所	1956－1957	
257	田子年	女		1956－1958	
258	蒋功宸	男		1956－1963	
259	杨家辉	男		1956－1957	
260	吴枕瑜	男		1956－1962	
261	陈高武	男	海南省林业设计院	1956－1972	
262	邱伟年	男	封开县粮食局	1956－1959	
263	张瑶琪	女	广东省林业科学研究院	1956－1957	
264	王秀珍	女		1956－1957	
265	罗致瑞	女		1957－1960	
266	李素娟	女	怀集县土产公司(退休)	1957－1962	
267	侯任城	男	广东省人大(退休)	1957－1959	
268	朱娃贻	女	广东省龙眼洞林场(退休)	1956. 6－1968. 11	
269	黄卓潮	男	广东省林业厅(退休)	1959－1972. 3	

（续）

序号	姓　名	性别	现工作单位	在院工作起止时间	备　注
270	吴洪钳	男	深圳市莲花山花木园（退休）	1959－1982.7	
271	古礼权	男	博罗县林业局（退休）	1959－1973	
272	林华中	男	广东省农委	1959－1974	
273	陈丽珍	女	连山林业局（退休）	1959－1961	
274	唐俊康	男	广东省龙眼洞林场（退休）	1959.1－1968.11	
275	朱　鹃	女	广东省林业学校（退休）	1959.7－1968.7	
276	刘广辉	男	广东省龙眼洞林场（退休）	1959.8－1970.4	
277	胡　奇	女		1959－1960	
278	袁大道	男	广东省农委	1959－1966	
279	叶枝芳	男	广西灵山县林业局	1959－1969	
280	莫善忠	男	广西东兴县林业局	1959－1970	
281	周士昆	男	封开县林业局	1959－1972	
282	黄积祥	男	东莞石龙木材厂	1959－1972	
283	张转红	女		1959－1962	
284	李爱笑	女		1959－1962	
285	邓金铎	男		1959－1962	
286	黎张庆	男		1959－1962	
287	莫焕牛	男		1959－1962	
288	周亮枝	男	去香港	1959－1962	
289	李应琛	男		1959－1962	
290	黄载芳	男	广东省林业厅（退休）	60年代至1978.4	
291	钟育铭	男	广东省森林公安局（退休）	1955－1979	
292	李仁布	男	广东省林业厅（退休）	60年代至1974.2	
293	郑善礼	男	广东省国营林场经营公司（退休）	1964－1974.2	
294	钟德漠	男	广东省龙眼洞林场（退休）	1962－1973	
295	张立全	男	广东外贸大学（退休）	60年代至1975.1	
296	陈明顺	男	顺德市木材公司	1974－1975.12	调横石贮木场
297	周荣峰	男		1961－1974	去香港
298	陈　加	女		1954－1957	定居美国
299	杨国超	男		1959－1977	去香港
300	董公瑾	男	广东省林业厅	1962－1963	
301	邓庆明	男		1964－1972	
302	朱健雄	男		1959－1976	去香港
303	吴锐锋	男		1960－1972	去香港

（续）

序号	姓　名	性别	现工作单位	在院工作起止时间	备　注
304	陈培德	男		60－70 年代	
305	张中杰	男	化州市林业局(退休)	1960. 1－1974. 2	
306	王治荣	男		60 年代	调广州兴华电池厂
307	曾昭发	男	广东省林业学校(退休)	1960. 9－1979. 2	
308	郑宋宜	女	韶关市木材公司	1961－1962	
309	关惠群	女		1961－1962	调深圳
310	袁允玲	女		1961－1962	
311	张自贞	女	龙门县林业局	1961－1962	
312	林素玲	女		1961－1962	
313	丁佩贞	女	广东省林业机械厂	1961－1962	
314	张昌德	男	香港	1961－1970	
315	黄镒光	男	清新县林业局	1961－1962	
316	霍用心	女	广东省林业机械厂	1962－1972	
317	黄焕土	男	大埔县林业局	1962－1972	
318	田日生	男	天河区人大	1961－1975. 2	
319	叶景荣	男		1961－1985. 6	移居加拿大
320	马自玉	男	广州芳村区绿委办(退休)	1961－1986. 4	
321	何伯祥	男	广州市芳村区城建开发公司(退休)	1961－1986. 7	
322	杨家飞	男	深圳市红湖公园管理处	1961－1982. 7	
323	陈　端	男	海南省海口市城建局(退休)	1961－1978. 8	
324	张梅菊	女	广东省科技干部学院	1961－1974	
325	林明星	男	广东省统战部	1961－1974	
326	蔡月娥	女	西江林业局(退休)	1961－1964	
327	刘玉英	女	乐昌市城关镇建筑公司	1961－1972	
328	刘有任	男	广西浦北县大成镇林业站	1961. 7－1975. 9	
329	任述光	男	广州市芳村区市容环境卫生局(退休)	1961. 8－1986. 9	
330	刘国雄	男	广西合浦县廉州镇中学	1961. 8－1974. 1	
331	赖顺适	男	广东省林业学校(退休)	1961. 9－1980. 8	
332	苏瑞进	男	珠海市绿化委员会(退休)	1961. 9－1982. 9	
333	姚开昆	男	广西合浦县林业局(退休)	1961. 9－1972. 2	
334	邓国华	男	广东省国土厅	1962－1974	
335	李光美	男	广东省林业学校(退休)	1962. 8－1974. 6	
336	张达权	男	广东省林业机械厂(退休)	1963－1972. 1	
337	谭健民	男	广东省木材公司	1964－1974	

（续）

序号	姓名	性别	现工作单位	在院工作起止时间	备注
338	李文安	女		1964－1974	
339	黎敬祥	男	乐昌市建委	1964－1974	
340	沈祖根	男	广东省科技干部学院	1964－1974.4	
341	郑达泉	男	广东省农业厅(退休)	1964－1986.12	
342	龙　虎	男	广东省林产公司(退休)	1964－1968	
343	杨如春	女	广东省林业科学研究院(退休)	1964－1968	
344	陈芳浦	男	广西合浦县林业局	1964.2－1977.9	
345	龚伯洪	男	广东省林业学校(退休)	1964.4－1974	
346	周润巧	女	广东省林业学校(退休)	1964.8－1974.6	
347	肖法忠	男	梅州市木材公司(退休)	1964.8－1971.3	
348	陈松兴	男	广东省科技干部学院	1966－1974	
349	罗颂德	男	信宜市林业局(退休)	1966.1－1971.12	
350	卢尚能	男		70年代	
351	周坚平	男		70年代	去香港
352	叶伯成	男		70年代	去香港
353	姚丽华	女	广东省林业科学研究院(退休)	1970－1974	
354	罗叶根	男		1972－1985.6	调广东省林业厅
355	邓国成	男		1972－1975	调鱼珠木材厂
356	蔡志庆	男		1972－1978	调广东省交通局广州安全监督所
357	李颂平			1972－1978	调广州市纺织局
358	越惠新	女		1972－1979	调广州市糖烟酒公司
359	何婉贤	女	华南缝纫机公司	1972－1985	
360	吴惠芳	女	广东省委机关幼儿园	1972－1981	
361	刘永池	男		1972－1985.3	
362	李淑仪	女	广东省委办公厅离退休人员管理处	1972－1988.5	
363	陈汉强	男		1972－1993.9	
364	程毅强	男		1972－1977	去香港
365	何继彤	男		1972－1977	出国
366	吴乙良	男		1956－1972.11	调广东省林业厅
367	周桂深	男		1972.12	调广东省林业厅
368	江伟文	男	广东省林工商公司(退休)	1973－1976.3	
369	陈幼怀	男	广东省林业厅科技与对外合作处(退休)	1973－1982.2	
370	李绍雄	女	广东省林业厅(退休)	1973－1979.6	
371	蓝清泉	男	广东省委办公厅服务中心	1973－1981	

（续）

序号	姓　名	性别	现工作单位	在院工作起止时间	备　注
372	徐新为	男	暨南大学	1973－1983	
373	王家芬	男	广东省鱼珠林产集团有限公司（退休）	1973－1983. 11	
374	李国流	男	广东省物资总公司	1973－1989. 9	
375	龙宪藻	男		1964－1973. 1	调湖南省长沙农林学院
376	欧贞维	男	信宜安莪砖厂	1973. 12－1983. 3	
377	陈奎久	男		1964－1973. 3	调四川自贡市市政工程处
378	梁雪梅	女	广东省生态公益林管理中心（退休）	1974－1976. 4	
379	刘惠棠	男	广东省林业种苗与基地管理总站	1974－1977. 1	
380	王松山	男	广东省林业厅（离休）	1974－1979. 9	
381	李永静	女	广东省林业厅（退休）	1974－1980. 8	
382	黄家旭	男	广东省林业厅（退休）	1974－1975. 4	
383	辛显芳	男	广东省林业厅（退休）	1974－1975	
384	曾运图	男	广东省人大	1974－1981. 7	调广东省林业厅
385	李　侨	男		1974－1975. 7	调广州市建设局市道路公司
386	何以传	男		1974－1976. 4	调广州市建设局市道路公司
387	李继秀	女		1974－1976. 4	调广州市建设局市道路公司
388	吴太忠	男	华南理工大学（退休）	1974－1978. 4	
389	孙双莲	女	华南理工大学（退休）	1974－1978	
390	梁东瀛	男	广东省长大公路工程有限公司（退休）	1974－1984. 8	
391	齐玉萍	女	广东省长大公路工程有限公司（退休）	1974－1984. 8	
392	王振堂	男	广东省长大公路工程有限公司（退休）	1974－1984. 1	
393	米长清	男	广州市公路勘察设计院（退休）	1974－1984. 11	
394	张梅菊	女	广州市公路局工程研究所（退休）	1974－1984. 11	
395	龙和汉	男	广东省长大公路工程有限公司（退休）	1974－1984. 12	
396	张铭维	男		1974－1985. 1	调广州市人事局
397	汪维兴	男	广州市地下铁路总公司（退休）	1974－1985. 4	
398	王淑杰	女	广州市市政工程总公司（退休）	1974－1985. 4	

（续）

序号	姓　名	性别	现工作单位	在院工作起止时间	备　注
399	李瑞芳	女	华南理工大学建筑设计院（退休）	1974－1986.6	
400	王炳山	男	广东省交通职业技术学院（退休）	1974－1986.7	
401	谢常玉	女	广东省交通职业技术学院（退休）	1974－1986.1	
402	李　志	男	广东省交通职业技术学院（退休）	1974－1987.1	
403	樊跃坤	女	广州市天河先烈东小学	1974－1990.8	
404	王文斌	男	广州市地下铁道总公司（退休）	1974－1990.11	
405	沈昌松	男	深圳市道路公司（退休）	1974－1981.1	
406	卜庆珠	男	深圳内伶仃福田国家级自然保护区（退休）	1974－1985.1	
407	王俊秀	女	深圳内伶仃福田国家级自然保护区（退休）	1974－1985.6	
408	肖子哲	男	深圳园林设计装饰公司（退休）	1974－1982.7	
409	李文益	男		1974－1974.1	调云南铁路建筑公司
410	鲁艮龄	男	湖南省林业调查设计院	1974－1975.1	调湖南省
411	易兰英	女		1974－1975.4	调湖南省
412	孙兰秋	女		1974－1975.6	调黑龙江北安县
413	李臣坤	男	四川省富顺县林业局（退休）	1974－1975.9	
414	王　敏	男		1974－1976.1	调黑龙江北安县
415	向才富	男		1974－1976.3	调湖南拖拉机厂
416	马世林	男		1974－1976.5	调陕西省宝鸡县
417	彭思源	男		1974－1976.8	调衡阳市教育系统
418	王安地	男		1974－1976.1	调黑龙江省佳木斯市电机厂子弟学校
419	滕迎春	女		1974－1976.1	调黑龙江省佳木斯市电机厂子弟学校
420	亢志忠	男	陕西省延河机械厂（退休）	1974－1977.1	调陕西省延河机械厂
421	郭清义	男		1974－1977.7	调陕西省宝鸡市市城建局
422	李秀生	男		1974－1977.8	调河南省安阳市化工总厂
423	兰振玉	男		1974－1978.1	调福建省龙岩地委
424	魏武奎	男	中央化工设计院家属院（退休）	1974－1978.3	调陕西省化工设计院
425	冯百义	男		1974－1978.1	调交通部公路规划设计院
426	武晋荣	女		1974－1978.1	调交通部公路规划设计院
427	韩志义	男	陕西省三原县晏友思公司（退休）	1974－1979.2	调陕西三原县计划委员会
428	欧植洪	男		1974－1979.3	调湖南东江水电工程指挥部
429	陈华文	男		1974－1979.3	调陕西华阳县
430	安思孝	男	陕西省西安有色冶金研究设计院	1974－1977.11	

（续）

序号	姓　名	性别	现工作单位	在院工作起止时间	备　注
431	严光文	男		1974 – 1980. 1	陕西省林业勘测设计院
432	时维城	男		1974 – 1980. 5	调上海市第四织布厂
433	缪祥生	男		1974 – 1980. 7	调江西省抚州地质学院
434	庞秀荣	女		1974 – 1980. 7	调江西省抚州地质学院
435	孙朝荣	男		1974 – 1980. 9	调浙江省浦江县基建局
436	徐长清	男		1974 – 1981. 1	调四川
437	张宗伯	男		1974 – 1982. 7	调昆明市城建局
438	贾淑媛	女		1974 – 1982. 7	调昆明市城建局
439	王鹤心	男		1974 – 1983. 1	调辽宁省盘山县人事局
440	赵永必	男	陕西省胶合板厂（退休）	1974 – 1985. 12	
441	姚福昌	男		1974 – 1974. 1	调云南省商业局储运公司
442	魏明珠	女		1974 – 1975. 7	调陕西省地质局第二地质队
443	谢森林	男		1974 – 1975. 7	调陕西省地质局第二地质队
444	贾广兴	男		1974 – 1976. 5	调河南省洛阳市百货公司
445	黎盛启	男		1955 – 1974. 1	调广东省林业厅
446	刘超林	男		1974. 1	调广州轧延厂
447	袁伟峰	男		1974. 1	调广州轧延厂
448	余冠杨	男		1961 – 1974. 2	调广东省林业厅
449	刘应国	男		1974. 8	调湖南长沙黑色金属矿山设计院
450	范培雄	男		1974. 8	调甘肃定西地区
451	曾汉模	男	广州中医药大学（退休）	1974. 9 – 1988. 1	
452	黄华全	男	广东省国有林场服务总站（退休）	1975 – 1975. 12	
453	吴玩余	男	广东省林业厅机关服务中心	1975 – 1975. 12	
454	黄灼南	男	广东省林业厅	1975 – 1975. 12	
455	何仕标	男	广东省国营林场经营公司	1975 – 1977. 6	
456	曾培贤	男	广东省广播电视厅	1975 – 1983. 12	
457	盘俭生	男	广东省林业种苗与基地管理总站	1975 – 1984. 7	
458	罗国强	男	广州泰安电子技术有限公司	1975 – 1981. 3	
459	黄东志	男	广东省林业厅（退休）	1975 – 1981. 7	
460	黄石铁	男	广东省国有林场服务总站（退休）	1975 – 1981. 3	
461	张道途	男	华南理工大学建筑设计院（退休）	1975 – 1986. 6	
462	彭显华	男	广州鱼珠木材集团	1975 – 1986. 7	
463	杨秀芝	女		1975 – 1986. 11	
464	杨月卿	女	广州市林业局	1975 – 1984	

（续）

序号	姓　名	性别	现工作单位	在院工作起止时间	备　注
465	梁康和	男	廉江市林业局(退休)	1975－1985	
466	王林兴	男	海南省海口市人大	1975－1976. 1	
467	蔡秋桂	男	海南省森林公安局	1975－1982. 8	
468	张运彬	男	广东省对外贸易学校	1975. 8－1987. 3	
469	何锦雄	男	广东省对外贸易学校	1975. 8－1987. 6	
470	曹铁光	男	韶关市林业局(退休)	1975. 8－1980. 3	
471	梁文杰	男	惠州市林科所	1975. 8－1984. 5	
472	陈国新	男		1976－1985. 6	调广东省林业厅
473	李立唐	男	广东省林业厅办公室	1976－1982. 2	
474	岑　苗	男	广东省绿委办	1976－1984. 3	
475	陈伟坤	男	广东省森林公安局	1976－1988. 3	
476	赵　云	男		1976－1983. 5	调广东省二轻厅
477	李思音	女	广州海关	1976－1984	
478	廖荣祥	男	广东省建设工程造价总站	1976－1981. 1	
479	陈祥盛	男	广东省对外贸易学校	1976－1987. 3	
480	郑奕亮	男	揭阳市林业局	1976－1985. 7	
481	邹基岳	男		1976－1985. 3	
482	时静芳	女		1976－1980. 1	调江苏省常州市家具厂
483	吴秀云	女	海南省林业厅	1976－1984. 4	
484	黄大贤	男	海南省五指山市林业局	1976－1984. 9	
485	童穗毅	男		1976－1997	
486	王镇全	男	广州市地下铁道监理公司	1976. 7－1994. 6	
487	曾运茂	男	广东省龙眼洞林场	1976. 8－1987. 3	
488	温海通	男	广东省对外贸易学校	1976. 8－1987. 3	
489	谭关普	男	广东省对外贸易学校	1975. 8－1987. 3	
490	袁文成	男	广东省对外贸易学校	1976. 8－1987. 3	
491	邓桂明	男	广东省财政厅	1976. 8－1988. 4	
492	钟虬柱	男	广州市地下铁道总公司前期部	1976. 8－1993. 11	
493	黄映辉	男	广东省林业工会	1977－1983. 12	
494	卜凡涛	男	中国彩电总公司	1977－1986. 9	
495	刘华汉	男		1977－1982. 9	
496	苏兆明	男		1977－1990. 11	定居香港
497	罗岳明	男	广州市诗维娅化妆品有限公司	1977. 09－2001. 01	
498	刘　冰	女	深圳兴业兴发制衣有限公司	1977. 8－1986. 11	

（续）

序号	姓　名	性别	现工作单位	在院工作起止时间	备　注
499	朱益鹏	男	广东省林业厅	1978－1990. 9	
500	梁志昂	男		1978－1983. 12	调广东省林业厅
501	林根源	男		1978－1983. 12	调广东省林业厅
502	何小林	男		1978－1987. 2	调广州铸造厂
503	林乔南	男	汕头市林业局（退休）	1978－1984. 2	
504	黄润镰	男		1979	调广州市航运局珠江船厂
505	曾泽光	男	广州市林业局林政处	1979－1986. 12	
506	吴菊香	女	广州中医药大学（退休）	1979－1988. 1	
507	黄国辉	男		1979－1982. 9	
508	邓　忠	男		1979－1989	
509	蔡素贤	女		1979－1983	去香港
510	刘中平	男	北美银行驻深圳办事处	1979－1988	
511	邹四金	男	乐昌市林业局	1979. 1－1980. 12	
512	余德钦	男	汕头市林业局	1979. 11－1982. 5	
513	苏　晖	男	广东省鱼珠林产集团有限公司	1979. 8－1983. 4	
514	周鄱峰	男	中港四航局第一工程公司	1979. 9－1986. 3	
515	黄兆铭	男	云浮市林业局营林科	1979. 9－1982. 5	
516	朱明强	男	云浮市林业局防火办	1979. 9－1983. 12	
517	黄艺平	男	广东省林业科技推广总站	1980－1983. 12	
518	陈维伟	男	广东省国有林场服务总站	1980－1989. 12	
519	邹小华	男	广东省出口入口商品检验检疫局	1980	
520	罗广源	男	广东省农业厅经管处	1980－1984. 5	
521	张伯如	男	广州中医药大学绿化科	1980－1985. 7	
522	李海林	男	广东省农展馆	1980－1986. 11	
523	朱梅生	男	广东省对外贸易学校	1980－1987. 3	
524	陈　道	男	羊城晚报社经济报	1980－1987. 9	
525	方　坚	男		1980－1985	
526	邹达坤	男	肇庆市林业局	1980－1986. 5	
527	邹寿明	男	增城市林科所	1980－1986. 6	
528	王胜宽	男	兴宁市建设局房地产公用事业科	1980－1986. 8	
529	樊郑英	女		1980－1994. 7	出国
530	黄际英	女	芳村区绿委绿化站（退休）	1980. 12－1987. 12	
531	宓小松	女	中国唱片公司广州分公司	1980. 2－1986. 11	

（续）

序号	姓　名	性别	现工作单位	在院工作起止时间	备　注
532	赖冬霞	女	广东省野生动植物保护管理办公室（退休）	1980.3－1983.12	
533	罗　翔	男	信宜市林业局	1980.8－1983.6	
534	黄清华	男	廉江市林业局	1980.8－1983.9	
535	彭耀强	男	广东省生态公益林管理中心	1981－1983.12	
536	严世恋	男	广东省林业厅	1981－1983.12	
537	张　岩	男	广州市中级人民法院法警队	1981－1982	
538	张金辉	男	广东省长大公路工程有限公司二公司	1981－1985.6	
539	凌　锋	男	广东省工商行政管理局	1981－1989.9	
540	任建民	男		1981－1984.1	调西安市委办公厅人保处
541	张婵玲	女		1981－1991.11	
542	张文雄	男		1981－1993.9	
543	徐锦威	男		1964－1981.11	调广州市农场管理局
544	王惠恒	男	广东省林业厅	1982－1983.12	
545	陈俊勤	男	广东省林业厅	1982－1983.12	
546	廖晓晨	男		1982－1983.12	
547	蓝开成	男	广东省林业厅林政处	1982－1988.12	
548	张英妮	女	广州市白云区法院	1982－1984.1	
549	罗雨村	男	广州市科学技术协会科普部	1982－1986	
550	王健常	男		1982－1987.12	调广州信托投资公司
551	陈暹秋	男	广东省农业厅会计辅导站	1982－1983.11	
552	黄伙南	男	芳村区城建开发总公司开发部	1982－1988.4	
553	王　瑛	女	广州信息实业总公司	1982－1993.1	
554	张金盏	男		1982－1983.5	
555	樊郑芳	女		1982－2000.5	去澳大利亚
556	曾　林	男		1982－1991.7	出国留学
557	徐金玲	女		1982－1990.3	出国
558	林俊钦	男	广东省林业厅营林处	1982.6－2009.6	
559	朱桂南	女	广东省林业学校	1982.4－1989.7	
560	黄智饶	男	广东省委组织部	1983－1989.1	
561	黄淦新	男	广东省监察厅派驻省林业厅监察室	1983－1994.5	
562	刘照明	男	广东省农业厅	1983－1987.1	
563	谭剑洪	男		1983－1989.5	
564	张建平	男		1983－1997.4	

（续）

序号	姓　名	性别	现工作单位	在院工作起止时间	备　注
565	刘仲飞	男		1983 – 1990. 1	出国留学
566	钟育堤	男	广东省高速公路公司	1983. 8 – 1993. 9	
567	许再荣	男	广东省林业厅政策法规处	1984 – 1990. 7	
568	刘　波	男	广东省林业科学研究院	1984 – 1988	
569	郑小莲	女	广东省对外贸易学校	1984 – 1987. 6	
570	李永添	男	广东省对外贸易学校	1984 – 1988. 5	
571	张应丰	男	广州市建设银行	1984 – 1988. 7	
572	黄惜河	男	芳村区绿委办	1984 – 1990. 5	
573	冯忠燕	女	广州无线电厂	1984 – 1992	
574	吴琼岳	男	海南省林业厅资源监测中心	1984 – 1988. 3	
575	岑　虹	女	广州日报连锁店有限公司	1984 – 1998	
576	张伟群	男	广州市会翠农资有限公司	1984. 7 – 2006. 1	
577	黄地海	男	海南省林业厅项目办(退休)	1984. 12	
578	王大平	男		1952 – 1954	调广东省林业厅
579	许遵声	男		1984. 7	调广东省林业厅
580	黎演彬	男	湛江市海关动植物检疫所	1984. 7 – 1986. 9	
581	管勇平	男		1984. 7 – 1993. 3	调广东省龙眼洞林场
582	吴永琪	男	茂名市林业局	1984. 7	
583	欧　海	男	阳江市农业和林业局	1984. 7 – 1988. 1	
584	吴汉光	男	广州市林业局办公室	1984. 8 – 1990. 1	
585	林文卫	男	广东省林业厅林权争议调处处	1985 – 1990. 6	
586	陈茂楠	男	花都旅游局	1985 – 1991. 4	
587	肖小玲	女		1985 – 1993. 7	出国
588	江瑞琼	女		1985. 2 – 1986. 3	
589	陈銮发	男	广东省公路工程建设集团有限公司	1985. 7 – 1999. 12	
590	唐祁生	男	连南县扶贫办公室	1985. 7	
591	廖广社	男	广东省自然保护区管理办公室	1986 – 1991. 11	
592	罗明业	男	芳村区绿化站、芳艺园林公司	1986 – 1989. 4	
593	吕　德	男	广州市芳村区绿委办	1986 – 1993. 6	
594	李科优	男		1986 – 1995. 1	
595	郑庆和	男		1986 – 1992	
596	吴华英	女		1986 – 1993	
597	梁清泉	男		1986 – 1993. 1	出国

（续）

序号	姓　名	性别	现工作单位	在院工作起止时间	备　注
598	梁炳文	男		1986－1999.3	出国
599	叶桂彬	男	嘉汉木业有限公司	1986.7－2004.12	
600	蒙　卫	男	广州市设计院	1986.7－2001.12	
601	罗春明	男	工商行中山分行小榄支行	1986.7－1988.1	
602	杨义标	男		1986.7－1988.12	调深圳市园林总公司
603	梁小茵	女	深圳市规划与国土资源局盐田分局	1986.7－1993.1	
604	吴琼辉	男	广东省林业种苗与基地管理总站	1987－1990.9	
605	袁炳权	男	广州东亚轩房地产开发有限公司	1987－1993.7	
606	黄厚壮	男	广州市国土局房管局拆迁办	1987－1995.8	
607	郑永明	男	广东省粤垦房地产开发公司	1987－1996.4	
608	黄国良	男		1987－1989.12	调恩平县印刷厂
609	李　飚	男		1987－1993.9	
610	罗　顶	男		1987－1998.1	
611	陈桂霞	女	广东省林业学校林业职工子弟学校	1987.1－2002.1	
612	吴　清	男	广东省林业科技推广总站	1988－1990.9	
613	罗美琼	女	白云区统计局	1988－1990.6	
614	黄永才	男	广州市农场管理局	1988－1992.9	
615	林金顺	男	白云区政府	1988－1992.12	
616	刘子彰	男		1988－1991.11	
617	陈良俊	男		1988－1992.1	
618	饶家林	男		1988－1994.9	去新西兰
619	钟又红	男	广东省林业厅防火办	1989－1990.6	
620	朱平辉	男		1989－1999.11	调增城市社保局
621	云　松	男		1989－1989	
622	王登峰	男	广东省林业种苗与基地管理总站	1989.6－2007.1	
623	刘佳英	男	广东省林业厅机关服务中心	1990－1993.6	
624	肖春江	男	广州市民政局	1990－1994.1	
625	叶苏梅	女		1990－1994	
626	彭福坦	男	广东省林业厅人事处	1990.6－2008.6	
627	陈少伟	男	深圳市南山区园林公司工程部	1990.7－1995.1	
628	李　涛	男	广东省林业信息与宣传中心	1991－1994.1	
629	曾　雄			1991－1993.9	调广州城市建设开发公司

（续）

序号	姓　名	性别	现工作单位	在院工作起止时间	备　注
630	方昆升	男		1991－1994.9	调广州市人民政府办公厅综合处
631	梁任重	男	广州市市政管理局园林局白云山局	1991－1996.7	
632	陈开源	男	广东省物资集团总公司	1991－2002.2	
633	周书平	男		1991－2000.4	
634	陈乔松	男	广州市地下铁道监理公司	1991.7－1994.2	
635	张育明	男	广东省高速公路公司	1992.7－1999.3	
636	于　波	男	广州市设计院	1994－2000.4	
637	蔡灵琳	女	广州市地下铁道总公司	1994.7－2001.8	
638	王　琪	男	广东省森林资源管理总站	1995－2001.3	
639	储昭东	男	广东省森林资源管理总站	1995－2001.12	
640	李志斌	男		1995－1995.1	
641	傅　琦	男		1995－1996.12	
642	王鲁苹	女		1995－1998.1	
643	张涵秋	男		1995－1998.1	
644	曾　麓	男		1995－1998.1	
645	罗勇武	男		1995－1998.1	
646	陆　威	男	广州酷旅信息技术有限公司	1995.7－2005.3	
647	黄　斌	男		1996－2000.7	调广东省烟草公司番禺市公司
648	江日辉	男	人民日报华南分社	1996－1997	
649	陈锦标	男	广东省林业信息与宣传中心	1997－1999.12	
650	汤　炀	男		1998－2000.2	
651	赵丽萍	女		1998－2000.1	
652	孙晓鹤	男		1998－2001	
653	邓乃丽	女	广州市市政管理局市园林局绿化公司	1998.7－1999.9	
654	陈春颖	男	广州市瀚华建筑师事务所	1999.7－2003.12	
655	徐　亮	女	云南省林业科学研究院	2001.7－2004.2	
656	汪明进	男		2001.7－2006.9	
657	廖业佳	男	广东省国有林场服务总站	2002.7－2012.6	
658	区汉明	男	广东省森林资源管理总站	2002.7－2007.9	
659	刘昆兰	女	广东省交通职业技术学院（退休）	1976－1986.7	
660	高　琳	女	广州市设计院	1994－2000.4	

（续）

序号	姓　名	性别	现工作单位	在院工作起止时间	备　注
661	李玉英	女		1964 - 1968	
662	周侨儒	男		1951 - 1969	
663	赵雨成	男		- 1975	
664	杨开光	男		1955 - 1975	
665	郭亭坚	男		1961 - 1976	
666	李孟堂	男		1976 - 1984	
667	古礼哇	男		1973 - 1976	
668	黄振基	男		1961 - 1987	
669	任松欢	男		1953 - 1990	
670	黎瑞添	男		1965 - 1994	
671	黎沛华	男		1961 - 1985	